国家示范（骨干）高职院校重点建设专业

优质核心课程系列教材

SSH框架项目教程

主 编 陈俟伶 张红实

副主编 皮少华 陈永政 谭 舸 徐 琴

中国水利水电出版社
www.waterpub.com.cn

内 容 提 要

本书为已经具备 Java Web 应用程序开发基础，准备进入 J2EE 框架应用软件开发领域的初学者编写。全书分为两大部分。第一部分是基础篇，1～5 章的内容，包括 SSH2（Struts2、Spring2、Hibernate3）框架、AJAX 技术及 JUnit 测试工具，分别对目前主流的开发框架和技术进行单项技能的训练。此部分是进行 J2EE 框架编程必备技能学习和知识探索阶段。第二部分是综合篇，6、7 章的内容，通过完成一个精简的进销存项目的需求分析、详细设计、编码与整合工作来逐步强化各种框架编程技能，提高读者项目开发经验，培养读者对 J2EE 框架应用软件项目的综合应用能力。

通过本书的实作和理论引导，读者能够获得 J2EE 框架应用项目开发必备的软件开发及工程应用方面知识和技能，如 MVC 架构思想，ORM 编程思想，面向切面编程思想，Struts 框架编程技术，Hibernate 框架编程技术，Spring 框架编程技术，AJAX 编程技术及 DWR 框架使用，Tomcat、MyEclipse、MySQL 等开发工具的使用，J2EE 项目的简单需求分析、设计和功能测试整合等。

本书是 Java 软件开发系列教材之一，可作为高职院校学生的教材，也可作为 Java 软件开发人员的自学参考书。

本书配有免费电子教案，读者可以从中国水利水电出版社网站以及万水书苑下载，网址为：http://www.waterpub.com.cn/softdown/或 http://www.wsbookshow.com。

图书在版编目（CIP）数据

SSH框架项目教程 / 陈侯伶，张红实主编. -- 北京
: 中国水利水电出版社，2013.1（2019.7 重印）
国家示范（骨干）高职院校重点建设专业优质核心课
程系列教材
ISBN 978-7-5170-0493-6

Ⅰ. ①S… Ⅱ. ①陈… ②张… Ⅲ. ①
JAVA语言－程序设计－高等职业教育－教材 Ⅳ. ①TP312

中国版本图书馆CIP数据核字(2012)第314137号

策划编辑：寇文杰　　责任编辑：陈　洁　　封面设计：李　佳

书　　名	国家示范（骨干）高职院校重点建设专业优质核心课程系列教材 SSH 框架项目教程
作　　者	主　编　陈侯伶　张红实 副主编　皮少华　陈永政　谭　舸　徐　琴
出版发行	中国水利水电出版社 （北京市海淀区玉渊潭南路 1 号 D 座　100038） 网址：www.waterpub.com.cn E-mail：mchannel@263.net（万水） sales@waterpub.com.cn 电话：（010）68367658（营销中心）、82562819（万水）
经　　售	北京科水图书销售中心（零售） 电话：（010）88383994、63202643、68545874 全国各地新华书店和相关出版物销售网点
排　　版	北京万水电子信息有限公司
印　　刷	三河市铭浩彩色印装有限公司
规　　格	184mm×260mm　16 开本　20 印张　518 千字
版　　次	2013 年 1 月第 1 版　2019 年 7 月第 6 次印刷
印　　数	10501—11500 册
定　　价	36.00 元

前　言

Java 语言自 1995 年诞生以来，在跨平台开发及互联网应用开发等领域扮演了越来越重要的角色，被公认为功能最强大、最有前途的编程语言之一。

根据教材开发团队多年软件项目开发经验和高职院校的教研经验，将 Java 软件工程师的核心职业能力由低到高划分为四个层次：基本编码与调试能力、面向对象分析及 C/S 软件开发能力、B/S 网站开发能力、主流框架应用开发能力。本教材面向第四个层次，适合于具备 Java 语言基础，准备进入 Web 应用程序开发领域的初学者。

本教材的特点如下：

本教材设计为“教学做一体化”的教学模式，借鉴工作过程进行内容组织。全书以一个完整的 Web 项目开发为主线，将整个项目所需的多门学科知识进行了有机融合，涉及的知识面相当广泛。在具体章节的安排上，将 Web 项目分解成多个相对独立的工作任务为学习驱动，每个工作任务安排为一节，每节以完成工作任务为目的，任务之后进行适当拓展与提高，不过多深入研究，不追求原理，体现了“学以致用”的思想。在对理论、实作技能的阐述上，本书精心组织语言，理论讲解有点有面，重点地方举例说明，关键地方通常以备注的形式列出；实作技能的描述步骤清楚、内容详实、条理清晰、具备相当的可操作性。另外，充分考虑到读者的层次和认知过程，本书把要进行开发的 Web 项目分成了几个部分，其中的第二部分精心设计了多个小的工作任务，这些任务的关系是增量迭代的，即前一个工作任务是后一个工作任务的基础，后一个工作任务在前一个任务的基础上增加了少量的新内容，这样读者在完成任务时不知不觉地提高水平进入到项目实作部分而不觉得 Web 项目开发门槛太高。

全书分为两个部分。第一部分是基础篇，该篇是 J2EE 软件开发必备技能学习和知识探索（学习第二部分项目实战所需的各个单项技能：Struts2、Spring2、Hibernate3 框架、AJAX 技术及 JUnit 测试工具）；第二部分是综合篇，该篇进行一个完整的简化进销存项目从需求分析、设计和主体功能的编码与整合发布，增加项目开发经验和各项技能的综合应用能力。

本教材的项目、任务、例子代码均在 MyEclipse6.5 以上版本中调试通过，采用的 JDK 为 1.6，Tomcat 为 6.0，数据库为 MySQL5.0.28。

本书由陈俟伶、张红实任主编，皮少华、陈永政、谭舸、徐琴任副主编。陈俟伶主持了全书的编写以及审稿工作，并编写了第 1 章、第 5 章以及第 7 章的 1～4 小节；张红实负责全书的总体框架设计以及统稿工作，并编写了第 2 章、第 6 章以及第 7 章的 5～6 小节；陈永政编写了第 4 章及第 7 章的 11～12 小节，并负责本书所用项目的编码工作；皮少华编写了第 3 章及第 7 章的 7～10 小节；谭舸参与了第 1 章和第 7 章的编写工作；徐琴负责本书所用项目的测试工作，并参与了第 6 章的编写。罗丽娟参与了第 3 章和第 7 章的编写工作，段怡参与了第 1 章和第 7 章的编写工作，张正龙参与了第 4 章和第 7 章的编写工作。此外，重庆华日公司项目总监吕明参与了第 7 章的编写，软件测试教研室何春梅参与了第 5 章的编写，在此一并感谢！

由于作者水平有限，书中疏漏和错误之处在所难免，欢迎广大读者提出宝贵意见。

编　者

2012 年 10 月

目　　录

第二部分 综合篇——简化进销存项目开发

第一部分

基础篇——单项技能的学习

1

Struts 框架

1.1 搭建 Struts 框架

工作目标

知识目标

- 了解 Struts2 框架概念、作用
- 掌握 Struts2 框架的搭建
- 理解 Struts2 的框架组件及运行流程

技能目标

- 初步使用 Struts2 框架改造登录功能

素养目标

- 培养学生的动手和自学能力

工作任务

利用 Struts 实现用户登录：搭建 Struts2 工程，在工程中完成一个用户登录功能，用户填写登录表单中的用户名和密码后提交该表单（如图 1.1-1 所示），然后进行后台登录处理，进行用户名和密码信息的验证，如果验证成功（合法用户），则显示欢迎界面，如图 1.1-2（a）所示；如果不匹配，则显示登录失败，如图 1.1-2（b）所示。

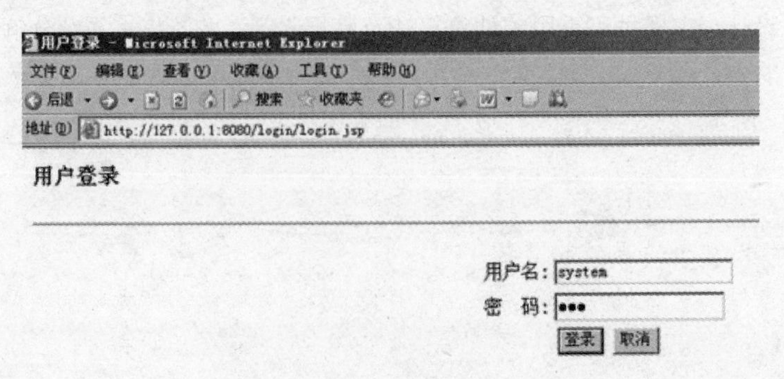

图 1.1-1 用户登录

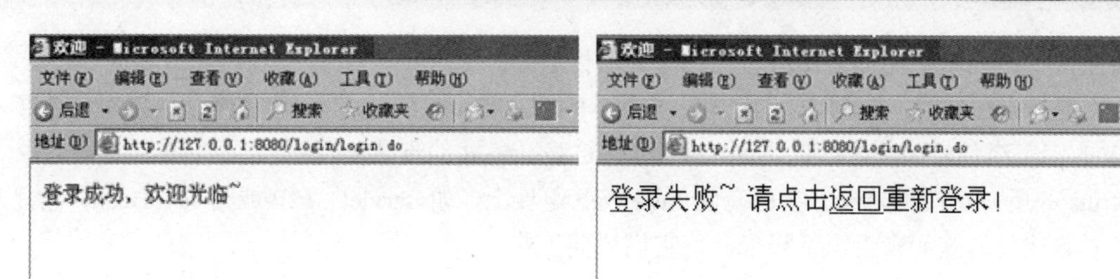

（a）登录成功 （b）登录失败

图 1.1-2

工作计划

任务分析之问题清单

1．Struts 框架是什么？有什么好处？

2．如何用 Struts2 搭建一个 Web 项目？

3．Struts 框架在 Web 项目中是怎么工作的？

任务解析

1．了解“框架”与 Struts 框架

框架的概念：中文是框架，英文名称是 frame，定义为由若干梁和柱连接而成的能承受垂直和水平荷载的平面结构或空间结构。所属学科为水利科技（一级学科）；工程力学、工程结构、建筑材料（二级学科）；工程结构（水利）（三级学科）。

土木工程中的框架（框，读 kuàng）：由梁和柱组成的能承受垂直和水平荷载的结构，梁和柱是刚性连接的。主要要用于工业与民用建筑物的承重骨架，桥梁构架或工程构筑物。一般指建筑工程中，由梁或尾架和柱连接而成的结构。由于我国古代家具自宋以后曾吸收古代大木构制的作法，故传统家具采用框档、立柱结构形式的即称框架，并将此类结构形式的家具称之为“框架式家具”。

软件工程中的框架是可被应用开发者定制的应用骨架。

为什么要进行框架开发？

框架的最大好处就是重用。面向对象系统获得的最大的复用方式就是框架，一个大的应用系统往往可能由多层互相协作的框架组成。

由于框架能重用代码，因此从一已有构件库中建立应用变得非常容易，因为构件都采用框架统一定义的接口，从而使构件间的通信简单。

框架能重用设计。它提供可重用的抽象算法及高层设计，并能将大系统分解成更小的构件，而且能描述构件间的内部接口。这些标准接口使在已有的构件基础上通过组装建立各种各样的系统成为可能。只要符合接口定义，新的构件就能插入框架中，构件设计者就能重用构架的设计。

框架还能重用分析。所有的人员若按照框架的思想来分析事务，那么就能将它划分为同样的构件，采用相似的解决方法，从而使采用同一框架的分析人员之间能进行沟通。

软件领域的框架主要特点：

领域内的软件结构一致性好；建立更加开放的系统；重用代码大大增加，软件生产效率和质量也得到了提高；软件设计人员要专注于对领域的了解，使需求分析更充分；存储了经验，可以让那些经验丰富的人员去设计框架和领域构件，而不必限于低层编程；允许采用快速原型技术；有利于在一个项目内多人协同工作；大力度的重用使得平均开发费用降低，开发速度加快，开发人员减少，维护费用降低，而参数化框架使得适应性、灵活性增强。

什么是 Struts 框架：是 MVC 的框架，它将 Model、View、Controller 这些概念分别对应到了不同的 Web 应用组件，因此，可以说 Struts 是 MVC 设计模式的具体实现。

Struts 的所有功能都是建立在已有的 Java Web 组件上，如 Servlet、JSP 或是 JavaBean，它只是利用一种方式将这些元素组织了起来，使它们协同工作。

2．搭建一个 Struts 项目：以 HelloWorld 项目为例

例子需求描述：创建一个 Struts 工程 HelloWorld，创建两个页面，第一个页面 helloworld.jsp 有一个输入框和确认按钮（如图 1.1-3（a）所示），当用户在输入框中输入一个名字单击“确定”按钮，提交到第二页面 helloworld_result.jsp 中显示用户输入的名字（如图 1.1-3（b）所示）。

姓名：张三 [确定]

张三,你好!

（a）HelloWorld 工程第一个页面　　（b）HelloWorld 工程第二个页面

图 1.1-3

步骤 1：使用 myeclipse 创建一个 Web 工程。

步骤 2：在 Web 项目中引入 Struts 的 jar 包。官方网站上下载 Struts2 的 jar 包，网址：http://struts.apache.org/download.cgi#struts2181；将 Struts 2.x lib 下的五个核心 jar 文件加到工程的 web-inf/lib 中。五个核心文件如下：

- struts2-core-2.x.x.jar Struts2 框架的核心类库
- ognl-2.6.x.jar 对象图导航语言（Object Graph Navigation Language），Struts 框架通过其读写对象的属性
- freemarker-2.3.x.jar Struts2 的 U 标签的模板使用 FreeMarker 编写
- commons-fileupload-1.2.x.jar 文件上传组件，2.1.6 版本后需要加入此文件
- xwork-core-2.x.x.jar xwork 的类库，Struts2 在其上构建

五个核心文件在常用开发中一般就够用了，若有特殊需要，可加入其他的文件。特别地——本例中没有使用 Spring 框架，请勿把 Struts 框架中的 struts2-spring-plugin-2.x.x.jar 包拷贝到工程中，不然程序发布不成功，无法运行。若读者已经拷贝到工程中，请自行移除该 jar 包。本书其他地方若没有使用 Spring 框架，也照此处理。

步骤 3：在 web.xml 文件中增加 Struts2 过滤器。

```
<!-- 定义 Struts2 的 FilterDispatcher 的 filter -->
<filter>
  <!-- 定义核心 filter 的名字 -->
  <filter-name>Struts2</filter-name>
  <!-- 定义核心 filter 的实现类 -->
  <filter-class>org.apache.struts2.dispatcher.ng.filter.StrutsPrepareAndExecuteFilter</filter-class>
</filter>
<!--初始化 Struts2 并处理所有 Web 请求 -->
<filter-mapping>
  <!--定义核心 filter 的名字（和上面的 filter-name 名字要完全一样）-->
```

```
    <filter-name>Struts2</filter-name>
    <url-pattern>/*</url-pattern>
</filter-mapping>
```

备注

该过滤器只需最初配置一次。代码是固定的，无需修改。

步骤 4：在工程中加入 struts.xml 的配置文件。

在 src 目录下创建文件名为 struts.xml 的文件：

```
<?xml version="1.0" encoding="UTF-8"?>
<!--以下这段照搬，切记！-->
<!DOCTYPE struts PUBLIC
    "-//Apache Software Foundation//DTD Struts Configuration 2.0//EN"
    "http://struts.apache.org/dtds/struts-2.0.dtd">
<struts>
</struts>
```

步骤 5：前台编写 helloworld 项目的两个页面。

页面 1（helloworld.jsp）关键代码：

```
<form action="/HelloWorld/helloworld.action" method="post">
    姓名：<input type="text" name="username">
    <input type="submit" value="确定">
    </form>
```

页面 2（helloworld_result.jsp）关键代码：

```
<%=session.getAttribute("username") %>,你好！
```

步骤 6：后台编写后台处理类 HelloWorldAction。

```
package helloWorld;
import java.util.Map;
import com.opensymphony.xwork2.ActionContext;
public class HelloWorldAction {
        String username;//表单中的值自动赋值到对应名字的变量中
        public String execute(){
                //把用户名放到 session 中，struts2 中特有的方式
                Map session = ActionContext.getContext().getSession();
                session.put("username", username);
                return "success";
        }
        public String getUsername() {
                return username;
        }
        public void setUsername(String username) {
                this.username = username;
        }
}
```

步骤 7：Struts2 配置文件中添加配置：

在<struts>… </struts>之间加入代码：

```
<package name="default" extends="struts-default">
        <action name="helloworld" class="helloWorld.HelloWorldAction" method="execute">
                <result name="success">/helloworld_result.jsp</result>
        </action>
</package>
```

3．Struts 框架结构及运行流程

回顾 MVC 的经典模型——模型 2：JSP+Servlet+JavaBean，如图 1.1-4（a）所示。

Struts（MVC 的框架式应用）与 JSP+Servlet+JavaBean 的结构（MVC 中的典型模型 2）有什么区别？为了说明问题，请看 Struts 的基本模型，如图 1.1-4（b）所示。

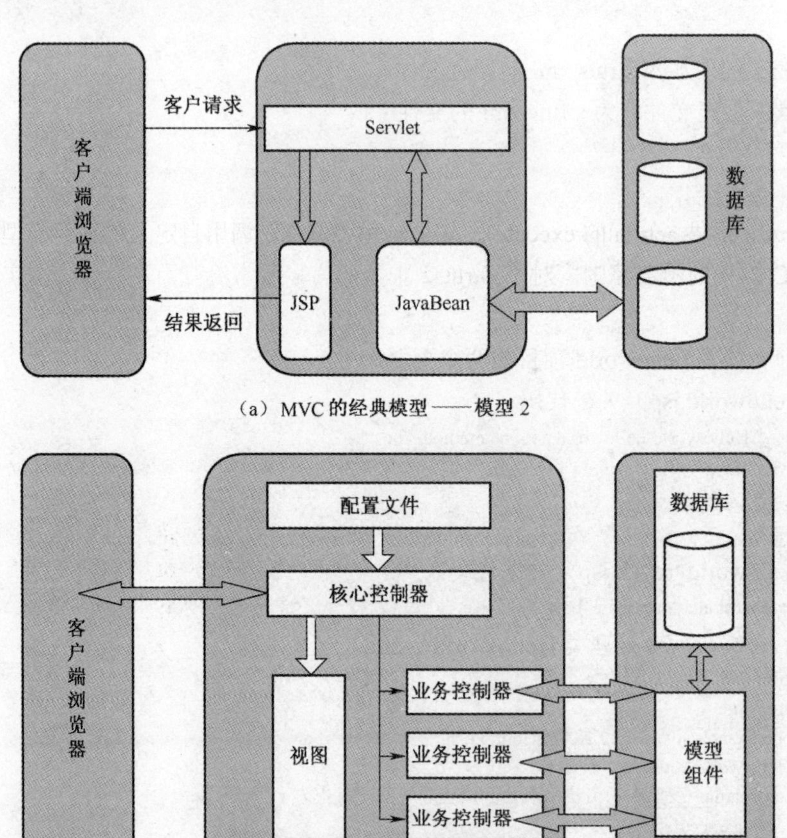

（a）MVC 的经典模型——模型 2

（b）Struts 的基本模型

图 1.1-4

下面就从 MVC 的三个部分（C 控制器、M 模型、V 视图）分别说明。

核心控制器 FilterDispatcher：是 Struts2 框架的核心控制器，该控制器作为一个 filter 运行在 Web 应用中，负责拦截所有的用户请求，过滤用户请求，如果请求以.action 结尾，该请求将被转入 Struts2 框架处理。

Struts2 框架获得*.action 请求后，将根据*.action 请求的前面部分决定调用哪个业务逻辑组件。

Struts2 应用中的 action 都被定义在 struts.xml 文件中，文件中定义了 action 的 name 属性和 class 属性，name 决定该 action 处理哪个用户请求，而 class 属性决定了该 action 的实现类。

业务控制器 action：action 是一个普通的 java 类，它可以继承 ActionSupport 类[可选]，action 中含有一个无参数 execute 方法，返回一个字符串——每个字符串对应 Struts 配置文件中的跳转标识。

execute 方法并非是必须的，可以在 Struts 配置文件中指定方法名。

涉及 Struts 配置文件（struts.xml）的代码如下：

```
<package name="action 分组名" extends="struts-default">

    <action name="前台页面表单提交的地址" class="action 类所在地址" method="action 类中要执行的方法名">
      <result name="跳转标识 1">跳转页面 URL1</result>
      <result name="跳转标识 2">跳转页面 URL2</result>
    </action>

</package>
```

模型：Struts2 提供 action 的 execute 方法来让程序员可以调用自定义的任何模型。模型组件已经超出了 MVC 框架的覆盖范围。对于 Struts2 框架而言，通常没有为模型组件的实现提供太多的帮助。

视图：Struts1 只能用 jsp 作为视图技术，Struts2 允许使用其他模板技术，并通过选择主题来展现不同视图。

模板：某个标签所显示的特定样式。Struts2 支持三种视图模板。ftl：基于 FreeMarker 的模板技术；vm：基于 Velocity 的模板技术；jsp：基于 JSP 的模板技术。

主题：一组（一系列）模板的集合。Struts2 默认提供了 4 个主题：simple，xhtml，css_xhtml 和 ajax，这 4 个主题的模板文件放在 Struts2 的核心类库里（struts2-core.jar 包）。

Struts 框架的通用程序流程：整个程序流程（MVC 三部分的协同工作）如图 1.1-5 所示。

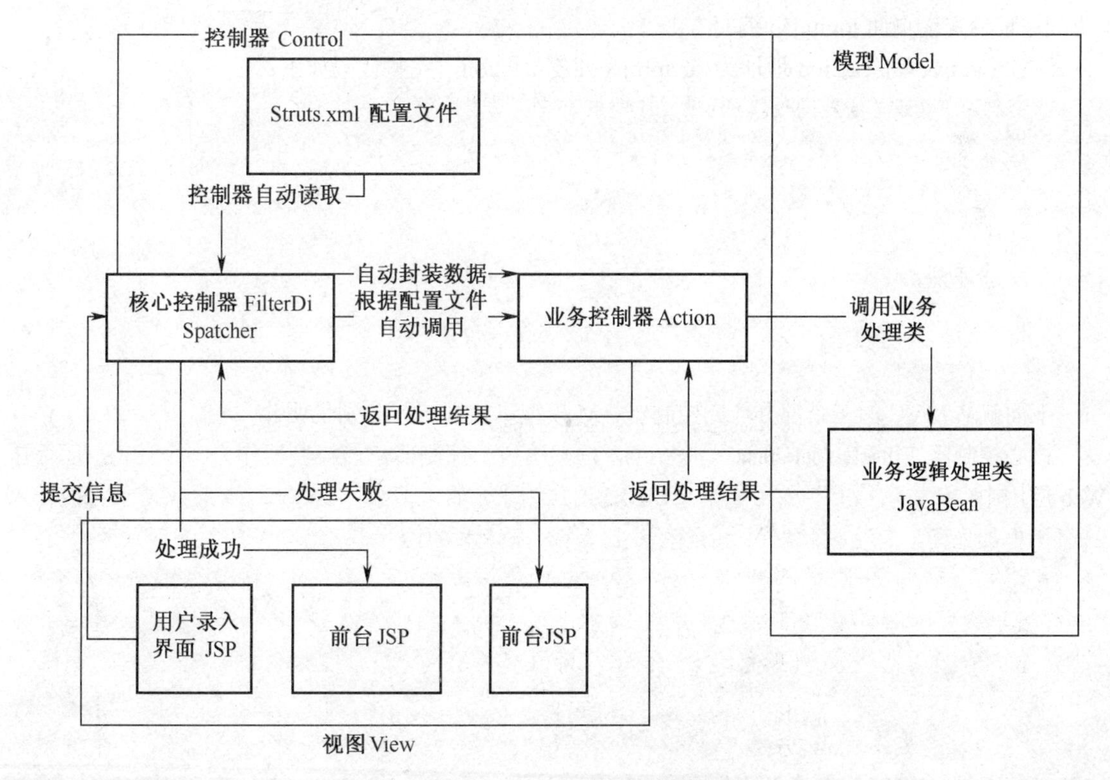

图 1.1-5　Struts 框架的通用程序流程

工作实施

实施方案

1．搭建 Struts2 框架：加入 Struts 的相关 jar 包及配置文件

2．前台登录页面 login.jsp 编写

3．后台业务控制器（action 类）LoginAction 编写

4．后台业务处理类 Login 编写

5．前台登录成功与失败的页面 login_succ.jsp 和 login_err.jsp 编写

6．修改配置文件：在 struts.xml 中加入相关配置

详细步骤

1．搭建 Struts2 框架：加入 Struts 的相关 jar 包及配置文件

新建一 Web 工程 firstproject，在工程的 WebRoot/WEB-INF/lib 目录下拷入 Struts 的相关 jar 包；再在 src 目录下创建名为 struts.xml 文件。struts.xml 文件的初始内容及要拷入哪些 Struts 的 jar 包请参见工作计划的相关内容。

在创建 Web 工程的时候，若使用 Myeclipse 进行创建，默认会在工程中创建 WebRoot 目录；而使用最新的 eclipse，则默认会在工程中创建 WebContent 目录，本书后面章节可能会混用到这两种目录，读者请勿困惑，其实这两个目录是等价的。

2．前台登录页面 login.jsp 编写

注意 form 表单的 action 地址为/firstproject/login.action，完整代码如下：

```
<%@ page language="java" import="java.util.*" pageEncoding="UTF-8"%>
<html>
	<head>
		<title>登录</title>
	</head>

	<body>
		<h2>
			用户登录
		</h2>
		<hr>
		<form action="/firstproject/login.action" method="post">
			<table align="right">
				<tr>
					<td>
						用户名:
					</td>
					<td>
						<input type="text" name="username" />
					</td>
				</tr>
				<tr>
					<td>
						密码:
					</td>
```

```
                        <td>
                            <input type="password" name="password" />
                        </td>
                    </tr>
                    <tr>
                        <td></td>
                        <td>
                            <input type="submit" value="确定">
                            <input type="reset" value="取消">
                        </td>
                    </tr>
                </table>
            </form>
        </body>
</html>
```

3．后台业务控制器（action 类）LoginAction 编写

创建类 LoginAction，在类中定义两个 String 类型的成员变量 username、password，并编写对应的 get/set 方法。

定义 username 与 password 两个成员变量的原因：用于接收前台页面提交的数据，变量的名字必须要和前台表单中的各种输入框的名字或页面参数名字一一对应，必须给每个变量编写 get/set 方法，至少要有 set 方法。Struts 框架会自动将前台提交的数据存放到与之名字相同的成员变量中，无需程序员手工编写代码获得。

再在类 LoginAction 中创建名为 execute 的无参数方法，方法里边调用业务逻辑处理类 Login 的 execute 方法执行相关业务处理，并根据处理结果返回 String 类型的成功或失败的跳转标识（该跳转标识与 struts.xml 配置文件中的跳转标识相对应），其关键代码如下：

```
public String execute(){
    Login login=new Login();
    if(login.execute(username, password)){
        //执行成功，返回成功的跳转标识 success
        return "success";
    }else{
        //执行失败，返回失败的跳转标识 error
        return "error";
    }
}
```

4．后台业务处理类 Login 编写

新建业务处理类 Login，在类中新增成员方法 execute，该方法传入用户名、密码两个参数，验证用户是否合法，成功返回 true，失败返回 false。关键代码如下：

```
public boolean execute(String username,String password) {
    //取出 form 中的用户名密码进行验证，本任务中假定合法用户 system 密码 123
    if("system".equals(username) && "123".equals(password)){
        return true;
    }else{
        return false;
    }
}
```

5．前台登录成功与失败的页面 login_succ.jsp 和 login_err.jsp 编写

创建对应的 login_succ.jsp 和 login_err.jsp，显示成功和失败信息。

login_succ.jsp 完整代码：

```
<%@ page language="java" import="java.util.*" pageEncoding="utf-8"%>
<html>
	<head>
		<title>登录成功</title>
	</head>
	<body>
		登录成功，欢迎光临~
	</body>
</html>
login_err.jsp 完整代码：
<%@ page language="java" import="java.util.*" pageEncoding="utf-8"%>
<html>
	<head>
		<title>登录失败</title>
	</head>
	<body>
		登录失败~
		请点击<a href="login.jsp">返回</a>重新登录！
	</body>
</html>
```

6．修改配置文件：在 struts.xml 中加入相关配置

首先，在 struts.xml 文件的<struts>…</struts>之间加入：

```
<package name="default" extends="struts-default">
</package>
```

然后，在<package>…</package>之间加入：

```
<action name="login" class="login.LoginAction" method="execute">
	<result name="success">/login_succ.jsp</result>
	<result name="error">/login_err.jsp</result>
</action>
```

上述配置中 action name="login"中 login 是与 login.jsp 页面中 form 表单的 action=/firstproject/login.action 相一致，class="login.LoginAction"指定业务控制器 LoginAction 的地址，method="execute"指定了业务控制器要执行的方法，result name="success"指定了跳转标识，与 LoginAction 类的 execute 方法返回值相对应，/login_succ.jsp 是跳转的页面地址。整段代码指定了前台页面提交的映射地址（login），要执行的真正地址——业务控制类（login.LoginAction），要执行的方法（LoginAction 的 execute 方法），指定了两个跳转标识（success 与 error），定义了方法执行完毕后根据返回的跳转标识进行跳转的两个地址（/login_succ.jsp 和 /login_err.jsp）。

1.2 Struts 的标签

工作目标

知识目标

- 了解 Struts2 标签相关概念
- 掌握 Struts2 常用标签的基本用法

技能目标

- 使用 Struts2 标签制作简单的注册页面

素养目标

- 培养学生的动手和自学能力

工作任务

使用 Struts2 标签实现简单注册页面（如图 1.2-1 所示），表单项目有：用户名、真实名、密码、确认密码、年龄、手机、电子邮箱等单行输入框；有性别单选框（选择男或女）、省份下拉框（选择重庆、北京、上海、天津）；个人爱好多选框（可选择游泳、徒步、打乒乓、看书、其他）；提交按钮以及用户注册标题。

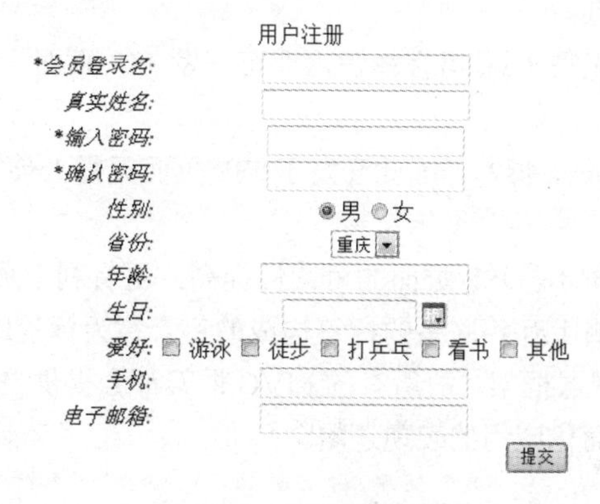

图 1.2-1　用户注册页面

工作计划

任务分析之问题清单

1．什么是 Struts2 标签？它有哪些类别？

2．使用 Struts2 标签的前提是什么？

3．如何使用 Struts2 标签来制作注册页面?

1）表单如何做？

2）输入框、密码框如何做？

3）单选框如何做？

4）复选框如何做？

5）下拉选择框如何做？

6）多行输入框如何做？

7）提交按钮如何做？

8）日期选择如何做？

任务解析

1．Struts2 标签的相关概念

在早期 Web 应用开发过程中，表现层的 JSP 页面主要使用 Java 脚本来控制输出。在这种方式下，JSP 页面里大量嵌套了 Java 脚本，并且通过 Java 语言里的 if 条件语句、for 循环、while 循环等来控制输出。这种方式的结果导致 JSP 页面里几乎是 Java 语言的子集。

当 JSP 页面里大量嵌套了 Java 脚本时，整个页面的可读性下降，因而可维护性也随之下降。即使在前期的开发阶段，由于页面美工人员不懂 Java 语言，故无法参与 JSP 页面的开发；然而懂 Java 语言的人员，却不懂页面的美工设计。因此，大量嵌套 Java 脚本的 JSP 技术不利于团队协作开发。

从 JSP 规范 1.1 版以后，JSP 增加了自定义标签库的规范，自定义标签库是一种非常优秀的组件技术。通过使用自定义标签库，可以在简单的标签中封装复杂的功能。通过自定义标签库，我们就可以在自定义标签中封装复杂的表现逻辑，从而避免了在 JSP 嵌套 Java 脚本。

自定义标签是一种非常优秀的可复用技术，一旦开发了满足某个表现逻辑的标签，就可以多次重复使用该标签。

使用自定义标签的优势有：

标签的使用更加简单，无需 Java 语言知识，即可开发 JSP 页面，可以通过使用简单的标签，完成复杂的表现逻辑。

避免了 JSP 页面中嵌套 Java 脚本，因此开发了 JSP 页面无需 Java 语言知识，故更有利于大型应用的团队协作开发。

JSP 页面不再嵌套 Java 脚本，JSP 页面的可读性提高，更有利于页面的后期维护，升级。

由一系列功能相似、逻辑上互相联系的标签构成的集合称为标签库。

由于 MVC 框架都是表现层框架，故所有的 MVC 框架都会提供自己的定义标签库。Struts2 一样也提供了大量标签，用于简化应用的表现逻辑。

Struts2 标签库分类：

Struts2 并未严格提供标签库的分类，它把所有标签都定义在一个默认名为 s 的标签库里。虽然 Struts2 把所有的标签都定义在 URI 为“/struts-tags”的命名空间下，但我们依然可以对 Struts2 标签进行简单的分类，从在页面所起的作用来区分，可以分成如下 3 类：

UI（UserInterface，用户界面）标签：主要用于生成 HTML 元素的标签。

非 UI 标签：主要用于数据访问、逻辑控制等的标签。

AJAX 标签：用于 AJAX（Asynchronous JavaScript And XML）支持的标签。

使用 Struts2 标签：使用 WinRAR 打开 Struts2-core-2.x.x.jar 文件，在该压缩包的 META-INF 路径下找到 struts-tags.tld 文件，这就是 Struts2 的标签库文件。

2．在 JSP 页面中使用 Struts2 标签的前提

在使用 Struts2 标签前，必须先使用 taglib 指令导入 Struts2 标签库定义。在页面中使用如下代码来导入 Struts2 标签库：

```
<%@taglib prefix="s" uri="/struts-tags"%>
```

3．使用 Struts2 标签的 UI 标签来完成注册页面

1）使用表单标签。

```
<s:form name="表单名" method="post 或者 get" action="映射地址">
```

说明：与 html 的 form 标签类似，参数没有变化，但是 action 的映射地址和 servlet 的映射地址有区别，地址前是无需加“/”的。

2）使用单行输入框标签。

```
<s:textfield name="输入框名字"></s:textfield>
```

说明：与 html 的 input type="text"标签类似，简写<s:textfield name="输入框名字"/>。

使用密码输入框标签：

```
<s:password name="输入框名"/>
```

说明：与 html 的 input type="password"标签类似。

3）使用单选框标签。

```
<s:radio name="单选框名" list="#{'实际值': '显示值', '实际值': '显示值',…}" value="0"></s:radio>
```

说明：与 html 的<input type="radio">标签类似，list 后边就是设置单选项，常用 OGNL 表达式中的标识符：#号配合大括号 {} 完成对选项集合的描述：多个选项之间用逗号隔开并放入 {} 之间。其中“显示值”即用户在浏览器页面中看到的该选项的名称，“实际值”是该选项在表单中实际的数值，可以理解为页面背后的能代表该选项的一个数据，它和“显示值”可以不相同。

OGNL 是 Object-Graph Navigation Language 的缩写，它是一种功能强大的表达式语言，通过它简单一致的表达式语法，可以存取对象的任意属性，调用对象的方法，遍历整个对象的结构图，实现字段类型转化等功能。

value 属性：设置后能让单选框默认选中与“实际值”相同的一个选项，例如，下文中的例子，默认会选中男。

例如男和女的单选框代码为：

```
<s:radio name="sex" list="#{1:'男',0:'女'}" value="0"></s:radio>
```

单选框例子的效果如图 1.2-2 所示。

◉男 ○女

图 1.2-2　单选框标签

其对应的 HTML 代码实际为：

```
<input type="radio" name="sex" value="1" checked="checked"/>男
<input type="radio" name="sex" value="0"/>女
```

注意观察，表达式 #{1:'男',0:'女'} 最终生成的 HTML 代码，实际值（value 属性）分别为 1 和 0，显示值是男和女，默认选中了“男”这一选项。

4）使用复选框标签。

```
<s:checkboxlist name="复选框名" list="#{ '实际值':'显示值', '实际值':'显示值',…}" value="0"></s:checkboxlist>
```

说明：与 html 的 input type=checkbox 标签类似，常用 OGNL 表达式完成对多个选项的描述，具体使用方法请参考“单选框”处的说明。例如，有五个选项的复选框：

```
<s:checkboxlist name="love" list="{'游泳','徒步','打乒乓','看书','其他'}">
```

复选框例子的效果如图 1.2-3 所示。

☐ 游泳 ☐ 徒步 ☐ 打乒乓 ☐ 看书 ☐ 其他

图 1.2-3　复选框标签

5）使用下拉框标签

```
<s:select name="下拉框名" list="#{'实际值':'显示值', '实际值':'显示值',…}" value="0"></s:select>
```

说明：与 html 的 select 标签类似，常用 OGNL 表达式完成对多个选项的描述，具体使用方法请参考“单选框”处的说明。

例如，有三个选项的下拉框：

```
<s:select list="#{'0':'学生','1':'教师','2':'工人'}" value="0" name="work"/>
```

6）使用多行输入框标签。

```
<s:textarea name="多行输入框名" rows="高度" cols="宽度"></s:textarea>
```

说明：与 html 的 textarea 标签类似，例如 3 行高、30 列宽的多行输入框：

```
<s:textarea name="note" rows="3" cols="30"></s:textarea>
```

7）使用按钮标签。

```
<s:submit value="提交按钮名" ></s:submit>
<s:reset value="重置按钮名" ></s:reset>
```

说明：与 html 的 input type=submit 和 input type=reset 标签类似。

8）日期选择标签。

```
<sx:datetimepicker name="日期标签名" displayFormat="日期格式，如 yyyy-MM-dd" label="标签标题">
</sx:datetimepicker>
```

说明：图 1.2-4 中，日期选择标签的显示是用 Struts2 集成了的 dojo 框架（注：dojo 是一个第三方 javascript 函数库，Struts2 集成了部分功能以丰富动态页面表现力及交互性）的日期控件来实现的。但是该日期控件在 Struts2 2.1 版本后就没有集成在 Struts2 的基本标签库里，而是集成到了 struts2-dojo-plugin-2.1.x.jar 包里，所以在使用此控件标签前，必须先导入到 struts2-dojo-plugin-2.1.x.jar 包，并且在 JSP 页面加入以下对应的标签指令代码：

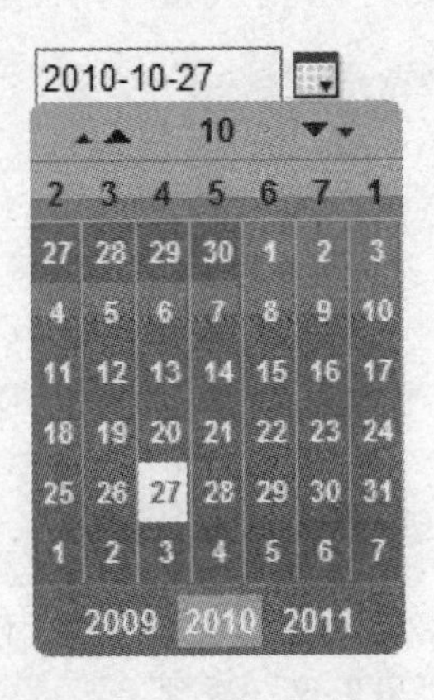

图 1.2-4　日期选择标签

```
<%@taglib prefix="sx" uri="/struts-dojo-tags"%>
```

因为日期控件依赖了 dojo 相关的 javascript 函数库，所以也需要在页面中的<head></head>区域中加入<sx:head/>以引入 dojo 相关函数库，同时指定其编码集属性 extraLocales 为 utf-8，如下所示：

```
<sx:head extraLocales="utf-8"/>
```

同时在<sx:datetimepicker>标签中，加入 language="utf-8"的设置，与<sx:head />中声明的编码集保持一致（注：日期控件在 struts2.1.x 中，部分月份数出现乱码显示的 bug，需要在其对应的标签中强制设置其编码集为 utf-8）。

以上即为常用 Struts2 表单标签的用法。

虽然各种 Struts 的表单标签包含了非常多的属性，但其实很多属性是通用的。比如表单的标签的 name 和 value 属性：

对于表单元素而言，name 和 value 属性之间存在一个独特的关系：因为表单元素的 name 属性会映射到 action 的属性，当该表单对应的 action 已经被实例化，且对应属性有值时，表单元素会显示出该属性的值，该值就是表单元素的 value 值。表 1.2-1 列出进行了 Struts2 与 html 常用标签的功能相似对比。

表 1.2-1　Struts2 与 html 常用标签的功能相似对比

Struts2 标签	HTML
<s:form>	<form>
<s:textfield>	<input type="text">
<s:password>	<input type="password">
<s:radio>	<input type="radio">
<s:checkboxlist>	<input type="checkbox">
<s:select>	<select>
<s:submit>	<input type="submit">

其他标签请查看 Struts2 官方文档：https://cwiki.apache.org/WW/tag-reference.html。

工作实施

实施方案

1．创建名为 Register.jsp 的注册页面文件

2．导入 Struts2 标签库标记

3．在注册页面中添加注册标题并加入表单标签

4．在注册页面中加入各种注册所需输入框及按钮

详细步骤

1．创建名为 Register.jsp 的注册页面文件

在已建的工程的 WebContent 或 webroot 目录下创建一个 Register.jsp 页面。

2．导入 Struts2 标签库标记

在代码<%@ page language="java" contentType="text/html; charset=UTF-8"pageEncoding="UTF-8"%>下面，导入 Struts2 标签库。代码为：

```
<%@taglib prefix="s" uri="/struts-tags"%>
```

3．在注册页面中添加注册标题并加入表单标签

首先在页面中加入标题且居中显示，关键代码如下：

```
<center>用户注册</center>
```

接着加入表单标签且同样居中显示，关键代码如下：

```
<center>
        <s:form action="register.action">
        </s:form>
</center>
```

4．在注册页面中加入各种注册所需输入框及按钮

在<s:form></s:form>表单标签间加入各种 Struts2 表单标签，完成注册页面。具体用法请参考前文中各种标签的使用方法，最后完成注册页面的完整参考代码如下：

```
<%@ page language="java" pageEncoding="utf-8"%>
<%@taglib prefix="s" uri="/struts-tags"%>
<%@taglib prefix="sx" uri="/struts-dojo-tags"%>
```

```
<html>
    <head>
        <title>用户注册</title>
        <sx:head extraLocales="utf-8"/>
    </head>
    <body>
        <center>
            用户注册
        </center>
        <center>
        <s:form action="register.action">
            <s:textfield name="name" label="*会员登录名">
            </s:textfield>
            <s:textfield name="username" label="真实姓名">
            </s:textfield>
            <s:password name="pass" label="*输入密码">
            </s:password>
            <s:password name="repass" label="*确认密码">
            </s:password>
            <s:radio list="#{'1':'男','0':'女'}" value="1" label="性别" name="sex">
            </s:radio>
            <s:select name="province"
                list="{'重庆','北京','上海','天津'}"
                label="省份">
            </s:select>
            <s:textfield name="age" label="年龄"></s:textfield>
            <sx:datetimepicker name="birth" displayFormat="yyyy-MM-dd" label=" 生 日 " accesskey="false"
language="utf-8" >
            </sx:datetimepicker>
            <s:checkboxlist name="love" label="爱好"
            list="{'游泳','徒步','打乒乓','看书','其他'}">
            </s:checkboxlist>
            <s:textfield name="mobile" label="手机">
            </s:textfield>
            <s:textfield name="email" label="电子邮箱">
            </s:textfield>
            <s:submit value="提交"></s:submit>
        </s:form>
        </center>
    </body>
</html>
```

1.3 Struts 框架的配置

工作目标

知识目标

- 理解 Struts2 框架的配置文件结构及作用
- 掌握 Struts2 框架中 struts.xml 文件常用配置
- 掌握 Struts2 非 UI 标签的使用

技能目标

- 会在 Struts2 配置文件中进行相关配置，正确配置后注册页面能正确提交处理和页面转向

素养目标

- 培养学生的动手和自学能力

工作任务

利用 Struts2 框架实现注册功能：创建用户注册页面，用户填写注册页面然后提交该表单（如图 1.3-1 所示），将注册信息显示在注册成功页面（如图 1.3-2 所示）。

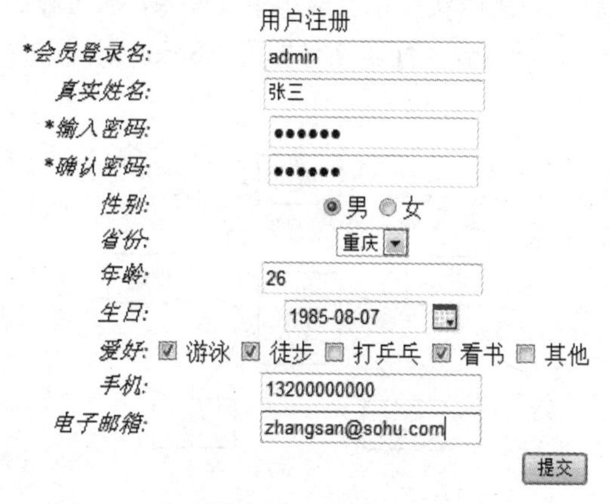

图 1.3-1　用户注册

注册成功
admin
张三
123456

1
重庆
26
1985-08-07
游泳 徒步 看书
13200000000
zhangsan@sohu.com

图 1.3-2　注册成功

工作计划

任务分析之问题清单

1. Struts2 配置文件有什么用？
2. 如何对 Struts2 配置文件进行配置？
3. 在后台 action 中如何获得前台页面提交的表单数据？
4. 页面上使用 Struts 的何种标签提交表单？
5. 在注册成功页面中如何获得并显示用户输入的注册信息？

任务解析

1. Struts2 配置文件的用途

Struts2 配置文件主要有两个作用：降低程序间的耦合度；协同控制器控制程序流程。

1）降低程序间的耦合度。

耦合度的概念：某模块（类）与其他模块（类）之间的关联、感知和依赖的程度。

耦合度的强弱依赖于 4 个因素：

- 一个模块对另一个模块的调用
- 一个模块向另一个模块传递的数据量
- 一个模块施加到另一个模块的控制的多少
- 模块之间接口的复杂程度

耦合度概念理解：耦合度简单来说就是模块之间的联系紧密程度，有低耦合与高耦合之分，联系越紧密就是高耦合度，反之则是低耦合度。从软件的维护来看，低耦合度的代码容易维护修改，高耦合的代码是不好的，不容易维护。

Struts 配置文件为什么会降低程序间的耦合度呢？耦合度是来自于模块之间的联系，高耦合度主要在于两个因素：

- 模块之间联系次数越多（单联系变成多联系会增加耦合度）
- 关系越复杂（两个模块间的单线联系变成多个模块间的网状联系）

要想减少耦合度，就是控制上述的两个因素，使之向低耦合方向发展。

Struts 配置文件降低耦合度的实质：Struts 配置文件的产生，从改变关系复杂度入手，将多个联系放到了 Struts 配置文件中集中管理，把模块之间的网状联系变成了单线联系，从而降低了耦合度；当需要修改模块之间的联系时，只需要统一修改 Struts 配置文件即可。Struts 配置文件降低耦合示意图如图 1.3-3 所示。

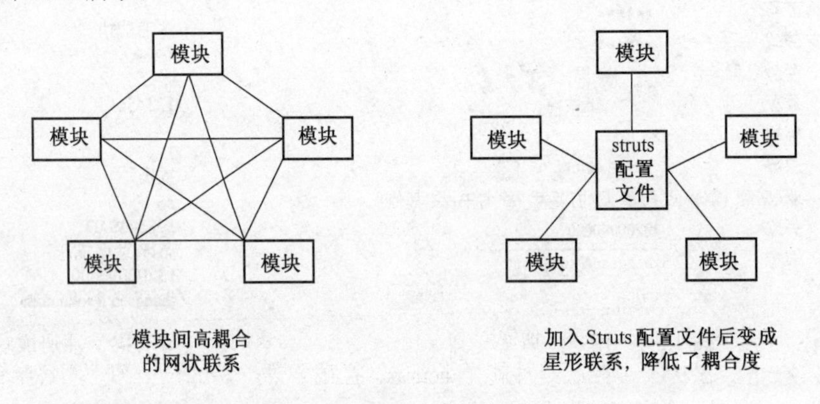

图 1.3-3　Struts 配置文件降低耦合示意图

2）协同控制器控制程序流程。

在通用的程序流程中（如图 1.1-5 所示），Struts 配置文件决定下面几个地方的关联：

- 决定交给哪个业务控制器 action 的哪个方法进行处理
- 在业务处理失败之后决定跳转到前台哪个页面
- 在业务处理成功之后决定跳转到前台哪个页面

2．如何对 Struts2 配置文件进行配置

1）struts.xml 配置文件简介。

Struts 框架的核心配置文件之一就是 struts.xml 配置文件，该文件主要负责管理 Struts2 框架的业务控制器 action。在默认情况下，Struts2 框架将自动加载放在 WEB-INF/classes 路径下的 struts.xml 文件。

说明：将 struts.xml 放在源文件 src 根目录下面，经过编译后，struts.xml 将生成在 WEB-INF/classes 路径下。

在大部分应用里，随着应用规模的增加，系统中 action 数量也大量增加，导致 struts.xml 配置文件变得非常臃肿。为了避免 strut.xml 文件过于庞大，提高 struts.xml 文件的可读性，我们可以将一个 struts.xml 文件分解成多个配置文件，然后在 struts.xml 文件中包含其他配置文件。通过这种方式，Struts2 提供了一种模块化的方式来管理 struts.xml 配置文件。

2）struts.properties 配置文件。

Struts2 框架中有两个核心配置文件，其中 struts.xml 文件主要负责管理应用中的 action 映射，以及 action 包的 Result 定义等。除此之外，Struts2 框架还包含了一个 struts.properties 文件，该文件定义了 Struts2 框架的大量属性，开发者可以通过改变这些属性来满足应用的需求。

说明：struts.properties 文件中的属性同样也可以在 struts.xml 文件中配置，只是源于 Struts 配置文件模块化管理思路，将其分文件管理，增加了程序的可读性，以及降低了后期维护的难度。小型的项目可以将属性直接配置在 struts.xml 文件中。

3）Struts2 配置文件结构。

struts.xml 配置文件的结构是通过 Struts 配置文件的 DTD 文件来定义的，Struts 的配置文件的 DTD 文件在 Struts 核心包根目录下。在 struts.xml 文件中如何引入配置文件头在前面章节已经介绍过。

<struts></struts>元素是 struts.xml 配置文件下核心配置的根元素，所有 Struts 的配置都在这对标签内部。

<struts></struts>元素的常用一级子元素包括：

<constant>：配置一些常量信息，包括国际化支持、action 后缀名、上传文件格式以及文件大小等信息。该元素可以出现 0 次或者多次。

<bean>：配置一些类信息。该元素可以出现 0 次或者多次。

<include>：struts.xml 可以分文件管理，此处可以用来包含配置文件的其他子文件。可以出差 0 次或者多次。

```
<include file="struts-user.xml"></include>
<!--这样，本文件就能包含 struts-user.xml 的信息-->
```

<package>：Struts2 框架中核心组件就是 action、拦截器等，Struts2 框架使用包来管理 action 和拦截器等。每个包就是多个 action、多个拦截器、多个拦截器引用的集合。配置包时，必须指定 name 属性，这个属性是引用该包的 key。除此之外，还可以指定一个可选的的 extends 属性，extends 属性值必须是另一个包的 name 属性。指定 extends 属性表示让该包继承其他包，子包可以继承一个或者多个父包中的拦截器、拦截器栈、action 等配置。

package 元素的常用一级子元素包括：

<interceptors>：拦截器信息配置，可以出现 0 次或者多次。如果在 package 下定义了 interceptors 元素，那么其必须至少包含 interceptor 或者 interceptor-stack 两种元素中的一种，且可以出现多次。

```
<interceptors>
    <!—定义拦截器栈-->
    <interceptor-stack name="userPower">
        <interceptor-ref name="power"/>
        <interceptor-ref name="defaultStack"/>
    </interceptor-stack>
</interceptors>
```

<action>：配置 action 的基本信息，常用的配置代码参考如下：

```
<action name="前台页面表单提交的地址" class="action 类所在地址" method="方法名（指定执行 action 类中的哪个方法，默认是 execute）">
    <result name="跳转标识 1">跳转页面 URL1</result>
    <result name="跳转标识 2">跳转页面 URL2</result>
</action>
```

关于 struts.xml 的更详细结构，请参考 Struts2 核心包下面 struts-2.0.dtd 文件，或者参考《Struts 2

权威指南——基于 WebWork 核心的 MVC 开发》第三章的内容，或者在网站上 http://struts.apache.org/dtds/struts-2.0.dtd 查询相关信息。

3．在后台 action 中获得前台页面提交数据

在后台 action（业务控制器）中可以利用 struts 框架自动获得前台页面（表单）提交的数据而无需程序员手动写代码，具体做法如下：

前提条件 1——在 action 中增加成员变量；增加成员变量的作用：用来存放前台页面提交的各种数据。

变量个数：须大于等于前台页面提交的各种数据的个数。

变量命名：必须与前台页面提交的各个输入控件的名字保持一致。

前提条件 2——为每个成员变量增加 set 方法；增加 set 方法的作用：便于 struts 框架调用 set 方法将前台页面（表单）提交的数据赋值给对应的变量。

获得数据的方式：只要按照上述条件写好代码，struts 框架将自动把前台页面提交的各种数据在运行 action 的时候赋值到各个变量中，无需程序员再写代码来获取数据。

4．页面上使用 Struts 的何种标签提交表单？

action 标签：该标签用于在 JSP 页面直接调用一个 action，通过指定 executeResult 参数，还可将该 action 的处理结果包含到本页面中来。

```
<s:action name="名字" executeResult="true" namespace="/"></s:action>
```

使用 action 标签指定属性有：①id：可选属性，作为该 action 的引用 ID；②name：必选属性，指定调用 action 的名字，对应于 struts.xml 文件中 action 元素的 name 的值；③namespace：可选属性，指定该标签调用 action 所属 namespace；④executeResult：可选属性，指定是否将 action 的处理结果包含到本页面中。默认值为 false，不包含；⑤ignoreContextParam：可选参数，指定该页面的请求参数是否需要传入调用的 action 中，默认值是 false，即传入参数。

5．在注册成功页面中如何获得并显示用户输入的注册信息？

1）使用数据标签 property 标签输出信息。

property 标签：输出 value 属性指定的值中的值，如果没有指定 value 属性，则默认输出 ValueStack 栈顶的值。

```
<s:property value="action 类的某个属性名"/>
```

说明：property 还有其他几个属性：①default 属性：可选，如果 value 的值为 null，则显示的 default 属性指定的值；②id：可选，指定元素的标识。该标签的作用：获得后台对应的 action 类的某个属性的值并显示出来。

2）使用控制标签 iterator 标签进行循环输出。

iterator 标签：主要用于对集合进行迭代，这里的集合包括 List，Set 和数组，也对 Map 类型的对象进行迭代输出。常用语法格式：

```
<s:iterator value="数据集合" id="循环变量">
        <s:property value="数据集合的某个属性名" />
        <! - 需要进行循环的更多代码放在此处 -->
</s:iterator >
```

说明：s:iterator 是根据数据集合里边的对象个数进行循环，每次循环的时候会依次取出数据集

合中的一个对象，并放到循环变量中，然后通过 s:property 标签输出循环变量对象中的某个属性的值到页面当前位置，接着再进行下一次循环，直到集合里边的所有对象都取出来为止。

注意

<s:iterator >... </s:iterator >之间是循环体，需要进行循环的代码都应放在这里，并不局限于<s:property >标签； <s:property />若没有参数 value 则表示输出数据集合中某个对象的所有属性值，是一种简写形式。

【例 1.3-1】在页面中存在一个数据集合 userList，该集合存放了多个 User 类型的对象。User 类型是一个类，该类有两个属性：

- 属性 1：userId
- 属性 2：userName

使用循环迭代标签输出数据集合 userList 中每个 User 类型对象的所有属性值。页面代码参考如下：

```
<%  //创建一个数据集合对象 userList
    java.util.ArrayList userList=new java.util.ArrayList();
    //本例中创建三个 User 类型的对象并分别赋值
    User user1=new User();
    user1.setUserid("1");
    user1.setUsername("11");
    User user2=new User();
    user2.setUserid("2");
    user2.setUsername("22");
    User user3=new User();
    user3.setUserid("3");
    user3.setUsername("33");
    //将三个赋好值的 User 类型的对象放到数据集合对象 userList 中
    userList.add(user1);
    userList.add(user2);
    userList.add(user3);
    //将数据集合对象 userList 放到 session 中
    session.setAttribute("userlist",userList);
%>

<!--使用循环标签 iterator 输出结果，其中 value 的值#session.userlist 表示
从 session 中取出标识符为 userlist 的对象，#session.userlist 等价于
session.getAttribute("userlist")-->
<s:iterator value="#session.userlist" id="data">
    <s:property value="userid"/>
    <!—上面 value 的值 userid 为 User 类的成员变量 userid，且该成员变量必须有 get 方法 -->
    <s:property value="username"/>
</s:iterator>
```

User 类的关键代码如下：

```
public class User {
    String userid;
    String username;
    public String getUserid() {
        return userid;
    }
    public void setUserid(String userid) {
        this.userid = userid;
```

```
        }
        public String getUsername() {
                return username;
        }
        public void setUsername(String username) {
                this.username = username;
        }
}
```

注意 为了能够使用 property 标签输出 User 类的所有属性值，User 类的成员变量 userid 和 username 都必须有对应的 get 方法，不过，set 方法在这里是可以不要的。

其他控制标签及作用如表 1.3-1 所示。

表 1.3-1　控制标签

标签标识	标签作用
<s:if>	用于控制选择输出的标签
<s:elseIf>	与 if 标签结合使用，用于控制选择输出的标签
<s: append >	用于将多个集合拼接成一个新的集合
<s: generator >	它是一个字符串解析器，用于将一个字符串解析成一个集合
<s: merge >	用于将多个集合拼接成一个新的集合。但与 append 的拼接方式不同
<s: sort >	这个标签用于对集合进行排序
<s:subset>	这个标签用于截取集合的部分元素，形成新的子集合

工作实施

实施方案

1．搭建 Struts2 框架环境

2．改写 struts.xml 文件

3．前台注册页面的编写

4．后台处理程序的编写

5．注册成功页面的编写

详细步骤

1．搭建 Struts2 框架环境

在上一章已经配置好了 Struts2 开发的框架环境，此处只需要在工程中添加一个 struts-dojo-plugin.jar 包即可。

2．改写 struts.xml 文件

在 struts.xml 文件中添加一个 package 元素，name 属性值定义为 register，继承 struts-default，关键代码如下：

```
<package name="register" extends="struts-default">
</package>
```

在 package 元素中添加 name="register" 的 action 元素，配置它的 class 地址指向后台 RegisterAction，method 的属性值对应 RegisterAction 中处理 register.jsp 页面信息的方法 regist，配

置返回结果处理的 result 元素对应的视图资源，关键代码如下：

```
<action name="register"
        class="com.zdsoft.action.RegisterAction"
        method="regist"
        <result name="success">/result.jsp</result>
        <result name="input">/register.jsp</result>
</action>
```

说明

上述配置中 action name="register"是与 regist.jsp 页面中<s:form>表单的 action=register.action 相一致，class="com.zdsoft.action.RegisterAction "指定业务控制器 RegisterAction 的地址，method="regist"指定了业务控制器要执行的方法，result name="success"指定了跳转标识，与 RegisterAction 类的 regist 方法返回值相对应，/result.jsp 是跳转的页面地址。

3．前台注册页面的编写

参照上一章的注册页面 register.jsp，这里不在累赘，需要修改表单的 action 值，关键代码如下：

```
<s:form action="register.action">
```

4．后台处理程序的编写

新建一个注册业务处理类 RegisterAction，并让该类继承 ActionSupport 类。

说明

RegisterAction 继承了 ActionSupport 类，就具备了 ActionSupport 这个抽象类的基本属性和方法，可以重写某些方法，如：validation()方法。关于 ActionSupport 类我们会在后面章节详细分析其属性和方法。

在类中定义 RegisterAction 类型的成员变量（String 类型成员变量 name（会员登录名）,username（会员真实姓名）,pass（密码）,repass（确认密码）,province（省份）,mobile（手机号码）,email（邮件地址），String 数组类型成员变量 love（爱好）,int 类型变量 age（年龄）,sex（性别：1 表示“男”，0 表示“女”），Date 类型变量 birth（生日））用于接收注册页面传过来的值。关键代码如下：

```
public class RegisterAction extends ActionSupport {
        private String name;        //会员登录名
        private String username;//会员真实姓名
        private String pass;        //密码
        private String repass;      //确认密码
        private int age;            //年龄
        private int sex;            //性别
        private String province;//省份
        private Date birth;         //生日
        private String[] love;      //爱好
        private String mobile;      //手机号码
        private String email;       //邮件
        //产生上面属性的 get/set 方法(此处省略)
}
```

说明

该类里的成员变量名称要与注册页面的字段的 name 属性名一致，这样 Struts2 就可以通过类里的 set/get 方法进行注入值/获取值。

在 RegisterAction 类里指定了一个注册方法 regist()用于做注册操作，那么需要在 struts.xml 文件的注册 action 节点里加入一个 method="regist"属性（见上面的 struts.xml 说明）关键如下代码：

```
public class RegisterAction extends ActionSupport {
        ……
        /*
         * 注册方法
         */
        public String regist(){
                return "success";
        }
}
```

5．注册成功页面（result.jsp）的编写

注册成功页面用于在注册成功后接收 register.action 处理后的数据，并将其显示出来。result.jsp 关键代码如下：

```
<body>
        注册成功 <br>
        <s:property value="name"/><br>
        <s:property value="username"/><br>
        <s:property value="pass"/><br>
        <s:property value="repass"/><br>
        <s:property value="sex"/><br>
        <s:property value="province"/><br>
        <s:property value="age"/><br>
        <s:date name="birth" format="yyyy-MM-dd"/><br>
        <s:iterator value="love">
                <s:property/>
        </s:iterator><br>
        <s:property value="mobile"/><br>
        <s:property value="email"/><br>
</body>
</html>
```

1.4 Struts 的验证框架

工作目标

知识目标

- 理解服务端校验与客户端校验的区别
- 理解 Struts2 的校验器
- 掌握 Struts2 验证配置文件的常用配置

技能目标

- 会使用 Struts2 校验框架进行校验

素养目标

- 培养学生的动手和自学能力

工作任务

使用 Struts2 的验证框架实现注册功能的输入验证：①会员登录名不能为空，且长度在 6～18

位之间；②密码不能为空，且 6～12 位、只能为字母和数字；③确认密码不能空，且与输入密码要匹配；④年龄只能在 1～150 岁之间；⑤生日日期只能在 1900-01-01 与 2050-01-01 之间；⑥电子邮箱地址合法。如图 1.4-1 至图 1.4-3 所示。

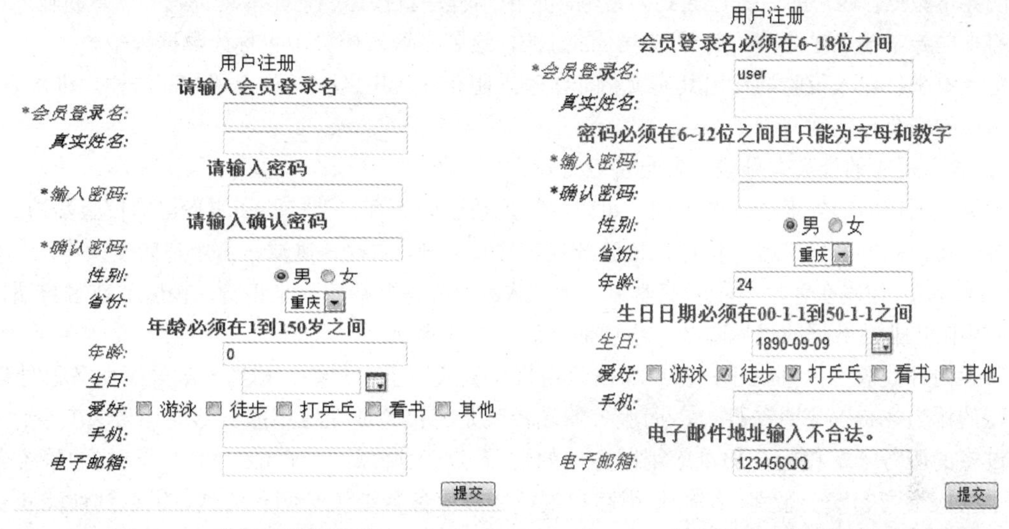

图 1.4-1　验证字段是否为空　　　　图 1.4-2　验证字段范围和邮箱的合法性

图 1.4-3　两次密码输入不相等

工作计划

任务分析之问题清单

1．输入校验是什么？它的作用是什么？

2．输入校验的种类有哪些？各自的特点又是什么？

3．Struts 的验证框架该如何使用？

任务解析

1．输入校验是什么？它的作用是什么？

对于一个 Web 应用而言，所有的用户数据都是通过浏览器收集的，用户的输入信息是非常复杂的：用户操作不熟练，输入出错，硬件设备的不正常，网络传输的不稳定，另外加上 Web 应用的开放性，网络上所有的浏览者都可以自由使用该应用，因此该应用通过输入页面收集的数据是非常复杂的，不仅会包含正常用户的误输入，还可能包含恶意输入。这些都有可能导致系统异常。

异常的输入，轻则导致系统非正常中断，重则导致系统崩溃。应用程序必须能正常处理表现层接受的异常数据，通常的做法是遇到异常输入时应用程序直接返回，提示浏览者必须重新输入，也就是将那些异常输入过滤掉。对异常输入的过滤，这就是输入校验，也称为数据校验。

由此看来，输入校验的作用其实就将非法输入阻止在应用之外，防止那些非法输入进入系统，保证系统的安全稳定性。

2．输入校验的种类有哪些？各自特点是什么？

根据数据校验的处理场所的不同，可以将输入校验分为客户端校验和服务器端校验两种。

客户端校验顾名思义就是将输入校验放在客户端处理，主要是过滤正常用户的误操作，一般是通过 JavaScript 代码在客户端的浏览器中处理完成；而服务器端校验是将输入校验放在客户端，是整个应用阻止非法数据的最后防线，主要通过编程方式实现。

以上两种校验的区别在于，客户端校验是将校验放在了客户端，相当于减轻了服务器处理输入校验的压力，提高了系统性能，而服务器端校验是将校验放在应用服务器端，虽然安全性高，但是过多的服务器端校验会加重应用服务器的负荷，从而降低系统性能。所以，一般的系统会根据各个模块不同的安全级别，综合使用客户端校验和服务器端校验两种方式，以达到性能和安全兼顾的目的。

注意

本章着重服务器端校验，客户端校验略。

3．Struts 的验证框架该如何使用？

输入校验是表现层数据处理的一种，因此往往会被 MVC 框架所提供。Struts2 框架提供了非常强大的输入校验体系，通过 Struts2 的内建的输入校验器，Struts2 应用无需书写任何 Java 代码，即可完成绝大部分输入校验。验证框架的使用分以下 4 个步骤：

1）前台页面加入错误提示标签。

在前台 JSP 页面中添加错误提示标签，以便在发生校验错误时，页面能显示校验错误信息，方便用户根据提示重新输入正确的数据。如果未更改过 Struts2 的主题，该步骤可以省略，因为默认的 Struts2 主题会为每个表单标签生成一个对应的错误提示标签。

注意

什么是 Struts2 主题？Struts2 所有的 UI 标签都是基于主题和模板的，主题和模板是 Struts2 所有 UI 标签的核心。模板是一个 UI 标签的外在表示形式。如果为所有的 UI 标签都提供了对应的模板，那么这系列的模板就形成了一个主题。Struts2 主题默认具备自动排版及添加信息提示标签等功能，例如之前的注册页面中，在默认主题下会被自动添加<tr>、<td>等表格元素。

在实际的项目开发中，因为默认主题有它独特的一套页面模板，不一定适合实际项目的要求，往往会把主题设置为 simple（简单）主题，即不再使用任何模板，由开发人员自己控制表单的样式。一般在 struts.xml 配置文件中设置如下配置，将默认主题修改为简单主题：

```
<struts>
    <constant name="struts.ui.theme" value="simple"></constant>
```

```
        ……
</struts>
```

一旦不再使用 Struts2 默认主题，Struts2 便不会为每个表单标签自动生成对应的错误提示标签。此时就必须在页面显式地写出错误提示标签。比如将其布局在表单标签上部，示例代码如下所示：

```
<s:fielderror/>
<s:form action="register">
    ……
</s:form>
```

2）后台 action 继承 ActionSupport 类。

使待校验页面对应的后台 action 类需去继承 ActionSupport 类。该类是一个工具类，它帮我们提供了数据校验、信息资源国际化等功能。通过继承该 ActionSupport 类，可以简化 action 类的开发。

3）增加校验配置文件。

在项目中增加一个校验配置文件，校验配置文件通过使用 Struts 2 已有的内建校验器，完成对表单的校验。该文件的命名应该遵守以下两条规范：

①命名规范：ActionName-validation.xml，其中 ActionName 就是需要校验的 action 的类名。例如，有一个 RegisterAction 的 action，对应的校验配置文件就应该命名为“RegisterAction-validation.xml”。

②位置规范：该文件应该与 action 类的文件位于同一个路径下。

Struts2 还支持一种通过代码实现的校验方式，其实现方式是在待验证 action 类中，添加一个 validate()方法，在该方法中完成校验判断后，添加 addFieldError()等方法往校验框架保存校验错误信息，最终同样通过页面的错误显示标签输出相关错误信息，虽然可以达到与校验配置文件一样的校验目的，但因其重用性及可维护性不高，一般不提倡使用，除非遇到通过内建校验器很难实现的校验外。

配置文件的编辑，首先需要在校验配置文件的最上部声明对应的文档标签定义文件，即 dtd 文件，它是用于限制 xml 文件格式的文件，引入它是为了让开发人员能在限定的规则下正确地配置该 xml 文件。声明 dtd 部分代码如下所示：

```
<!DOCTYPE validators PUBLIC
"-//OpenSymphony Group//XWork Validator 1.0.3//EN"
"http://www.opensymphony.com/xwork/xwork-validator-1.0.3.dtd">
```

接下来，配置具体每一个待校验项的校验规则。首先先详细介绍“会员登录名”文本框的校验规则的配置，其校验要求为：不能为空且长度必须在 6～18 位之间。示范代码如下所示：

```
<field name="name">
    <!-- 会员登录名必须输入验证 -->
    <field-validator type="requiredstring">
        <param name="trim">true</param>
        <message>请输入会员登录名</message>
    </field-validator>
    <!-- 会员登录名长度验证 -->
    <field-validator type="stringlength">
        <param name="minLength">6</param>
        <param name="maxLength">18</param>
        <message>会员登录名必须在${minLength}~${maxLength}位之间</message>
```

```
        </field-validator>
    </field>
```

现逐条解析以上配置代码：

filed 节点：name 属性是声明页面中待校验项的名称，即与 JSP 页面中的表单项的 name 属性一致。

```
<s:textfield name="name" label="*会员登录名"></s:textfield>
```

field-validator 节点：type 属性是指使用的校验器类型，在 Struts2 框架中其实已为开发人员提供了大量的实现常见校验需求的校验器，如 requiredstring 为“必须输入”，stringlength 为“字符长度限制”等，更多常用内建校验器如表 1.4-1 所示。

表 1.4-1 常用内建校验器列表

名称	功能
required	校验指定字段是否为空
requiredstring	校验指定字符串字段非空
int	校验指定整数字段是否在一个范围内
date	校验指定的日期是否在一个范围内
expression	校验指定的表达式是否为真
fieldexpression	校验指定 OGNL 表达式字段
email	校验一个指定的字符字段如果非空是否是一个合法邮箱地址
url	校验一个指定的字段是否是字符串并且合法
visitor	将当前校验推送到另一相关校验
conversion	校验指定字段是否发生转换错误
stringlength	校验指定字段是否发生转换错误
reqex	校验指定使用正规表达式的字符字段

具体规则在 xwork-core-2.x.x.jar 包的 com.opensymphoy.xwork2.validator.validators 路径下找到 default.xml 文件并打开，里面是所有的内建校验器的定义。

param 节点：为当前使用校验器传递参数，以实现更加灵活的校验配置，例如上例中的 requiredstring 校验器中，可以使用 trim 参数，表示校验前是否去除掉输入的字符串的左右空格，其值可以使用 true 和 false，如果设置为 true，那么校验前会去掉输入字符串的前后空格。stringlength 校验器中，可以使用 minLength 及 maxLength 两个参数，表示所允许的最大和最小字符长度。

message 节点：为发生校验错误时页面显示的校验错误提示信息。在错误提示信息中，可以通过${}表达式引用校验器中的变量属性，构成动态的错误提示信息，如上例${minLength}和${maxLength}便动态引用了参数中的最小最大长度属性。

在已经了解校验规则各个节点的配置后，接下来通过完成本章实例其他校验任务的方式来熟悉其他常用校验器的使用方法。

- 密码验证：密码不能为空，且 6～12 位、只能为字母和数字，示例代码如下：

```
<field name="pass">
    <!-- 密码必须输入验证 -->
    <field-validator type="requiredstring">
        <param name="trim">true</param>
        <message>请输入密码</message>
```

```
        </field-validator>
        <!-- 正则表达式验证密码长度和类型 -->
        <field-validator type="regex">
            <param name="expression"><![CDATA[\w{6,12}]]></param>
            <message>密码必须在 6~12 位之间且只能为字母和数字</message>
        </field-validator>
    </field>
```

备注

其中 requiredstring 非空校验器已讲述，不再累述。

reqex 校验器：校验指定使用正规表达式的字符字段，其 expression 参数的值是一个正则表达式。通过正则表达式校验器，可以让校验器判断用户输入的字符串是否匹配已编写好的正则表达式，如果匹配即意味校验通过，反之不匹配即意味校验失败。例中的(\w{6,12})即表示由字母或数字组成的且长度为 6～12 的字符串。

注意

正则表达式（regular expression）是指一个用来描述或者匹配一系列符合某个句法规则的字符串的单个字符串。它描述了一种字符串匹配的模式，往往被用来检查一个串是否含有某种子串、将匹配的子串做替换或者从某个串中取出符合某个条件的子串。正则表达式的用法比较复杂，此处不做详细说明。

正则表达式需被作为 CDATA 部分被放入[CDATA[ ]]>中，于是写为<![CDATA [\w{6, 12}]]>。

注意

在各种表达式加入 XML 文件中时，为避免表达式内容被识别为 XML 的格式，往往会将表达式作为 CDATA，CDATA 指的是不应由 XML 解析器进行解析的文本数据（Unparsed Character Data），CDATA 部分由 "<![CDATA[" 开始，由 "]]>" 结束。

- 确认密码验证：确认密码不能空，且与输入密码要匹配，示例代码如下：

```
<!-- 确认密码验证 -->
<field name="repass">
    <!-- 确认密码必须输入验证 -->
    <field-validator type="requiredstring">
        <param name="trim">true</param>
        <message>请输入确认密码</message>
    </field-validator>
    <!-- 字段表达式验证确认密码和密码 是否相等-->
    <field-validator type="fieldexpression">
        <param name="expression"><![CDATA[pass==repass]]></param>
        <message>两次密码不相等</message>
    </field-validator>
</field>
```

其中 requiredstring 非空校验器已讲述，不再累述。

fieldexpression 校验器：实现对指定 OGNL 表达式字段的校验，其 expression 参数的值为指定需判断的 OGNL 表达式（OGNL 的基本概念请参阅第 3 章），pass==repass 表达式便是判断确认密码和密码的是否相等的表达式，通正则表达式一样，OGNL 表达式也需被作为 CDATA 部分被放入[CDATA[ ]]>中，于是写为<![CDATA [pass==repass]]>。

● 年龄验证：年龄只能在 1～150 岁之间，示例代码如下：

```
<!-- 年龄范围验证 -->
<field name="age">
  <field-validator type="int">
      <param name="min">1</param>
      <param name="max">150</param>
      <message>年龄必须在${min}到${max}岁之间</message>
  </field-validator>
</field>
```

int 校验器：实现对整数的校验，其 min 和 max 参数，分别代表该整数所允许的最小值和最大值，同时在错误提示信息中可以使用${}符号，完成类似之前 stringlength 校验器所提到的动态引用参数，构成动态的错误信息提示。

● 生日验证：生日日期只能在 1900-01-01 与 2050-01-01 之间，示例代码如下：

```
<!-- 生日日期验证 -->
<field name="birth">
        <field-validator type="date">
                <param name="min">1900-01-01</param>
                <param name="max">2050-01-01</param>
                <message>生日日期必须在${min}到${max}之间</message>
        </field-validator>
</field>
```

date 校验器：实现对日期的校验，其 min 和 max 参数，分别代表该日期所允许的最小值和最大值，同时在错误提示信息中可以使用${}符号，构成动态的错误信息提示。

● 邮箱验证：电子邮箱地址合法，示例代码如下：

```
<!-- 电子邮件地址验证 -->
<field name="email">
        <field-validator type="email">
                <message>电子邮件地址输入不合法。</message>
        </field-validator>
</field>
```

email 校验器：实现对电子邮箱地址格式的校验，如果没有设置参数即代表使用 struts2 内置的邮箱校验规则。如果需要自定义邮箱地址校验规则，可以增加 expression 参数，编写满足自定义需求的正则表达式。其实 struts2 的 email 校验器已满足合格邮箱地址的校验，一般不需要设置 expression 参数。

注意

以上便是本章实例会使用到的内建校验器，其他校验器的具体使用方法请查看对应校验器的使用文档，此种不再一一列举。

4）配置错误返回页面地址。

在 struts.xml 文件的对应的 action 定义中，需要定义一个名为“input”的逻辑视图结果 result，将 input 逻辑视图映射到原页面，让用户重新输入数据。示例代码如下：

```
<result name="input">/输入页面的地址</result>
```

工作实施

实施方案

1．前台页面加入错误提示标签

2．后台 action 继承 ActionSupport

3．增加校验配置文件

4．配置错误返回页面地址

详细步骤

1．前台页面加入错误提示标签

因为没有去修改 Struts2 的主题，本实例仍使用默认主题，所以该步骤省略。

2．后台 action 继承 ActionSupport

使用户注册 action 类继承 ActionSupport 类，并导入该类对应的包路径。如下所示：

```
import com.opensymphony.xwork2.ActionSupport;
    ……
public class RegisterAction extends ActionSupport{
    ……
}
```

3．增加校验配置文件

首先，在与 RegisterAction 类相同包下新建校验配置文件 RegisterAction-validtion.xml。

然后，在 xwork-core-2.x.x.jar 里找到 xwork-validator-1.x.x.dtd 文件并打开，复制下面代码到 RegisterAction-validtion.xml 文件的最上部。

```
<!DOCTYPE validators PUBLIC
"-//OpenSymphony Group//XWork Validator 1.0.3//EN"
"http://www.opensymphony.com/xwork/xwork-validator-1.0.3.dtd">
<validators>
</validators>
```

最后，在文件的<validators>与</validators>之间加入各个表单输入项的验证规则，表单的输入项包括会员登录名、密码、确认密码、年龄、生日及邮件地址。参考代码如下所示：

```
<!-- 会员登录名验证 -->
    <field name="name">
        <!-- 会员登录名必须输入验证 -->
        <field-validator type="requiredstring">
            <param name="trim">true</param>
            <message>请输入会员登录名</message>
        </field-validator>
        <!-- 会员登录名长度验证 -->
        <field-validator type="stringlength">
            <param name="minLength">6</param>
            <param name="maxLength">18</param>
            <message>会员登录名必须在${minLength}~${maxLength}位之间</message>
        </field-validator>
    </field>

    <!-- 密码验证 -->
    <field name="pass">
        <!-- 密码必须输入验证 -->
        <field-validator type="requiredstring">
            <param name="trim">true</param>
            <message>请输入密码</message>
        </field-validator>
        <!-- 正则表达式验证密码长度和类型 -->
        <field-validator type="regex">
            <param name="expression"><![CDATA[\w{6,12}]]></param>
```

```
                <message>密码必须在 6~12 位之间且只能为字母和数字</message>
            </field-validator>
        </field>

        <!-- 确认密码验证 -->
         <field name="repass">
            <!-- 确认密码必须输入验证 -->
            <field-validator type="requiredstring">
                <param name="trim">true</param>
                <message>请输入确认密码</message>
            </field-validator>
            <!-- 字段表达式验证确认密码和密码 是否相等-->
            <field-validator type="fieldexpression">
                <param name="expression"><![CDATA[pass==repass]]></param>
                <message>两次密码不相等</message>
            </field-validator>
        </field>

        <!-- 年龄范围验证 -->
        <field name="age">
            <field-validator type="int">
                <param name="min">1</param>
                <param name="max">150</param>
                <message>年龄必须在${min}到${max}岁之间</message>
            </field-validator>
        </field>

        <!-- 生日日期验证 -->
        <field name="birth">
            <field-validator type="date">
                <param name="min">1900-01-01</param>
                <param name="max">2050-01-01</param>
                <message>生日日期必须在${min}到${max}之间</message>
            </field-validator>
        </field>

        <!-- 电子邮件地址验证 -->
        <field name="email">
            <field-validator type="email">
                <message>电子邮件地址输入不合法。</message>
            </field-validator>
        </field>
```

4．在 struts.xml 配置文件中配置错误返回页面地址

在 struts.xml 文件，找到用户注册 action 的配置部分，添加一个名为 input 的 result 逻辑视图结果，并指向注册页面，即发生校验错误时返回的页面：

```
<action name="register"
        class="com.zdsoft.action.RegisterAction" method="regist">
    <result name="success">/result.jsp</result>
    <!-- 此处增加 input 结果 -->
    <result name="input">/regist.jsp</result>
</action>
```

通过实施以上步骤，完成整个输入校验框架的配置，运行该 Struts2 校验实例。Struts2 应用在运行时会自动加载 action 相对应的校验规则文件，当用户提交请求 action 时，Struts2 的校验框

架会根据该校验规则文件对用户请求进行校验。如果用户的输入不满足校验规则，将看到之前图 1.4-1 至图 1.4-3 所示的界面，提示用户只有再次输入符合校验规则的数据，才能成功完成用户注册操作。

1.5 国际化的处理

工作目标

知识目标

- 理解程序国际化的含义和思路
- 掌握程序国际化的前台显示标签语法、后台属性文件及配置的编写

技能目标

- 会在程序中实现国际化

素养目标

- 培养学生的动手和自学能力

工作任务

对注册功能进行国际化：当操作系统默认语言是中文的时候，页面和验证消息的内容显示中文，如图 1.5-1 所示。当操作系统的默认语言是英文的时候，显示英文，如图 1.5-2 所示。

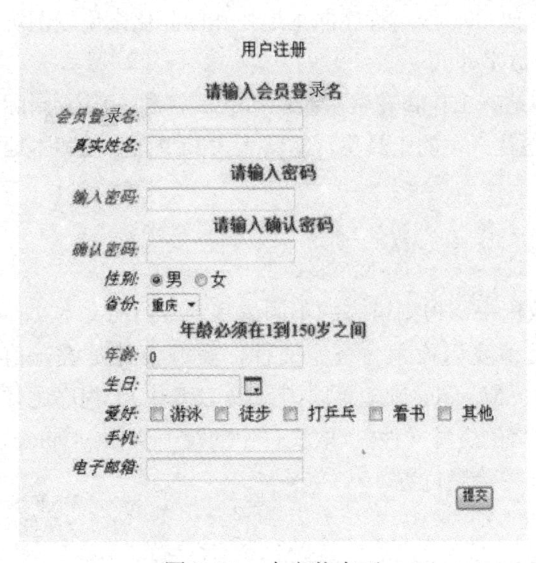

图 1.5-1 中文状态下

图 1.5-2 英文状态下

工作计划

任务分析之问题清单

1. 国际化是什么？
2. 国际化如何实现？

任务解析

1. 国际化是什么？

国际化是指应用程序运行时，可根据客户端请求来自的国家/地区，语言的不同而显示不同的界面。例如，如果请求来自于中文操作系统的客户端，则应用程序中的各种提示信息、错误和帮助等都使用中文文字；如果客户端使用英文操作系统，则应用程序能自动识别，并做出英文的响应。

当一个应用需要在全球范围使用时，就必须考虑在不同的地域和语言环境下的使用情况，最简单的要求就是用户界面上的信息可以用本地化语言来显示。当然，一个优秀的全球化软件产品，对国际化和本地化的要求远远不止于此，甚至还包括用户提交数据的国际化和本地化。

Java 语言内核基于 Unicode2.1，提供了对不同国家和不同语言文字的内部支持。因此，由于先天的原因，Java 对于国际化的支持远比 C\C++优越。

引入国际化的目的是为了提供自适应，更友好的用户界面，而并未改变程序的逻辑功能。国际化的英文单词是 Internationlization，但因为这个单词太长了，有时也简称 I18N，其中 I 是这个单词的第一个字母，18 表示这个单词的长度，而 N 代表这个单词的最后一个字母。

一个国家化支持很好的应用，会随着在不同区域使用时，呈现出本地语言的提示。因此，有时候这个过程也被称为 Localization，即本地化。类似于国际化可以称为 I18N，本地化也可以称为 L10N。

全球化的 Internet 需要全球化的软件。全球化软件，意味着同一种版本的产品能够容易地使用于不同地区的市场。就开发者所关心的，软件的全球化意味着国际化和本地化。Java 语言“一次编写，随处运行”，它已经具有国际化和本地化的特征和 API 了。尽管 Java 开发工具为国际化和本地化的工作提供了一些基本的类，但还是有一些对于 Java 应用程序的本地化和国际化来说较困难的工作，例如：消息获取、编码转换、显示布局和数字等。

如果仅用手工来完成国际化和本地化的工作，这些工作将花费大量的时候和资源，Java 国际化和本地化是一个加快 Java 应用程序国际化和本地化开发的工具集，它将大大减少国际化和本地化开发所消耗的时间和资源。

2. 国际化如何实现？

1）国际化实现的思路。

将界面中显示给用户的一些常量文字信息提取出来，根据语言的不同编写到专门的文本文件中，每种语言单独存放到一个文件中（这里的文件我们称之为资源文件，资源文件是键－值（key-value）对，每个资源文件中的 key 是不变的，但 value 则随不同国家\语言变化）。程序运行时根据用户访问的浏览器的语言设置去选择对应语言的资源文件，读取文件中的键－值（key-value）对，根据 key，将对应的 value 获取出来显示到页面的恰当位置。

2）编写资源文件。

首先，资源文件的命名格式是：baseName_language_country.properties。

说明：baseName 是资源文件的基本名，用户可以自由定义。后缀名必须是.properties。而 language（语言代码）和 country（国家代码）都不可随意变化，必须是 Java 所支持的语言和国家。国家代码的取值：比如中国是 CN，美国是 US；语言代码的取值：中文简体是 zh，英文是 en。语言和国家代码是可选的，代码来源请参考以下网址：

语言代码：www.unicode.org/unicode/onlinedat/languages.html

国家代码：www.unicode.org/unicode/onlinedat/countries.html

或者运行一个 Java 程序 LocaleList.java 查看输出的代码，LocaleList.java 源代码如下：

```
public class LocaleList{
    public static void main(String[] args) {
        Locale[] localeList = Locale.getAvailableLocales();
        for (int i = 0; i < localeList.length ; i++ ) {
            System.out.println(localeList[i].getDisplayCountry()+
"="+localeList[i].getCountry()+""+localeList[i].
getDisplayLanguage()+"="+localeList[i].getLanguage());
        }
    }
}
```

注意　运行 LocaleList.java，将在控制台输出 Java 所支持的所有语言及国家代码。

其次，资源文件内容编写的格式为：key=value（键=值的形式），例如为登录页面进行中文和英文的资源文件编写：

英文的资源文件内容：

```
username=username
pass=password
login=submit
```

中文的资源文件内容：

```
username=用户名
pass=密码
login=登录
```

说明：其中的 key 是等号左边的内容，各种语言的资源文件的 key 都是一样的，value 是等号右边的内容，每种语言的文字是不同的。不同语言的内容要分开存放，例子里边英文的存放一个文件，中文的存放到另一文件中，若还有其他语言，每种语言单独存放一个文件。

注意　对于非西欧文字的资源文件，若按照上面的代码原样编写下来，再运行时会出现乱码，建议使用 eclipse 进行编辑，eclipse（高版本的）会自动进行编码转换（转换为 UTF-8 编码），转换之后就不会有乱码了，若在记事本中编辑，则须使用 native2ascii 进行编码转换。native2ascii 这个工具在 Java 安装目录下 bin 目录中有，转换命令为：native2ascii -encoding UTF-8 源资源文件名 目的资源文件名

最后，保存路径：一般在工程的 src 目录下。

3）在 Struts 配置文件中注册资源文件。

需要在 struts.xml 文件的<struts>...</struts>中的开头位置配置两个常量。

一是指定资源文件名字：

```
<constant name="struts.custom.i18n.resources" value="名字前缀"/>
```

二是指定编码格式，比如支持中文的 UFT-8：

```
<constant name="struts.i18n.encoding" value="UTF-8"/>
```

4）在页面应用中实现国际化。

在页面读取国际化信息有三种方式：

方式一：使用 s:text 标签。

```
<s:text name="title"></s:text>
```

说明：这里的 title 是资源文件中的 key，这个标签将在页面显示资源文件中 key 的值。

方式二：在页面表单中的各个输入标签中加入 key 属性。

```
<s:textfield name="username" key="username"></s:textfield>
```

说明：会在该输入框前面显示资源文件中的 key 后面的值。

方式三：使用 getText()表达式。

```
getText('资源文件中的 key ')
```

该表达式通常在单/复选框/下拉/列表框的 list 属性中使用，比如性别单选框的男女选项：

未实现国际化的代码：

```
<s:radio name="sex" list="#{'0':'男','1': '女'}" ></s:radio>
```

实现国际化的代码：

```
<s:radio name="sex" list="#{'0':getText('key1'),'1':getText('key2')}" ></s:radio>
```

上述代码中使用 getText('key1')获得资源文件中对应 key1 的值。

下面通过例 1.5-1 来说明国际化的具体应用。

【例 1.5-1】HelloWorld 的国际化实现。假设在页面上显示一个字符串，“Hello World”。现在要求输出的字符串根据语言环境的不同，在中文环境下显示“你好！”，在英文环境下显示“Hello World!”，那么该如何处理？

首先，加如下两个资源文件到工程的 src 目录中：

第一个文件：mess_zh_CN.properties，该文件的内容为：

```
hello=你好！
```

注意

对于非西欧文字的资源文件，建议使用 eclipse 进行编辑，eclipse（高版本的）会自动进行编码转换（转换为 UTF-8 编码），转换之后就不会有乱码了，若在记事本中编辑，则须使用 native2ascii 进行编码转换，切记。当然，若直接用 UTP-8 编码进行编辑就不用转换，前提是需要知道每一个非西欧文字的 UTF-8 编码。

第二个文件：mess_en_US.properties，该文件的内容为：

```
hello=Hello World!
```

其次，修改 Struts 的配置文件，在 struts.xml 文件的<struts>...</struts>中的开头位置配置两个常量。关键代码为：

```
<constant name="struts.custom.i18n.resources" value="mess"/>
<constant name="struts.i18n.encoding" value="UTF-8"/>
```

注意

该配置只需要配置一次，无需重复配置

再次，在页面中使用 s:text 标签显示 hello world 信息。关键代码如下：

```
<s:text name="hello"></s:text>
```

最后，发布程序，在浏览器中运行页面，切换中英文环境。当程序在中文环境下运行的时候，将显示“你好！”，在英文环境下运行的时候，将显示“Hello World!”。

注意

修改本机语言环境的方法：在“控制面板”中将机器语言环境设置成相应的国家即可。在 Windows XP 中，不需要重启，在 Windows 7 下需要重启才可以生效。

5）【扩展】国际化资源文件加载优先顺序。

假定我们要在某个 action 类中访问国际化消息，则系统加载国际化资源文件的优先级是：

a．首先加载 action 同目录下且 baseName 为 action 类名的系列资源文件。

b．如果在 a 中找不到指定 key 对应的消息，且 action 有父类，则加载父类同目录下 baseName 为父类名的系列资源文件。

c．如果在 b 中找不到 key 对应的消息，且 action 有实现接口，则加载其实现的接口同目录下 baseName 为接口名的系列资源文件。

d．如果在 c 中找不到 key 对应的消息，则查找当前包下 baseName 为包名的系列资源文件。

e．如果在 d 中找不到 key 对应的消息，则沿着当前包上溯，直到最顶层包来查找 baseName 为包名的系列资源文件。

f．如果 e 中找不到指定 key 对应的消息，则查找 struts.custom.i18n.resources 常量指定 baseName 的系列资源文件。

g．经过上面所有步骤还是找不到指定 key 对应的消息，将直接输出该 key 的字符串值；如果上面任何一步找到对应 key 的消息，系统停止搜索，直接输出该 key。

6）【扩展】国际化运行机制。

在 Struts2 中，我们可以通过 ActionContext.getContext().setLocale(Locale arg)设置用户的默认语言。不过，这种方式完全是一种手动的方式，而且需要编程实现。

为了简化设置用户默认语言环境，Struts2 提供了一个名为 i18n 的拦截器，并将其注册在默认拦截器栈中。i18n 拦截器在执行 action 方法之前，自动查找请求中一个名为 request_locale 的参数。如果该参数存在，拦截器就将其作为参数，转换成 Locale 对象，并将其设为用户默认的 Locale（代表国家/语言环境）。除此之外，i18n 拦截器还会将上面生成的 Locale 对象保存在用户 Session 的名为 WW_TRANS_I18N_LOCALE 的属性中。一旦用户 Session 中存在一个名为 WW_TRANS_I18N_LOCALE 的属性，则该属性指定的 Locale 将会作为浏览者的默认 Locale。

要在页面实现用户选择不同的语言的功能，那么只需要建立一个下拉列表，其值为本应用系统支持各种的语言，并且，当用户选择下拉列表框中某一项时，系统将该下拉项的值作为 request_locale 参数提交给 Struts2 系统。

工作实施

实施方案

1．Struts2 中加载全局资源文件

2．创建不用语言的资源文件

3．对注册功能模块进行国际化

详细步骤

1．Struts2 中加载全局资源文件

Struts2 提供了很多加载国际化资源文件的方式，最简单、最常用的就是加载全局的国际化资源文件，加载全局的国际化资源文件的方式通过配置常量来实现。不管在 struts.xml 还是 struts.properties 文件中配置，只需要配置 struts.custom.i18n.resources 常量即可。

配置 struts.custom.i18n.resources 常量时，该常量的值为全局国际化资源文件的 baseName。一旦指定了全局的国际化资源文件，即可实现程序的国际化。在 struts.xml 文件中加载全局资源文件的关键代码如下：

```
<!-- 国际化 -->
<constant name="struts.custom.i18n.resources"
value="message"></constant>
```

这段代码中，message 就是上面的 baseName。通过这种方式加载国际化资源文件后，Struts2 应用就可以在所有地方取出这些国际化资源文件了,包括 JSP 页面和 action 以及验证文件等。

2．创建不同语言的资源文件

根据国际化资源文件的命名规则，在工程的 src 根目录下创建名字为 message 的两个资源文件 message_zh_CN.properties 和 message_en_US.properties（一个用来存储中文，一个用来存储英文）。如图 1.5-3 所示。

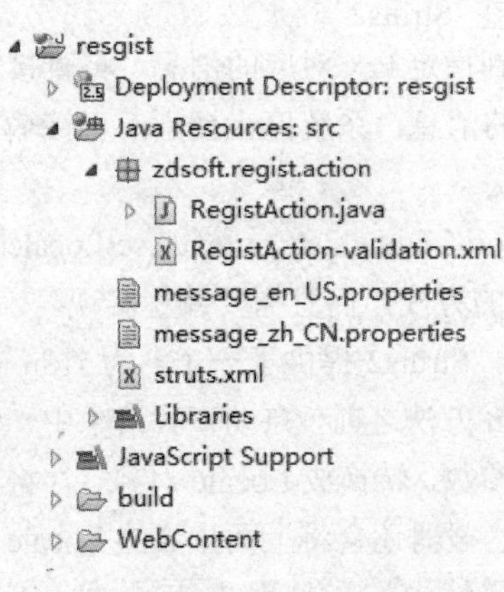

图 1.5-3　资源文件存放位置

3．注册功能的国际化

步骤 1：国际化注册页面（regist.jsp）

为了在 JSP 页面中输出国际化消息，可以使用 struts2 的<s:text…/>标签，该标签可以指定一个 name 属性，该属性指定了国际化资源文件中的 key。关键代码如下：

```
<html>
<head>
    <title><s:text name="title"></s:text></title><sx:head/>
</head>
<body>
    <center><s:text name="title"></s:text></center>
    ……
</body>
</html>
```

为了在该表单元素的 Label 里输出国际化信息，可以为该表单标签指定一个 key 属性，该 key 指定了国际化资源文件中的 key。关键代码如下：

```
<s:form action="register.action">
        <s:textfield name="name" key="name"></s:textfield>
        <s:textfield name="username" key="username"></s:textfield>
        <s:password name="pass" key="pass"></s:password>
        <s:password name="repass" key="repass"></s:password>
        <s:radio list="#{'1':getText('male'),'0': getText('female')}"
  value="1" key="sex" name="sex"></s:radio>
        <s:select name="province" list="#{'0':getText('chongqing'),
```

```
 '1':getText('beijing'),'3':getText('shanghai'),
 '0':getText('tianjin')}" key="province"></s:select>
            <s:textfield name="age" key="age"></s:textfield>
            <sx:datetimepicker name="birth" displayFormat="yyyy-MM-dd"
                  key="brith" accesskey="false" ></sx:datetimepicker>
            <s:checkboxlist name="love" key="love"
list="#{'0':getText('swim'),'1':getText('walk'),
'2':getText('playtabletennis'),'3':getText('reading'),
'4':getText('others')}"></s:checkboxlist>
            <s:textfield name="mobile" key="mobile"></s:textfield>
            <s:textfield name="email" key="email"></s:textfield>
            <s:submit key="submit"></s:submit>
</s:form>
```

步骤 2：国际化验证文件。

通过上一章的学习，我们知道在 Struts2 的框架验证文件里有一个显示错误信息的子元素 <message.../>,该元素有一个属性 key，此处的 key 指定了国际化资源文件中的 key。关键代码如下：

```
<validators>
<!-- 每一个 field 就是设定"某个输入值"的"某种规则"的校验，name 指定哪个输入值 -->
      <!-- 会员登录名验证 -->
      <field name="name">
            <!-- 会员登录名必须输入验证 -->
            <field-validator type="requiredstring">
                  <param name="trim">true</param>
                  <message key="validate_name_null"></message>
            </field-validator>
            <!-- 会员登录名长度验证 -->
            <field-validator type="stringlength">
                  <param name="minLength">6</param>
                  <param name="maxLength">18</param>
                  <message key="validate_name_scope"></message>
            </field-validator>
      </field>
      <!-- 密码验证 -->
      <field name="pass">
            <!-- 密码必须输入验证 -->
            <field-validator type="requiredstring">
                  <param name="trim">true</param>
                  <message key="validate_pass_null"></message>
            </field-validator>
            <!-- 正则表达式验证密码长度和类型 -->
            <field-validator type="regex">
                  <param name="expression"><![CDATA[(\w{6,12})]]></param>
                  <message key="validate_pass_scope"></message>
            </field-validator>
      </field>
      <!-- 确认密码验证 -->
       <field name="repass">
            <!-- 确认密码必须输入验证 -->
            <field-validator type="requiredstring">
                  <param name="trim">true</param>
                  <message key="validate_repass_null"></message>
            </field-validator>
            <!-- 字段表达式验证确认密码和密码 是否相等-->
            <field-validator type="fieldexpression">
```

```
                <param name="expression"><![CDATA[pass==repass]]></param>
                <message key="validate_repass_scope"></message>
            </field-validator>
        </field>
        <!-- 年龄范围验证 -->
        <field name="age">
            <field-validator type="int">
                <param name="min">1</param>
                <param name="max">150</param>
                <message key="validate_age_scope"></message>
            </field-validator>
        </field>
        <!-- 生日日期验证 -->
        <field name="birth">
            <field-validator type="date">
                <param name="min">1900-01-01</param>
                <param name="max">2050-01-01</param>
                <message key="validate_birth_scope"></message>
            </field-validator>
        </field>
        <!-- 电子邮件地址验证 -->
        <field name="email">
            <field-validator type="email">
                <message key="validate_email_scope"></message>
            </field-validator>
        </field>
</validators>
```

步骤 3：编写两个国际化资源文件的内容。

第一个国际化资源文件 message_en_US.properties。关键代码如下：

```
title=USER REGIST
name=member name
username=real name
pass=input password
repass=confirm password
sex=sex
province=province
age=age
birth=birth
love=love
mobile=mobile
email=email
submit=submit
male=male
female=female
chongqing=chongqing
beijing=beijing
shanghai=shanghai
tianjin=tianjin
swim=swim
walk=walk
playtabletennis=playtabletennis
reading=reading
others=others
validate_name_null=please input member name
```

```
validate_name_scope=member name must be between 6 and 18
validate_pass_null=please input password
validate_pass_scope=password must be between 6 and 12 and only used number or letter
validate_repass_null=please input confirm password
validate_repass_scope=two passwords must be same
validate_age_scope=age must be between ${min} and ${max}
validate_birth_scope=birthday must be between ${min} and ${max}
validate_email_scope=email is invalid
```

第二个国际化资源文件 message_zh_CN.properties。关键代码如下：

```
title=\u7528\u6237\u6CE8\u518C
name=\u4F1A\u5458\u767B\u9646\u540D
username=\u771F\u5B9E\u59D3\u540D
pass=\u8F93\u5165\u5BC6\u7801
repass=\u786E\u8BA4\u5BC6\u7801
sex=\u6027\u522B
province=\u7701\u4EFD
age=\u5E74\u9F84
birth=\u751F\u65E5
love=\u7231\u597D
mobile=\u624B\u673A
email=\u7535\u5B50\u90AE\u7BB1
submit=\u63D0\u4EA4
male=\u7537
female=\u5973
chongqing=\u91CD\u5E86
beijing=\u5317\u4EAC
shanghai=\u4E0A\u6D77
tianjin=\u5929\u6D25
swim=\u6E38\u6CF3
walk=\u5F92\u6B65
playtabletennis=\u6253\u4E52\u4E53
reading=\u770B\u4E66
others=\u5176\u4ED6
validate_name_null=\u8BF7\u8F93\u5165\u4F1A\u5458\u767B\u9646\u540D
validate_name_scope=\u4F1A\u5458\u767B\u9646\u540D\u5FC5\u987B\u5728${minLength}~${maxLength}\u4F4D\u4E4
B\u95F4
validate_pass_null=\u8BF7\u8F93\u5165\u5BC6\u7801
validate_pass_scope=\u5BC6\u7801\u57286\u523012\u4F4D\u4E4B\u95F4\u4E14\u53EA\u80FD\u4E3A\u5B57\u6BCD\u6
216\u6570\u5B57
validate_repass_null=\u8BF7\u8F93\u5165\u786E\u8BA4\u5BC6\u7801
validate_repass_scope=\u4E24\u6B21\u8F93\u5165\u5BC6\u7801\u4E0D\u4E00\u81F4
validate_age_scope=\u5E74\u9F84\u5FC5\u987B\u5728${min}\u5230${max}\u5C81\u4E4B\u95F4
validate_birth_scope=\u751F\u65E5\u5FC5\u987B\u5728${min}\u5230${max}\u4E4B\u95F4
validate_email_scope=\u7535\u5B50\u90AE\u7BB1\u5730\u5740\u65E0\u6548
```

1.6 巩固与提高

一、选择题

1．使用框架进行软件开发的好处，下列说法不正确的是（　　）。

A．框架的最大好处就是重用　　　　B．从已有构件库中建立应用变得很容易

C．框架能重用设计　　D．多个框架之间能重用分析

2．软件领域的框架主要特点，下列说法不正确的是（　　）。

A．领域内的软件结构一致性好，能建立更加开放的系统

B．重用代码大大增加，软件生产效率和质量也得到了提高

C．软件设计人员要专注于对领域的了解，使需求分析更充分；存储了经验，可以让那些经验丰富的人员去设计框架和领域构件，专注于低层编程

D．大力度的重用使得平均开发费用降低，开发速度加快，开发人员减少

3．搭建一个 Struts 工程的操作过程，下列操作步骤不正确的是（　　）。

A．步骤 1：使用 IDE 环境（myeclipse 或者 eclipse 等）创建一个 Web 工程

B．步骤 2：在 Web 项目中引入 Struts 的 jar 包。下载最新的 Struts2 的 jar 包，可以仅将 Struts 的 lib 目录下的五个核心 jar 包加到工程的 web-inf/lib 中

C．步骤 3：在 web.xml 文件中配置 Struts2 过滤器

D．步骤 4：在工程中的 webroot/web-inf 目录下加入 struts.xml 的配置文件

4．下面选项中不是 JSP 标签的优势的是（　　）。

A．提高页面的可读性　　B．开发 JSP 标签简单

C．可以替代页面的 Java 脚本　　D．有利于页面的后期维护

5．Struts2 标签库不包含以下（　　）类型。

A．UI 标签　　B．非 UI 标签

C．XML 标签　　D．AJAX 标签

6．Struts2 标签的文本框标签是（　　）。

A．textfield　　B．text

C．textarea　　D．input

7．Struts2 标签的默认日期选择标签是（　　）。

A．date　　B．calendarpicker

C．datetimepicker　　D．datepicker

8．Struts2 标签中按钮上显示的字符内容是（　　）属性。

A．action　　B．value　　C．name　　D．class

9．Struts2 标签中不是 UI 标签的是（　　）。

A．password　　B．checkboxlist　　C．select　　D．if

10．Struts2 用于在页面显示调试结果的标签是（　　）。

A．iterate　　B．property　　C．debug　　D．param

11．Struts2 配置文件中，用于处理用户请求的标签是（　　）。

A．filter　　B．action　　C．package　　D．constant

12．以下属于 Struts2 控制标签的是（　　）。

A．bean　　B．set　　C．subset　　D．push

13．以下不属于 Struts2 表单标签的是（　　）。

A．select　　B．token　　C．combobox　　D．merge

14．关于 action 类，下列说法正确的是（　　）。

A．action 类不是一个普通 Java 类

B．action 类必须实现 action 接口的类

C．action 类必须是包含有返回值为 String 的 excute 方法的 POJO 类

D．action 类可以继承 ActionSupport 类，也可以不继承 ActionSupport

15．以下不是输入校验的作用的是（　　）。

A．避免正常用户的误输入　　B．阻止恶意用户的输入

C．保证系统的安全稳定性　　D．提高系统的运行速度

16．根据数据校验的处理场所的不同，输入校验的种类的种类分为（　　）。

A．操作系统级校验和底层驱动级校验

B．客户端校验和服务器端校验

C．局域网校验和互联网校验

D．非空校验和数据范围校验

17．以下不是客户端校验的特点的是（　　）。

A．整个应用阻止非法数据的最后防线

B．相对服务器端校验，提高了系统性能

C．减轻了服务器处理输入校验的压力

D．校验放在客户端处理

18．以下不是服务器端校验的特点的是（　　）。

A．相对加重应用服务器的负荷

B．整个应用阻止非法数据的最后防线

C．在一个应用中不能与客户端校验同时使用

D．相对客户端校验，安全性更高

19．为了能正常使用 Struts2 提供的验证框架，自定义 action 类应该继承（　　）。

A．StrutsSupport　　B．ActionSupport

C．BaseAction　　D．ActionHelper

20．非空字符串（requiredstring）校验器中的 trim 参数是（　　）功能。

A．去除字符串中的所有空格　　B．去除字符串的左空格

C．去除字符串的右空格　　D．去除字符串的左右空格

21．若某一 action 类名为 UserAction，那该类的校验配置文件的文件名为（　　）。

A．UserAction-validation.xml　　B．UserAction_validation.xml

C．UserActionValidation.xml　　D．UserActionValidate.xml

22．Struts2 验证框架必须配置错误返回页面地址，需要对待校验 Action 配置一个的逻辑视图结果（result 项），该 result 项的 name 属性是（　　）。

A．validate　　B．error　　C．input　　D．result

二、填空题

1．框架的概念：中文是框架，英文名称是 frame，定义为由若干梁和柱连接而成的能承受垂直和水平荷载的________。土木工程中的框架（框，读 kuàng）：由________组成的能承受垂直和水平荷载的结构，梁和柱是刚性连接的。软件工程中的框架：是可被应用开发者定制的________。Struts 是 MVC 的框架，它将________、________、________这些概念分别对应到了不同的 Web 应

用组件，因此可以说 Struts 是 MVC 设计模式的________。

2. 在 Web 项目中引入 Struts 的 jar 包的步骤：官方网站上下载 Struts2 的 jar 包，将下载的 Struts 2.x lib 下的五个核心 jar 文件加到工程的________目录中。五个核心文件分别是________、________、________、________、________。

3．自定义标签是一种非常优秀的________性，一旦开发了满足某个表现逻辑的标签，就可以多次重复使用该标签。

4．在使用 Struts2 标签前，必须先使用________指令导入 Struts2 标签库定义。

5．在 Struts2 的表单标签中常用________表达式完成对多个选项的描述。

6．日期选择标签的显示是用 Struts2 集成了的________框架。

7．由一系列功能相似、逻辑上互相联系的标签构成的集合称为________。

8．在 Struts2 标签中，多行输入框标签名是________。

9．Struts 框架的核心配置文件之一就是 struts.xml 配置文件，该文件主要负责管理 Struts2 框架的________。

10．默认情况下，Struts2 框架将自动加载放在 WEB-INF/classes 路径下的______文件。

11．Struts2 的非 UI 标签包括________和________。

12．Struts2 配置文件中包含________和________。

13．action 类里的属性，不仅可用于封装________，还可以用于封装________。

14. Struts2 不支持为单独的 action 设置命名空间，而是通过为包指定________属性来为包下面的所有 action 指定共同的命名空间。

15．拦截器其实就是________的编程思想。

16. Struts2 中配置常量除了可以在 struts.properties 文件中实现之外，还可以使用________标签在 struts.xml 中实现。

17. Struts2 的异常处理机制是通过在 struts.xml 文件中配置<exception-mapping…>元素完成的，配置该元素时，需要指定________和________两个属性。

18．Struts2 的驱动模式有________和________。

19．对于 Web 应用而言，所有的用户数据都是通过________收集的对象来实现的。

20．对异常输入的过滤，这就是输入校验，也称为________。

21．输入校验的作用其实就将________阻止在应用之外，保证系统的安全稳定性。

22．根据数据校验处理场所的不同，可以将输入校验分为________和________。

23．ActionSupport 类是一个工具类，它提供了________、________等功能。

24．校验配置文件通过使用 Struts2 已有的________，完成对表单的校验。

25．________是用来描述或者匹配一系列符合某个句法规则的单个字符串。

26．date 校验器：实现对________的校验，其________和________参数，分别代表该属性所允许的最小值和最大值。

27. 国际化是指应用程序运行时，可根据客户端请求来自的________、________的不同而显示不同的界面。国际化实现思路是将程序中的标签、提示等信息放在________中，程序需要支持的国家\语言环境，则必须提供对应的________。

28．引用国际化的目的是为了提供________、________的用户界面，而并没有改变程序的________。

29．国际化的英文单词是 Internationlization，因太长，可简称为________。

30．为了实现程序国际化，必须先提供程序所需要的资源文件。资源文件的内容是很多键－值（key-value）对，其中 key 是________，而 value 则是________。

31．国际化主要通过 3 个类完成：________、________、________。

32．对于包含非西欧字符的资源文件，Java 提供了一个工具来处理该文件，这个工具的名字是________，该工具可以在路径________下找到。

33．Struts2 访问国际化消息主要有 3 种方式：________、________、________。

三、操作题

1．使用 Struts2 标签实现新增学生信息页面，学生信息有：学号、学生名、密码、确认密码、出生日期、手机号码、电子邮箱等单行输入框；有性别单选框（选择男或女）省份下拉框（选择重庆、北京、上海、天津）；个人爱好多选框（可选择游泳、徒步、打乒乓、看书、其他）；提交按钮以及新增学生信息标题。

2．画出 1.3 节任务的程序流程图。

3．改造 1.4 节任务，在注册页面中选择爱好时至少选择一个，其他要求不变。

4．在 1.5 节任务中，实现手动选择不同语言，显示相应语言页面的功能。

2
AJAX 技术

2.1 AJAX 基础

工作目标

知识目标

- 理解 AJAX 的概念
- 理解 AJAX 执行过程
- 掌握 XMLHttpRequest 对象相关方法的使用

技能目标

- 在 Web 页面中使用 AJAX 技术进行用户名唯一性的验证

素养目标

- 培养学生的动手和自学能力

工作任务

在注册页面中增加对输入的用户名的唯一性验证，要求使用 AJAX 技术，当光标离开用户名输入框的时触发该验证；为简化业务逻辑，当输入用户名张三的时候用户名不唯一，输入其他用户名则验证通过。注册的界面如图 2.1-1（a）所示，当用户输入用户名“张三”后切换光标到其他输入框，结果如图 2.1-1（b）所示，当用户输入用户名“李四”后切换光标到其他输入框，结果如图 2.1-1（c）所示。

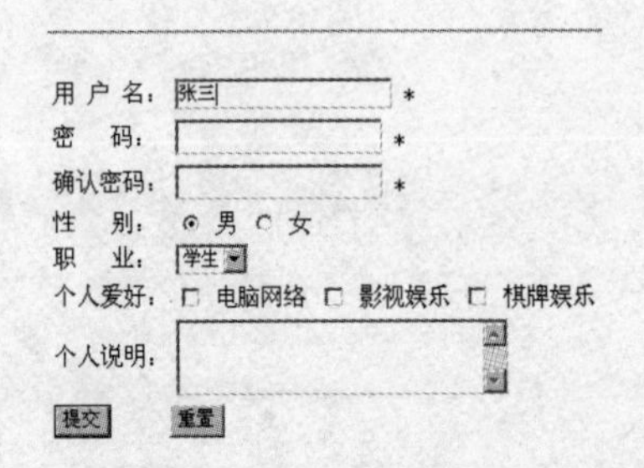

（a）注册用户名唯一验证-用户名输入

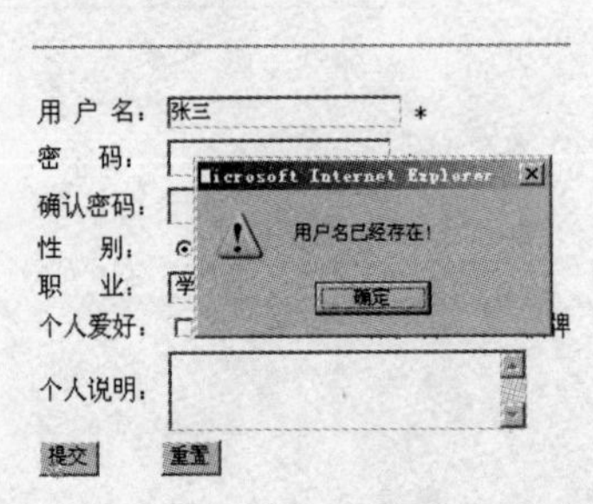

（b）注册用户名唯一验证-验证不通过

图 2.1-1

（c）注册用户名唯一验证-验证不通过

图 2.1-1（续图）

工作计划

任务分析之问题清单

1．AJAX 是什么？

2．如何实现 AJAX？

任务解析

1．关于 AJAX

AJAX 是网页可以异步提交的一种技术。

异步提交的解释：异步是相对于同步（如图 2.1-2（a）所示）而言的，一般的网页，在提交到后台处理的时候是整个页面都提交的，在提交到后台进行处理的过程中，用户除了等待结果以外什么也做不了。异步提交表现在于页面并不是全部提交的，只是局部提交，在局部提交进行后台处理的过程中，用户在页面没有进行提交的部分还可以操作，无需等待局部提交的完成，这样提高了用户的操作效率（如图 2.1-2（b）所示）。

AJAX 技术的实现原理是使用 XMLHttpRequest 对象来实现。

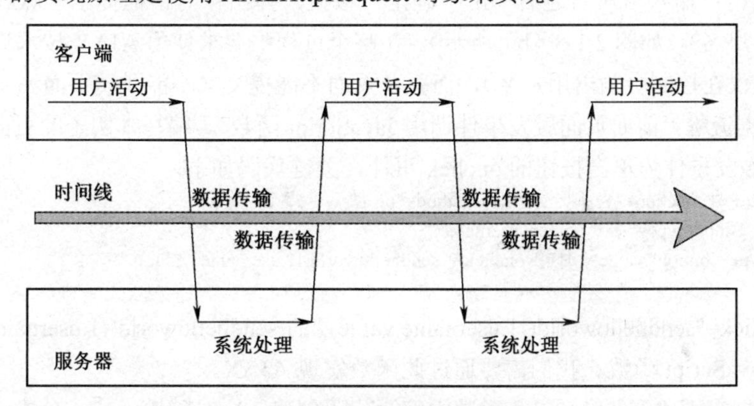

（a）经典 Web 应用模型（同步）

图 2.1-2

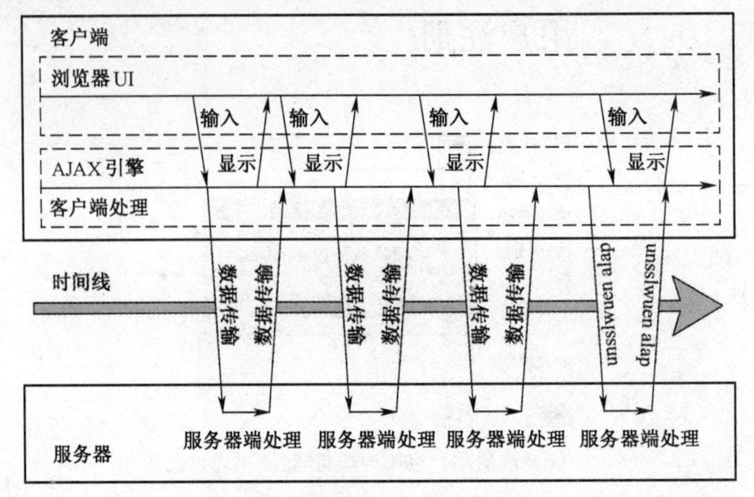

（b）AJAX Web 应用模型（异步）

图 2.1-2（续图）

XMLHttpRequest 对象是系统对象，它的作用是：负责局部提交到后台；负责跟踪后台的执行情况，并获得后台的执行结果；当后台执行完毕后，负责返回到前台调用用户定义的 javascript 函数进行善后操作。

2．实现 AJAX 技术

AJAX 技术运行的一般程序流程：

- 前面页面触发事件调用 JavaScript 函数（通常自定义的函数）
- 在 JavaScript 函数中编写代码创建 XMLHttpRequest 对象，提交部分数据到后台进行处理
- 后台中使用 Java 代码完成指定的业务逻辑并输出结果
- XMLHttpRequest 获得后台执行的结果，及时调用程序员定义的 javascript 响应函数进行善后工作

根据这个流程，下面以一个“用户你好”的小例子来说明整个过程的代码编写。

【例 2.1-1】制作一个输入用户名的界面（界面中有一个用户名输入框和确定按钮）（如图 2.1-3（a）所示）；当用户输入用户名之后单击“确定”按钮，弹出一对话框提示“xxx，你好！”（xxx 为用户输入的用户名）（如图 2.1-3（b）所示）。在整个过程中要求使用 AJAX 技术局部提交到后台（后台处理：仅仅在控制台输出用户名），而整个页面不能提交（不能跳转页面）。

步骤 1：根据流程“前面页面触发事件调用 JavaScript 函数”，编写本例子的页面（一个输入框和一个按钮）；触发事件为单击按钮的 onclick 事件，关键代码如下：

```
<form name="f1" action="表单提交地址" method="post">
  用户名：<input type="text" name="username">
  <input type="button" value="确定" onclick=" sendhelloworld(f1.username. value); ">
</form>
```

代码中 onclick="sendhelloworld(f1.username.value);"的 sendhelloworld(f1.username.value)就是本例要自定义的 JavaScript 函数。我们需要通过此函数实现 AJAX。

步骤 2：根据流程“在 JavaScript 函数中编写代码创建 XMLHttpRequest 对象，提交部分数据到后台 Struts2 的 action 进行处理”，我们首先定义一个全局变量 XMLHttpReq，接着定义一个名为 sendhelloworld()的函数，参数有一个，为需要传值的用户名，关键代码如下：

```
<script language="javascript">
   var xmlHttpReq;//全局变量，是 XMLHttpRequest 类型的对象
      function sendhelloworld(name) {
      }
</script>
```

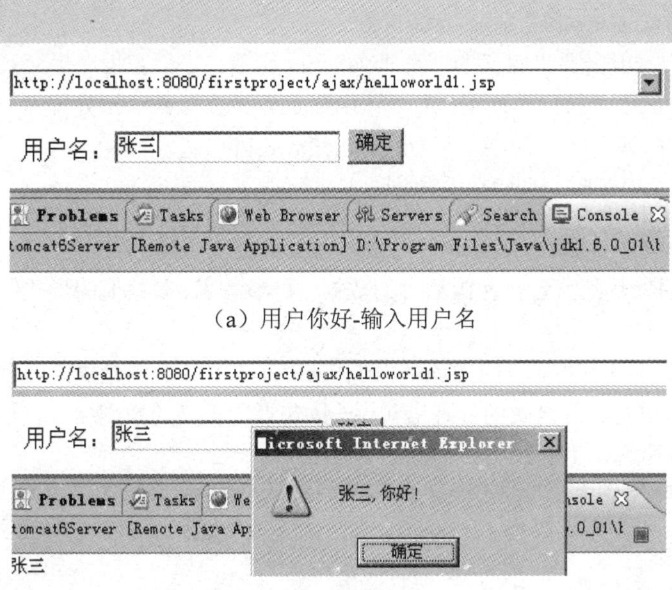

（a）用户你好-输入用户名

（b）用户你好-提交结果

图 2.1-3

然后，在函数中编写代码创建 XMLHttpRequest 对象，关键代码如下：

```
//下面代码含义：判断浏览器类型，根据不同浏览器调用系统函数创建 XMLHttpRequest 的对象到 xmlHttpReq。代码固定，照搬即可
if (window.XMLHttpRequest) {
        xmlHttpReq = new XMLHttpRequest();
        if (xmlHttpReq.overrideMimeType) {
                xmlHttpReq.overrideMimeType("text/xml");
        }
} else if (window.ActiveXObject) {
        try {
                xmlHttpReq = new ActiveXObject("Msxml2.XMLHTTP");
        } catch (e) {
                xmlHttpReq = new ActiveXObject("Microsoft.XMLHTTP");
        }
}
if (!xmlHttpReq) {
        window.alert("该浏览器不支持 XMLHttpRequest！ ");
        return;
}
```

XMLHttpRequest 对象 xmlHttpReq 创建完毕后，接下来就是使用对象 xmlHttpReq 的相关方法进行提交，具体提交过程有三个小步骤。

①设置提交参数。调用 XMLHttpRequest 对象 open 方法来设置提交参数。语法格式：

```
XMLHttpRequest 对象.open("提交方式", "提交地址");
```

参数说明：提交方式取值为 get 或 post 与表单提交方式相同，为避免乱码，建议用 post；提交地址是 action 的名称。本例的代码如下：（其中 helloworld1 是 action 的名称）

```
xmlHttpReq.open("POST", "helloworld1");
```

②指定响应函数。给 XMLHttpRequest 对象的 onreadystatechange 属性指定响应函数。语法格式：

```
XMLHttpRequest 对象.onreadystatechange = 响应函数名;
```

响应函数是我们一般需要自定义的一个 JavaScript 函数，它会在程序提交到后台执行 action 完毕后被 XMLHttpRequest 对象自动调用执行，该函数是为了进行 AJAX 处理完毕后的善后工作。本例的代码如下：（响应函数的名字取名为 callbackhelloworld）

```
xmlHttpReq.onreadystatechange = callbackhelloworld;
```

③进行提交。使用 XMLHttpRequest 对象的 send 方法进行提交。语法格式：

```
xmlHttpReq.send("参数名 1=参数值 1&参数名 2=参数值 2&…参数名 n=参数值 n");
```

send 方法里边的参数是前台传递给后台的数据，以参数名=参数值的形式给出，多个数据之间用&符号隔开。

附加的一个小步骤：中文乱码的处理。由于 send 方法中可以传递数据到后台，如果数据中有中文，则需要增加对中文编码格式的处理语句，该语句设置提交的数据格式，必须在提交的代码之前加入：（代码固定不变，照搬即可）

```
xmlHttpReq.setRequestHeader("Content-Type", "application/x-www-form-urlencoded");
```

最后，本例第三小步骤代码如下，将用户名作为参数传递到后台，参数名为 username。

```
xmlHttpReq.send("username=" + name);
```

步骤 3：根据流程“后台中使用 Java 代码完成指定的业务逻辑并输出结果”编写后台代码。后台代码的业务逻辑是根据参数名 username 获得前台提交的用户名数据，然后打印到控制台，然后将获得的用户名再返回给前台。

编写 action 执行业务逻辑，并使用通过 Struts2 提供的 ServletActionContext 类获得能响应信息给客户端的 PrintWriter 对象，并通过 print 方法将处理结果返回给前台，关键代码如下（类名为 HelloWorld1Action，方法名为 execute）：

```
String username;
public String execute() throws Exception {
    //编码转换
    String str=new String(username.getBytes("ISO8859_1"),"UTF-8");
    System.out.println(str);
    //输出信息：获得 response 对象
    HttpServletResponse response=ServletActionContext.getResponse();
    //设置 response 的编码格式
    response.setCharacterEncoding("UTF-8");
    //得到输出对象 pw
    PrintWriter pw=response.getWriter();
    //使用输出对象 pw 输出信息
    pw.print(str);
    return null;
}
public String getUsername() {
    return username;
}
```

同时在 struts.xml 中声明该 action，配置关键代码如下：

```
<action name="helloworld1" class="ajax.HelloWorld1Action">
</action>
```

注意

因为在 action 的方法中已经调用了 response 对象来将处理后的信息从服务器端返回给客户端，所以在 action 方法中也没有必要再返回一个字符串对象给 struts2 框架让它做页面跳转（示范代码中返回的就是 null）。同时在 struts.xml 里该 action 的配置中,也不需要对该 action 配置任何 result 项，Ajax 是异步传输，配置中加上 result 项是没有意义的。

步骤 4：根据流程“XMLHttpRequest 获得后台执行的结果，及时调用程序员定义的 javascript 响应函数进行善后工作”，首先定义一个在步骤 2 的第二个小步骤所指定的响应函数，本例为 callbackhelloworld，关键代码如下：

```
function callbackhelloworld() {
}
```

然后在函数 callbackhelloworld 中使用 XMLHttpRequest 对象的 readyState 属性判断后台是否执行（取值为 4 表示执行完毕），使用 XMLHttpRequest 对象的 status 属性判断执行是否成功（取值为 200 表示执行成功），关键代码如下：

```
if (xmlHttpReq.readyState == 4) { //判断对象状态
        if (xmlHttpReq.status == 200) { //信息已经成功返回，开始处理信息
        //善后工作的代码在此处编写
    }else { //页面不正常
            window.alert("您所请求的页面有异常。");
        }
}
```

接着，在判断后台执行成功之后的 if 语句里边使用 XMLHttpRequest 对象的 responseText 属性获得后台返回的结果（得到的是一个字符串），关键代码如下：

```
var res=xmlHttpReq.responseText;
```

最后，根据得到的结果，在该 if 语句中编写善后工作的代码，本例是弹出提示“用户 xxx，你好”，关键代码如下：

```
if (res.length>0){
        alert(res+",你好!");
}
```

到此，整个 AJAX 技术的实现过程就完成了。本例运行的效果如图 2.1-3（a）、2.1-3（b）所示。

工作实施

实施方案

1．编写注册界面及输入框失去焦点的触发事件代码

2．编写使用 AJAX 方式提交的 JavaScript 函数

3．编写后台处理代码及相关配置

4．编写进行善后工作的 JavaScript 响应函数

详细步骤

1．在用户名输入框中添加失去焦点的触发事件代码

在用户名输入框中加入失去焦点的触发事件（onblur 事件），触发自定义函数 submitAjax，使用 this.value 传入当前输入框的值，关键代码如下：

```
<s:textfield name="name" onblur="submitAjax(this.value)"></s:textfield>
```

2．编写使用 AJAX 方式提交的 JavaScript 函数

我们首先定义一个全局变量 XMLHttpReq，接着定义一个名为 submitAjax ()的函数，参数为需要验证的用户名，关键代码如下：

```
<script language="javascript">
        var xmlHttpReq;//定义 XMLHttpRequest 类型的对象 XMLHttpReq
    function submitAjax(name) {
    }
</script>
```

然后，在函数中编写代码创建 XMLHttpRequest 对象，关键代码如下：

```
//下面代码含义：判断浏览器类型，根据不同浏览器调用系统函数创建 XMLHttpRequest 的对象到 XMLHttpReq。代码固定，照搬即可
if (window.XMLHttpRequest) {
        xmlHttpReq = new XMLHttpRequest();
        if (xmlHttpReq.overrideMimeType) {
                xmlHttpReq.overrideMimeType("text/xml");
        }
} else if (window.ActiveXObject) {
        try {
                xmlHttpReq = new ActiveXObject("Msxml2.XMLHTTP");
        } catch (e) {
                xmlHttpReq = new ActiveXObject("Microsoft.XMLHTTP");
        }
}
if (!xmlHttpReq) {
        window.alert("该浏览器不支持 XMLHttpRequest！");
        return;
}
```

接下来就是使用对象 xmlHttpReq 的相关方法进行提交，具体提交过程有三个小步骤。

步骤 1：设置提交参数。调用 XMLHttpRequest 对象的 open 方法来设置提交参数。关键代码如下：（其中 isExist 是提交后台的地址）

```
xmlHttpReq.open("POST", "isExist");
```

步骤 2：指定响应函数。关键代码如下：（响应函数的名字取名为 test）

```
xmlHttpReq.onreadystatechange = test;
```

步骤 3：进行提交与中文乱码处理。关键代码：（传入用户名，参数取为 name）

```
xmlHttpReq.setRequestHeader("Content-Type", "application/x-www-form-urlencoded");
xmlHttpReq.send("name=" + name);
```

3．编写后台处理代码及相关配置

编写后台 action，在 UserIsExistAction 类中添加用户名的成员变量，并生成 get 及 set 方法。然后添加执行业务逻辑的 userIsExist 方法，在方法中判断前台传入的用户名是否为张三，若为张三则返回字符串 true，否则返回字符串 false，并使用 PrintWriter 对象返回执行结果给前台，关键代码如下：

```
public class UserIsExistAction extends ActionSupport {
private String name; //会员登录名
        public String userIsExist() throws Exception{
                //获得 response 对象
                HttpServletResponse response = ServletActionContext.getResponse();
                //设置 response 的编码格式
                response.setCharacterEncoding("UTF-8");
                //得到输出对象 pw
                PrintWriter pw = response.getWriter();
                //使用输出对象 pw 输出信息
```

```
            //(下面只是举例用户名张三已经存在进行验证，实际中需连接数据库数据进行验证)
            if(this.getName().equals("张三")){
                pw.write("true");
            }else{
                pw.write("false");
            }
            pw.close();
            return null;
        }
        // 省略 name 的 get 及 set 方法
}
```

然后在 struts.xml 文件中编写 action 配置，注意类的包路径，关键代码如下：

```
<action name="isExist"
        class="com.zdsoft.action.UserIsExistAction" method="userIsExist">
</action>
```

4．编写 JavaScript 响应函数进行善后工作

首先定义一个响应函数 test，关键代码如下：

```
function test() {
}
```

然后在函数 test 中使用 XMLHttpRequest 对象的 readyState 属性判断后台是否执行（取值为 4 表示执行完毕），使用 XMLHttpRequest 对象的 status 属性判断执行是否成功（取值为 200 表示执行成功），关键代码如下：

```
if (xmlHttpReq.readyState == 4) { //判断对象状态
        if (xmlHttpReq.status == 200) { //信息已经成功返回，开始处理信息
        //善后工作的代码在此处编写
        }else { //页面不正常
                window.alert("您所请求的页面有异常。");
        }
}
```

接着，在判断后台执行成功之后的 if 语句里边使用 XMLHttpRequest 对象的 responseText 属性获得后台返回的结果（得到的是一个字符串），关键代码如下：

```
var returnParam = xmlHttpReq.responseText;
```

最后，根据得到的结果，在该 if 语句中编写善后工作的代码（提示用户名存在或不存在），关键代码如下：

```
if(returnParam=="true"){
        alert('用户名已经存在!');
}else{
        alert('用户名不存在，可以使用!');
}
```

到此，整个任务就完成了。运行的效果如图 2.1-1（a）、2.1-1（b）所示。

2.2 DWR 框架

工作目标

知识目标

- 理解 DWR 框架的概念
- 理解 DWR 框架的执行过程

- 掌握 DWR 框架的基本使用方法

技能目标

- 在 Web 页面中使用 DWR 技术进行用户名唯一性的验证

素养目标

- 培养学生的动手和自学能力

工作任务

与上一节相同，在注册页面中增加对输入的用户名的唯一性验证，要求使用 AJAX 技术，当光标离开用户名输入框的时触发该验证；为简化业务逻辑，当输入用户名张三的时候用户名不唯一，输入其他用户名则验证通过。注册的界面如图 2.1-1（a）所示，当用户输入用户名“张三”后切换光标到其他输入框，结果如图 2.1-1（b）所示，当用户输入用户名“李四”后切换光标到其他输入框，结果如图 2.1-1（c）所示。

工作计划

任务分析之问题清单

1．DWR 框架是什么？

2．如何使用 DWR 框架？

任务解析

1．关于 DWR 框架

DWR（Direct Web Remoting）是一个用于改善 Web 页面与 Java 类交互的远程服务器端 AJAX 开源框架，可以帮助开发人员开发包含 AJAX 技术的网站。它可以允许在浏览器里的代码使用运行在 Web 服务器上的 Java 类的方法，感觉 Java 类的方法就像在浏览器里一样。

2．使用 DWR 框架

DWR 框架的一般使用流程如下：

1）搭建 DWR 开发环境

2）前面页面触发事件调用 JavaScript 函数

3）后台中使用 Java 代码完成指定的业务逻辑并输出结果

4）配置 dwr.xml 文件，将后台 Java 代码登记到 DWR 框架

5）在页面导入 DWR 核心库及自定义接口函数库

6）在 JavaScript 函数中编写 DWR 方式的代码提交部分数据到后台进行处理

7）获得后台结果后及时调用程序员定义的 JavaScript 响应函数进行善后工作

根据这个流程，下面以一个“用户你好”的例子来说明整个过程的代码编写。

【例 2.2-1】与例 2.1-1 功能相同，制作一个输入用户名的界面（界面中有一个用户名输入框和确定按钮）（如图 2.1-3（a）所示）；当用户输入用户名之后单击“确定”按钮，弹出一对话框提示“xxx，你好！”（xxx 为用户输入的用户名）（如图 2.1-3（b）所示）。在整个过程中要求使用 AJAX 技术局部提交到后台（后台处理：仅仅在控制台输出用户名），而整个页面不能提交（不能跳转页面）。

步骤 1：搭建 DWR 开发环境。

①在项目中添加 DWR 提供的第三方开发包，即在项目的 WEB-INF\lib 文件夹加入 dwr.jar 文件。

注意

在加入 dwr.jar 包的同时要加入 commons-logging.jar 包。

②在 web.xml 文件中加入 DWR 的 servlet 的配置，关键代码如下：

```
<!-- Ajax 框架的配置 引入 DWR 的 servlet -->
    <servlet>
        <servlet-name>dwr-invoker</servlet-name>
        <servlet-class>
            org.directwebremoting.servlet.DwrServlet
        </servlet-class>
            <!-- 指定处于开发阶段的参数 -->
            <init-param>
                <param-name>debug</param-name>
                <param-value>true</param-value>
            </init-param>
    </servlet>
    <servlet-mapping>
        <servlet-name>dwr-invoker</servlet-name>
        <url-pattern>/dwr/*</url-pattern>
    </servlet-mapping>
<!-- Ajax 框架的配置结束 引入 DWR 的 servlet -->
```

③在 webroot\WEB-INF 文件夹中创建一个 dwr.xml 文件，该文件用于将后台的 Java 代码登记到 DWR 框架中，让其能被 DWR 框架正确定位并加以调用。为了检验 xml 的准确性加入 dtd，同时完成基本结构，即加入 DWR 及 allow 节点的配置，关键代码如下：

```
<?xml version="1.0" encoding="UTF-8"?>
<!DOCTYPE dwr PUBLIC
    "-//GetAhead Limited//DTD Direct Web Remoting 2.0//EN"
    "http://getahead.org/dwr/dwr20.dtd">
<dwr>
<allow>
        <!—此处为 dwr 的具体配置项目 -->
    </allow>
</dwr>
```

步骤 2：编写本例子的页面（一个输入框和一个按钮）；触发事件为点击按钮的 onclick 事件，关键代码如下：

```
<form name="f1" action="表单提交地址" method="post">
    用户名：<input type="text" name="username">
    <input type="button" value="确定" onclick=" sendHelloWorldDwr (f1.user name.value); ">
</form>
```

代码中 onclick=" sendHelloWorldDwr (f1.username.value);"的 sendhelloworld(f1.username.value)就是本例要自定义的 JavaScript 函数。我们需要通过此函数调用 DWR 方式的 js 代码实现 AJAX。

步骤 3：后台中使用 Java 代码完成指定的业务逻辑并输出结果。

后台代码的业务逻辑是根据参数名 name 获得前台提交的用户名数据，然后打印到控制台，然后将获得的用户名再返回给前台。

编写一个普通的 Java 类，在方法中接收前台页面传过来的字符串，进行字符串拼接后返回一个新的字符串对象。关键代码如下（包名为 ajax，类名为 HelloWorldDwrBean，方法名为 helloDwr）：

```
public class HelloWorldDwrBean {
    public String helloDwr(String username) {
        // 程序员在此写各自的业务逻辑，可以是访问数据库的复杂代码
```

```
                return username + "，你好！";
        }
}
```

步骤 4：配置 dwr.xml 文件，将后台 Java 代码登记到 DWR 框架。

在 dwr.xml 文件中的<allow>节点中加入后台代码的配置，关键属性以下两点：

①<create>节点中的 JavaScript 属性，可以理解为将后台 Java 类取了一个别名，然后在前台的 JavaScript 代码中，便可以通过该别名访问到该类的方法。

②<para>节点中的 value 属性，该属性需配置后台 Java 类的包路径及类名，即告知 DWR 框架后台的 Java 类的所在位置，以便 DWR 框架能正确调用到后台逻辑处理代码。

配置关键代码如下：

```
<allow>
        <create creator="new" javascript="HelloWorldDwr">
                <param name="class" value="ajax.HelloWorldDwrBean" />
        </create>
</allow>
```

步骤 5：在页面导入 DWR 核心库及自定义接口函数库。

DWR 是一个 AJAX 框架，在使用时需导入它所提供的一些 JavaScript 函数库，其中最基本的是 engine.js，路径是在/工程名/dwr/下，同时还需要导入自定义接口函数库，格式为/工程名/dwr/interface/名称.js，该名称和上一步骤中所提到的 Java 类的别名相同，即<create>节点中的 JavaScript 属性（本例为 HelloWorldDwr），注意自定义接口函数库的路径是在/工程名/dwr/interface/下，和 engine.js 的路径不同。参考代码如下：

```
<script type='text/javascript' src='/工程名/dwr/engine.js'></script>
<script type='text/javascript' src='/工程名/dwr/interface/HelloWorldDwr.js'>
```

注意 engine.js 和 HelloWorldDwr.js 两个 js 文件并不需要我们编写，也不用拷贝到工程中，这两个文件是在运行的过程中由 DWR 框架自动生成的。

步骤 6：在 JavaScript 函数中编写 DWR 方式的代码提交部分数据到后台进行处理。

我们首先定义名为 sendHelloWorldDwr ()的函数，参数有一个，为需要传值的用户名，关键代码如下：

```
<script language="javascript">
    function sendHelloWorldDwr (name) {
    }
</script>
```

然后，在函数中编写 DWR 方式的代码，通过在 dwr.xml 文件中声明的后台 Java 类的别名 HelloWorldDwr，调用该类的逻辑处理方法 helloDwr，传递用户名至后台，并指定返回时的响应函数为 callBackHelloWorldDwr，关键代码如下：

```
<script type="text/javascript">
        function sendHelloWorldDwr(name){
                //方法有两个参数，第一个是向后台传的参数，第二个是指定返回时的响应函数
          HelloWorldDwr.helloDwr(name,callBackHelloWorldDwr);
        }
</script>
```

步骤 7：获得后台结果后及时调用程序员定义的 JavaScript 响应函数进行善后工作。

DWR 框架在成功地执行后台逻辑代码并获得执行的结果后，会调用响应函数来完成一次完整

的 AJAX 调用。

定义一个在步骤 5 中所指定的响应函数，有一个参数 data，该参数即后台返回的结果，该方法名及参数列表的定义即 callbackhelloworld(data)，在方法体中定义的是得到后台返回结果后进行善后处理的 JavaScript 代码，本例是直接将后台的返回结果，通过警告框显示给用户。最终前台 JavaScript 的完整代码如下：

```
<script type="text/javascript">
        function sendHelloWorldDwr(name){
                //方法有两个参数，第一个是向后台传的参数，第二个是指定返回时的响应函数
            HelloWorldDwr.helloDwr(name,callBackHelloWorldDwr);
        }
        function callBackHelloWorldDwr(data){
            //通过 data 参数得到后台处理的结果，下面就是我们自己写的善后工作代码
            alert(data);
        }
</script>
```

到此，整个使用 DWR 框架完成一个 AJAX 应用的实现过程就完成了。本例调试运行的效果如图 2.1-3（a）、2.1-3（b）所示。

工作实施

实施方案

1．搭建 DWR 开发环境，配置 dwr.xml 文件

2．在页面导入 DWR 核心库及自定义接口函数库

3．编写注册界面及输入框失去焦点的触发事件代码

4．编写使用 AJAX 方式提交的 JavaScript 函数

5．编写后台处理代码

6．编写 JavaScript 响应函数进行善后工作

详细步骤

1．搭建 DWR 开发环境，配置 dwr.xml 文件

① 在项目的 WEB-INF 文件夹加入 dwr.jar 文件。

② 在 web.xml 文件中加入 DWR 的 servlet 的配置。关键代码如下：

```
<!-- Ajax 框架的配置 引入 DWR 的 servlet -->
        <servlet>
                <servlet-name>dwr-invoker</servlet-name>
                <servlet-class>
                        org.directwebremoting.servlet.DwrServlet
                </servlet-class>
                        <!-- 指定处于开发阶段的参数 -->
                        <init-param>
                                <param-name>debug</param-name>
                                <param-value>true</param-value>
                        </init-param>
        </servlet>
        <servlet-mapping>
                <servlet-name>dwr-invoker</servlet-name>
                <url-pattern>/dwr/*</url-pattern>
        </servlet-mapping>
<!-- Ajax 框架的配置结束 引入 DWR 的 servlet -->
```

注意　上述代码在一个工程中只需配置一次。

③ 在 WEB-INF 文件夹中创建一个 dwr.xml 文件，完成后台 Java 逻辑处理类的路径以及对应 javascript 别名“UserIsExist”的配置。关键代码如下：

```
<?xml version="1.0" encoding="UTF-8"?>
<!DOCTYPE dwr PUBLIC
    "-//GetAhead Limited//DTD Direct Web Remoting 2.0//EN"
    "http://getahead.org/dwr/dwr20.dtd">
<dwr>
<allow>
        <create creator="new" javascript="UserIsExist">
          <paramname="class" value="com.zdsoft.action.UserIsExistBean" />
        </create>
      </allow>
</dwr>
```

2．在页面导入 DWR 核心库及自定义接口函数库

参考任务解析相关内容编写三行代码：

```
<script type='text/javascript' src='/firstproject/dwr/util.js'></script>
<script type='text/javascript' src='/firstproject/dwr/engine.js'></script>
<script type='text/javascript' src='/firstproject/dwr/interface/UserIsExist.js'>
```

注意　上述代码中的 firstproject 是本任务用到的工程名，若读者自己的工程名与书上的不一致时，请修改为自己的工程名。

3．在用户名输入框中添加失去焦点的触发事件代码

在用户名输入框中加入失去焦点的触发事件（onblur 事件），触发自定义函数 submitDwr，使用 this.value 传入当前输入框的值，关键代码如下：

```
<s:textfield name="name" onblur=" submitDwr(this.value)"></s:textfield>
```

4．编写使用 DWR 方式提交的 JavaScript 函数

首先定义名为 submitAjax ()的函数，参数为需要验证的用户名，关键代码如下：

```
<script language="javascript">
      function submitDwr(name) {
      }
</script>
```

然后，在 submitAjax 函数中编写 DWR 方式的 JavaScript 代码。在该函数可以直接使用之前定义的 JavaScript 别名 UserIsExist 来调用对应的后台 Java 类中的方法，在参数列表中除了要将用户名传给后台，还需在参数列表中声明响应函数的名称。关键代码如下：

```
//方法有两个参数，第一个是向后台传的参数，第二个是指定返回时的响应函数
UserIsExist.userIsExist(name,callBack);
```

5．编写后台处理代码

首先，创建 com.zdsoft.action.UserIsExistBean 类（注意该类的路径及类名必须与 dwr.xml 配置文件中保持一致），在 UserIsExistBean 类中添加执行业务逻辑的 userIsExist 方法，在方法中判断前台传入的用户名是否为张三，若为张三则返回字符串 true，否则返回字符串 false，关键代码如下：

```
public class UserIsExistBean {
      public String userIsExist(String name) throws Exception {
```

```
        // 下面代码只是举例用户名张三已经存在进行验证，实际中需连接数据库数据进行验证
            if ("张三".equals(name)) {
                return "true";
            } else {
                return "false";
            }
        }
}
```

6．编写 JavaScript 响应函数进行善后工作

首先定义一个在步骤 3 的第二个小步骤所指定的响应函数 callBack，参数列表中有关一个变量 data，该变量即成功调用后台处理后返回的结果，关键代码如下：

```
function callBack (data) {
}
```

然后，在 callBack 函数中编写善后工作的代码，此处是判断返回的结果 data 是否为字符串“true”，提示用户名存在或不存在。关键代码如下：

```
//通过 data 参数得到后台处理的结果，下面就是我们自己写的善后工作代码
    if(data=="true"){
        alert('用户名已经存在!');
    }else{
        alert('用户名不存在，可以使用!');
    }
```

到此，整个 AJAX 技术的实现过程就完成了。本例调试运行的效果如图 2.1-1（a）、2.1-1（b）所示。通过比较上一节的传统使用 XMLHttpRequest 对象的 AJAX 实现方式，我们会发现，用 DWR 框架来开发 AJAX 应用，JavaScript 代码更少，更加简单容易。

2.3 巩固与提高

一、选择题

1．AJAX 技术的实现原理：是使用以下（　　）对象来实现的。

A．AjaxRequest　　B．AjaxResponse
C．AjaxHttpRequest　　D．XMLHttpRequest

2．使用 XMLHttpRequest 对象的某个属性来获得返回的字符串，这个属性是（　　）。

A．onreadystatechange　　B．readyState
C．status　　D．responseText

3．使用 XMLHttpRequest 对象的某个属性来指定响应函数，这个属性是（　　）。

A．onreadystatechange　　B．readyState
C．status　　D．responseText

4．使用 XMLHttpRequest 对象的某个方法来设置提交方式及地址，这个方法是（　　）。

A．send　　B．open　　C．post　　D．get

5．使用 XMLHttpRequest 对象的某些属性来判断整个 AJAX 调用中的执行状态，这些属性有（　　）。

A．readyState 和 status　　B．readyState 和 responseText

C．onreadystatechange 和 status　　D．responseText 和 onreadystatechange

6．DWR 的配置文件默认的放置路径是（　　）。

A．WEB-INF\js　　B．src　　C．WEB-INF\lib　　D．WEB-INF

7．DWR 框架的核心 JavaScript 函数库是（　　）。

A．tools.js　　B．自定义接口函数库

C．base.js　　D．engine.js

8．基于 DWR 框架的 AJAX 应用，需要依赖的 JavaScript 函数库有（　　）。

A．tools.js 和 engine.js　　B．tools.js 和自定义接口函数库

C．engine.js 和自定义接口函数库　　D．tools.js 和 base.js

二、填空题

1．AJAX 技术的实现原理是使用________对象来实现的。

2．异步提交表现在于页面并不是________提交的，只是________提交。

3．XMLHttpRequest 对象的 open 方法的参数有________和________。

4．在 AJAX 应用中用来完成 AJAX 处理完毕后的善后工作的是________。

5．在响应函数中使用 XMLHttpRequest 对象的________属性判断后台是否执行（取值________为表示执行完毕），使用 XMLHttpRequest 对象的________属性判断执行是否成功（取值为________表示执行成功），使用 XMLHttpRequest 对象的________属性获得后台返回的结果。

6．表单中文本框的失去焦点的触发事件是________。

7．DWR 框架是一个用于改善________与________交互的远程服务器端 AJAX 开源框架，在使用时需导入它所提供的一些 JavaScript________，其中最基本的是 engine.js。

8．DWR 框架需要配置________文件，将后台 Java 代码登记到 DWR 框架中。

三、操作题

1．改造 2.2 任务，在页面中密码框获得焦点时触发 AJAX 代码来验证用户名是否唯一，其他要求不变。

3

Hibernate 框架

3.1 搭建 Hibernate 框架

工作目标

知识目标

- 了解 ORM 概念和作用
- 了解 Hibernate 概念和作用
- 掌握 Hibernate 数据库基本配置
- 掌握 Hibernate 对象映射配置

技能目标

- 使用 Hibernate 实现数据库单表操作

素养目标

- 培养学生的动手和自学能力

工作任务

根据注册信息在数据库中创建数据库及用户信息表，使用 Hibernate 框架实现注册信息入库。

工作计划

任务分析之问题清单

1．Hibernate 框架是什么？

2．如何使用 Hibernate 框架？

任务解析

1．Hibernate 框架是什么

Hibernate 是一个开放源代码的 O/R Mapping（对象关系映射框架），它对 JDBC 进行了轻量级的对象封装，使 Java 程序员可以随心所欲地使用对象编程思维来操纵数据库。

术语 ORM——对象关系映射（Object Relational Mapping，简称 ORM）是一种为了解决面向对象与关系数据库存在的互不匹配现象的技术。简单地说，ORM 是通过使用描述对象和数据库之间映射的元数据，将 Java 程序中的对象自动持久化到关系数据库中。本质上就是将数据从一种形式转换到另外一种形式。

Hibernate 框架的好处：操纵数据库的时候省略了连接、关闭数据库等例行的操作。程序使用面向对象的 Java 代码及 hsql 取代了操纵数据库以前必须的 sql 语句，这样，不依赖 sql 语句的程序可以数据库无关；即：程序员不需要知道 sql 语句，当程序更换了不同厂家的类型的数据库时，使用 Hibernate 框架可以不用修改代码依然可用。

Hibernate 框架的用武之地——使用层次关系如图 3.1-1 所示。

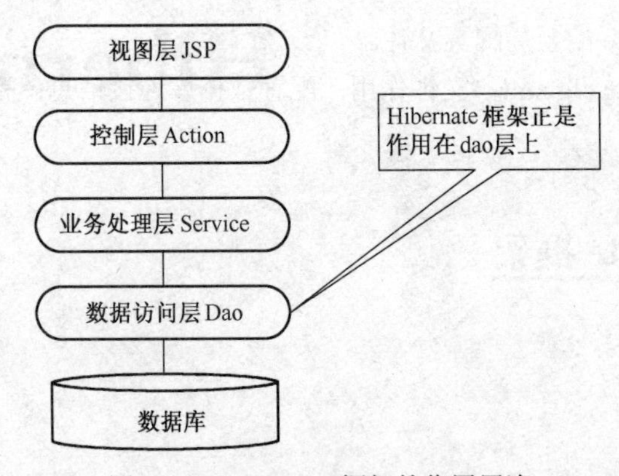

图 3.1-1 Hibernate 框架的作用层次

2．Hibernate 框架的使用说明：以用户信息维护为例

【例 3.1-1】使用 Hibernate 框架实现用户信息的增删查改，用户信息（userinfo）在数据库中的表结构如表 3.1-1 所示。

表 3.1-1 用户信息表 userinfo

字段序号	中文描述	英文字段名	字段类型	备注
1	用户 id	userid	varchar(20)	pk、not null
2	用户名称	username	varchar(50)	not null

备注

请先将表 userinfo 在数据库中建好，数据库不限，建议使用 mysql，本例使用 mysql 数据库。

步骤 1：加入 Hibernate 的 jar 包到工程中（Hibernate 所需 JAR 如下）。

Hibernate 核心安装包（hibernate-distribution-3.3.1.GA-dist.zip）下载路径 http:www.hibernate.org，点击 Hibernate Core 右边的 Downloads，下载以下文件：

```
hibernate3.jar
lib\bytecode\cglib\hibernate-cglib-repack-2.1_3.jar
lib\required\*.jar
```

Hibernate 注解安装包（hibernate-annotations-3.4.0.GA.zip）下载路径 http:www.hibernate.org，点击 HibernateAnnotations 右边的 downloads，下载以下文件：

```
hibernate-annotations.jar
lib\ejb3-persistence.jar
hibernate-commons-annotations.jar
```

Hibernate 针对 JPA 的实现包（hibernate-entitymanager-3.4.0.GA.zip）下载路径 www.hibernate.org，点击 HibernateEntitymanager 右边的 Downloads，下载以下文件：

```
hibernate-entitymanager.jar
lib\test\log4j.jar
slf4j-log4j12.jar
```

注意 本书用的是 hibernate 框架 3.2 及以上的版本，读者下载的时候只要比上述版本新都可以运行无碍。

步骤 2：增加 hibernate 的全局配置文件。

配置文件名：hibernate.cfg.xml；文件作用：配置数据库连接信息；存放路径：在 src 目录下；文档初始内容如下。

```
<?xml version='1.0' encoding='UTF-8'?>
<!DOCTYPE hibernate-configuration PUBLIC
    "-//Hibernate/Hibernate Configuration DTD 3.0//EN"
    "http://hibernate.sourceforge.net/hibernate-configuration-3.0.dtd">

<hibernate-configuration>
<!-- hibernate 的全局配置就写在这里 -->
</hibernate-configuration>
```

步骤 3：增加与 userinfo 表相对应的 Java 实体类 Userinfo。

编写要点：userinfo 表中的字段对应 Java 实体类 Userinfo 中的成员变量；字段与成员变量的数据类型必须一致；成员变量的个数必须≥字段个数；字段的名字和成员变量的名字可以相同，也可以不同（表名与对应类名也是如此），建议尽可能相同（不容易出错）；与字段对应的成员变量必须有 get/set 方法。类 Userinfo 的具体代码参考如下：

```
package hibernate; //本例 Userinfo 类放在 hibernate 包下
/**
*在 hibernate 中代表了 Userinfo 表的类。
*/
public class Userinfo{
/**每个属性和表的一个字段对应**/
  private String id;
  private String name;
/**属性的访问方法**/
  public void setId(String id) {
     this.id = id;
  }
public String getId() {
       return id;
  }
public void setName(String name){
       this.name=name;
  }
public String getName(){
       return this.name;
   }
}
```

步骤 4：编写表 userinfo 与类 Userinfo 的对应关系配置文件 Userinfo.hbm.xml。

编写要点：文件名前缀与对应类名一致；文件名后缀为.hbm.xml（固定）；文件存放的位置与

对应的类存放在一起（同个包中）。

该文件的常规配置规则说明（详细配置规则可参考 hibernate3.jar 包中 org/hibernate/hibernate-mapping-3.0.dtd 文档）参考代码如下：

```
<?xml version="1.0" encoding="UTF-8"?>
<!DOCTYPE hibernate-mapping PUBLIC
        "-//Hibernate/Hibernate Mapping DTD 3.0//EN"
        "http://hibernate.sourceforge.net/hibernate-mapping-3.0.dtd">
<!--配置正文：在根元素 hibernate-mapping 与/hibernate-mapping 之间是正文-->
<hibernate-mapping package="实体类所在的包名">
    <!-- 配置实体类与表的对应关系，在元素 class 中配置 -->
    <class name="类名" table="对应表名">
        <id name="类中成员变量名" column="对应表中主键名" type="类中字段类型，比如字符串是：java.lang.String" length="表中字段长度">
            <!--generator 节点描述在表中插入一条数据时，其主键的值怎么赋值，该节点的 class 属性值表示生成主键时采用的具体策略，默认值 assigned 表示主键生成策略交由程序员赋值，另外，native 表示主键生成策略交由数据库处理（比如自增长的主键），其他主键生成策略可参考 hibernate 官方文档-->
            <generator class="主键生成策略，默认 assigned"/>
        </id>
        <!--...如果主键是复合主键的话，要并列配置多个元素 id（每个主键字段配置一个）-->
        <property name="类中成员变量名" column="对应表中非主键字段名" type="类中字段类型，比如字符串是：java.lang.String" length="50" not-null="true" />
        <!-- ...如果有多个非主键字段的话，要并列配置多个元素 property（每个字段配置一个）-->
    </class>
</hibernate-mapping>
```

本例配置文件参考代码如下：

```
<?xml version="1.0" encoding="UTF-8"?>
<!DOCTYPE hibernate-mapping PUBLIC
        "-//Hibernate/Hibernate Mapping DTD 3.0//EN"
        "http://hibernate.sourceforge.net/hibernate-mapping-3.0.dtd">
<hibernate-mapping package="hibernate">
    <class name="Userinfo" table="userinfo">
        <id name="id" column="userid" type="java.lang.String" length="20">
            <generator class="assigned"/>
        </id>
        <property name="name" column="username" type="java.lang.String"  length="50" not-null="true" />
    </class>
</hibernate-mapping>
```

【拓展】术语 ORM 的深入理解——完成步骤 3 与步骤 4 的用意何在？步骤 3、4 的完成就是 ORM（对象关系映射）实现，如图 3.1-2 所示，实体类 Userinfo 的成员属性与用户信息表的字段进行对应，通过配置文件实现其对应关系。

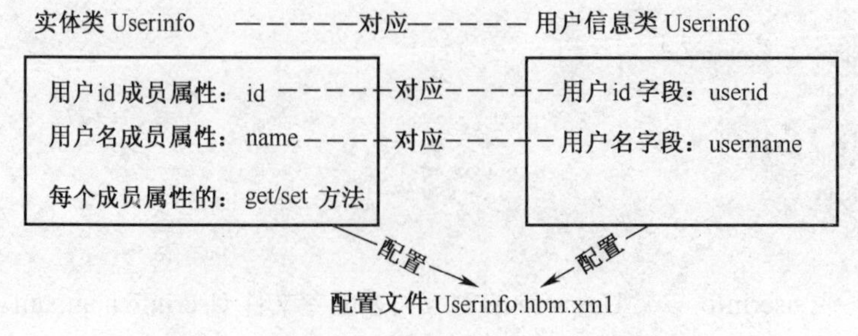

图 3.1-2　ORM（对象关系映射）实现示意图

步骤 5：在 Hibernate 的全局配置文件中配置。

该配置主要有两个内容。第一个是数据库连接信息的配置，第二个是实体类与表的映射文件（*.hbm.xml）在全局配置文件中注册，基本配置格式如下：

```
<hibernate-configuration>
    <!-- 数据库联系信息放在元素 session-factory 里边 -->
    <session-factory>
        <!-- 指定数据库名字，参数 name 的值"dialect"是关键字，表示本元素需要配置的内容为数据库名字 -->
        <property name="dialect">
            <!-- 这里填写数据库的名字，名字是由 hibernate 框架规定的，各个数据库的名字就是对应的hibernate3.jar 包下 org.hibernate.dialect 包中的各个 class 文件名再加上 jar 包的包路径而得到，比如 mysql 数据库名字为org.hibernate.dialect.MySQLDialect -->
            org.hibernate.dialect.MySQLDialect
        </property>
        <!-- 指定数据库地址，参数 name 的值"connection.url"是关键字，表示本元素需要配置的内容为数据库地址 -->
        <property name="connection.url">
            <!-- 这里填写数据库地址，各个数据库地址根据数据库厂家的要求填写，mysql 的数据库地址：jdbc:mysql://服务器 ip 地址:端口号/数据库名?参数名=参数值，下面的是使用 mysql 的数据库，testdb 是数据库名字，characterEncoding=utf-8 表示使用 utf-8 的编码格式 -->
            jdbc:mysql://localhost/testdb?characterEncoding=utf-8
        </property>
        <!-- 指定数据库用户名，参数 name 的值"connection.username"是关键字，表示本元素需要配置的内容为数据库用户名，mysql 数据库默认为 root -->
        <property name="connection.username">root</property>
        <!-- 指定数据库登录密码，参数 name 的值"connection.password"是关键字，表示本元素需要配置的内容为数据库登录密码 -->
        <property name="connection.password">数据库登录密码</property>
        <!-- 指定数据库驱动程序，参数 name 的值"connection.driver_class"是关键字，表示本元素需要配置的内容为数据库驱动程序 -->
        <property name="connection.driver_class">
            <!-- 这里填写数据库地址，各个数据库驱动名称根据数据库厂家提供的程序名称来填写，mysql 的数据库为如下名字 -->
            com.mysql.jdbc.Driver
        </property>
        <!-- ...以上为数据库基本配置，更多的数据库连接信息配置请参阅相关资料，这里略 -->
        <!-- 注册实体类与表的映射文件(*.hbm.xml)，在元素 mapping 的 resource 参数后填写映射文件的地址，格式为：包名/子包名/.../映射文件名 -->
        <mapping resource="映射文件地址，比如：hibernate/Userinfo.hbm.xml" />
        <!-- ...每一个实体类与表的映射文件都需要配置一个 mapping 元素，所以 mapping 元素与 property 元素一样可以配置多个 -->
    </session-factory>
</hibernate-configuration>
```

注意

创建 Session-factory 的其他属性请参考 Hiberante 官方文档（该文档在 Hibernate 发布包 documentation\manual\zh-CN 路径下有）。

本例配置的关键代码如下：

```
<hibernate-configuration>
    <session-factory>
        <property name="dialect">
            org.hibernate.dialect.MySQLDialect
        </property>
        <property name="connection.url">
```

```
                jdbc:mysql://localhost/testdb?characterEncoding=utf-8
            </property>
            <property name="connection.username">root</property>
            <property name="connection.password"></property>
            <property name="connection.driver_class">
                com.mysql.jdbc.Driver
            </property>
            <mapping resource="hibernate/Userinfo.hbm.xml" />
        </session-factory>
</hibernate-configuration>
```

步骤 6：使用 Hibernate 框架代码实现增删查改的功能。

其一般步骤如下：

第一，创建 sessionFactory 对象（载入全局配置文件）：

```
SessionFactory sessionFactory=new Configuration().configure().buildSessionFactory();
```

第二，执行数据库数据操作的对象 session（连接数据库）：

```
Session session=sessionFactory.openSession();
```

第三，开始一个事务：

```
session.beginTransaction();
```

第四，进行增加、删除、修改、查询的操作：

增加操作的代码，使用 session 对象的 save 或 persist 方法完成：

```
session.persist(实体类对象);//或者 session.save(实体类对象);
```

删除操作（根据主键 id 删除）的代码：

```
//使用 session 的 load 方法加载条件
实体类 实体类对象 = (实体类) session.load(实体类.class,要删除的 id 值);
//使用 session 的 delete 方法执行删除
session.delete(实体类对象);
```

查询（查询所有）

创建执行 hsql 语句的对象 query

```
Query query = session.createQuery("from 实体类名");
```

使用 query 对象的 list 方法查询，结果为 java.util.List 对象

```
List 查询结果对象 = query.list();
```

查询（根据 id 查询一条记录）

使用 session 的 get 加载查询条件并根据 id 查询出一个结果对象

```
实体类 实体类对象=(实体类) session.get(实体类.class, 要删除的记录的 id 值)
```

修改

使用 session 的 merge 或 update 方法完成

```
session.merge(实体类对象); //或者 session.update(实体类对象);
```

第五，提交一个事务（查询操作不需要）：

```
session.getTransaction().commit();
```

第六，关闭数据库：

```
session.close();
```

本例使用 Hibernate 框架代码实现增删查改的代码参考如下：

```
package hibernate;
import java.util.*;
import org.hibernate.HibernateException;
import org.hibernate.Query;
import org.hibernate.Session;
```

```
import org.hibernate.SessionFactory;
import org.hibernate.cfg.Configuration;
/**
 * 和 userinfo 相关的业务逻辑
 */
public class UserinfoTest {
	// 使用 hibernate 框架创建 sessionFactory 对象
	SessionFactory sessionFactory=new Configuration().configure().buildSessionFactory();
	public static void main(String[] args) {
		UserinfoTest userinfoTest = new UserinfoTest();
		Userinfo userinfo = new Userinfo();
		userinfo.setId("3");
		userinfo.setName("张三");
		//注：需要运行该方法的时候去掉注释  增加
//		userinfoTest.addUserinfo(userinfo);
//		//注：需要运行该方法的时候去掉注释   根据用户名查询指定的记录
//		userinfoTest.findUserinfoById(userinfo.getId());
//		//注：需要运行该方法的时候去掉注释  修改
//		userinfoTest.update(userinfo);
//		//注：需要运行该方法的时候去掉注释   查询所有
//		userinfoTest.list();
//		//注：需要运行该方法的时候去掉注释   根据 id 删除一条记录
		userinfoTest.deleteUserinfoById(userinfo.getId());
	}
	/**
	 * 增加一个 Userinfo
	 */
	public void addUserinfo(Userinfo userinfo) throws HibernateException {
		//得到执行数据库数据操作的对象 session
		Session session=sessionFactory.openSession();
		//开始一个事务
		session.beginTransaction();
		//核心的一句，使用 session 的 persist 方法保存
		session.persist(userinfo);
		session.getTransaction().commit();
		session.close();
	}
	/**
	 * 根据用户 id 查询指定的记录
	 *
	 * @param username
	 * @return
	 */
	public void findUserinfoById(String userid) {
			Session session=sessionFactory.openSession();
			//使用 session 的 get 加载查询条件并根据 id 查询出一个结果对象
			Userinfo tmp=(Userinfo) session.get(Userinfo.class, userid);
			if(tmp!=null){
				System.out.println("id=" + tmp.getId() + "    username=" + tmp.getName());
			}
	}
	/**
	 * 查询系统中所有的 Userinfo，返回的是包含有 Userinfo 持久对象的 Iterator。
	 */
	public void list() throws HibernateException {
```

```
            // 编写 hibernate sql 语句:from userinfo
            String queryString = "from Userinfo";
            // 创建执行 hsql 语句的对象 query
            Session session=sessionFactory.openSession();
            Query query = session.createQuery(queryString);
            // 使用 query 对象的 list 方法执行查询，查询结果为 java.util.List 对象
            List users = query.list();
            // 后台输出所有查询结果
            // 注释的这段代码与下面 for 循环的处理逻辑等价，它需要在 JRE5.0 以上版本才能支持
//            for(Userinfo user: users){
//            System.out.println("id="+user.getId()+" username="+user.getName());
//            }
            for (int i = 0; i < users.size(); i++) {
                Userinfo user = (Userinfo) users.get(i);
                System.out.println("id=" + user.getId() + "    username="
                        + user.getName());
            }
        }
        /**
         * 修改
         *
         * @param userinfo
         */
        public void update(Userinfo userinfo) {
            Session session=sessionFactory.openSession();
            session.beginTransaction();
            //更新的核心代码：使用 session 的 merge 方法完成
            session.merge(userinfo);
            session.getTransaction().commit();
            session.close();
        }
        /**
         * 删除给定 ID 的 userinfo
         */
        public void deleteUserinfoById(String id) throws HibernateException {
            Session session=sessionFactory.openSession();
            session.beginTransaction();
            // 加载删除条件
            //使用 session 的 load 方法加载条件
            Userinfo userinfo = (Userinfo) session.load(Userinfo.class, id);
            // 使用 session 的 delete 方法执行删除
            session.delete(userinfo);
            session.getTransaction().commit();
            session.close();
        }
}
```

工作实施

实施方案

1．加入 Hibernate 相关 jar 包（只需加一次）

2．【可选】创建注册用户表结构

3．创建实体类与表的映射文件

4．配置 Hibernate 全局配置文件

5．dao 层：增加注册入库数据处理类

6．service 层：增加注册业务处理类

7．action 层：修改注册业务控制类

8．调试运行

详细步骤

1．在使用 Struts2 的 Web 项目里引入所需 Hibernate 相关的 jar 文件

Hibernate 相关 jar 文件只需要引入一次，具体要引入的 jar 文件详见本节任务解析的例 3.1-1 的相关内容。

2．【可选】创建注册用户表结构

创建用户表 user，表结构如表 3.1-2 所示。

表 3.1-2 用户信息表 user

字段编号	英文字段名	中文描述	字段类型	备注
1	id	流水号	int	自增、pk、not null
2	name	会员登录名	varchar(50)	not null
3	userName	真实姓名	varchar(50)	
4	password	用户密码	varchar(20)	not null
5	sex	性别	varchar(2)	not null
6	province	省份	varchar(20)	
7	age	年龄	int	
8	birth	生日	date	
9	mobile	手机	varchar(20)	
10	email	电子邮箱	varchar(50)	
11	hobbies	爱好	varchar(255)	

注意

若已经编写好 user 表对应的实体类和实体映射文件，以及在 Hibernate 全局配置文件的 <session-factory> 节点中增加了 <property name="hbm2ddl.auto">create </property>，那么可以通过 Hibernate 框架在运行程序的时候自动在数据库中生成 user 表结构。特别提醒，若 user 表已经存在，则会删除旧的 user 表，重新创建新的，会导致旧表中记录全部丢失，所以一般建议该配置仅使用一次，在使用之后可以将<property name="hbm2ddl.auto">create</property>中的 create 替换成 update 就可以避免这个问题。

3．创建实体类与映射文件

在工程 src 目录下的 com.zdsoft.domain 包中新增与 user 表对应的实体类 User，参考如下：

```
public class User {
    int id;
    String name;
```

```
        String userName;
        String password;
        String sex;
        String province;
        int age;
        Date birth;
        String mobile;
        String hobbies;
        String email;
        //以下省略每个成员变量的 get/set 方法
}
```

在 com.zdsoft.domain 包下新增 User.hbm.xml 映射文件，具体步骤如下：

首先，在 User.hbm.xml 映射文件中加入文件头，代码如下（一般是固定的，无需改动）：

```
<?xml version="1.0"?>
<!DOCTYPE hibernate-mapping PUBLIC
        "-//Hibernate/Hibernate Mapping DTD 3.0//EN"
        "http://hibernate.sourceforge.net/hibernate-mapping-3.0.dtd">
```

其次，在 User.hbm.xml 文件的文件头下面添加 hibernate-mapping 节点，关键代码如下：

```
<hibernate-mapping        package="com.zdsoft.domain">
</hibernate-mapping>
```

package 属性表示所描述的实体类的路径，本任务的实体类都在 com.zdsoft.domain 包下，所以做如此配置。

接着在 hibernate-maaping 节点下添加 class 节点，关键代码如下：

```
<class name="User">
        </class>
```

class 节点的 name 属性表示映射类的类名称。

再次，在 class 节点下添加相关子节点，参考代码如下：

```
<id name="id">
        <generator class="native"/>
        </id>
        <property name="name"/>
        <property name="password"/>
        <property name="userName"/>
        <property name="sex"/>
        <property name="province"/>
        <property name="age"/>
        <property name="birth"/>
        <property name="mobile"/>
        <property name="email"/>
        <property name="hobbies"/>
```

id 节点表示所描述类的标识符，其中 name 属性表示标识符的名称，column 属性表示该标识符对应数据库表中的列名称，若映射类中的属性与表中的字段名完全一样，则 column 属性可以省略。

4．配置 Hibernate 全局配置文件

在 Hibernate.cfg.xml 文件的<session-factory>节点中增加一行代码，参考如下：（其实就是让 hibernate 框架知道并管理我们增加的一个新的实体－关系映射）

```
<mapping resource="com/zdsoft/domain/User.hbm.xml"/>
```

5．dao 层：增加注册入库数据处理类

在 com.zdsoft.dao 包下新增 RegisterDao，该类编写的详细步骤如下：

首先在 RegisterDao 类中定义 hibernate 框架所使用的成员变量，参考如下：

```
Configuration cfg = null;
SessionFactory sessionFactory = null;
Session session = null;
Transaction tx = null;
```

其次定义 RegisterDao 类的构造方法，参考如下：

```
public RegisterDao(){
	cfg = new Configuration();
	cfg.configure();
	sessionFactory = cfg.buildSessionFactory();
}
```

再定义保存 User 对象的 save 方法，并实现该方法：

```
public boolean save(User user) {
	boolean ret = false;
	try {
		session = sessionFactory.openSession();
		tx = session.beginTransaction();
		session.save(user);
		tx.commit();
		ret = true;
	} catch (HibernateException e) {
		if (tx != null) {
			tx.rollback();
		}
		e.printStackTrace();
		ret = false;
	}
	if (session != null) {
		session.close();
	}
	return ret;
}
```

6．service 层：增加注册业务处理类

在 com.zdsoft.service 包下新增 RegisterService 类，该类创建详细步骤如下：

首先在 RegisterService 类中定义成员变量 RegisterDao：

```
private RegisterDao registerDao = new RegisterDao();
```

再在 RegisterService 类中定义 register 方法：

```
public boolean register(User user) {
	return registerDao.save(user);
}
```

7．action 层：修改注册业务控制类

修改 com.zdsoft.action 包中的 RegisterAction 类（RegisterAction 的初始代码请参考前面章节），调用相应的业务逻辑层方法，关键代码如下：

```
public String regist() {
	//业务控制器
	//调用业务处理类完成业务处理，并得到业务处理的结果，在调用的时候需要传数据
	RegisterService registerService=new RegisterService();
	//数据准备：数据复制给实体类的对象 user
```

```
        User user=new User();
        user.setName(name);
        user.setUserName(username);
        user.setPassword(pass);
        user.setSex(sex);
        user.setProvince(province);
        user.setAge(age);
        user.setBirth(birth);
        user.setMobile(mobile);
        user.setEmail(email);
        String tmp="";
        if(love!=null){
            for(String lo:love){
                tmp+=lo+" ";
            }
        }
        user.setHobbies(tmp);
        //调用业务处理类相关方法执行后得到结果
        boolean ret=registerService.register(user);
        //根据结果返回
        if(ret){
            return "success";
        }else{
            return "error";
        }
    }
```

8．调试运行

将项目发布到 Web 服务器中运行注册页面，输入注册信息如图 3.1-3（a）所示，点击提交后跳转到成功页面如图 3.1-3（b）所示，在控制台中我们看到输出的 sql 语句如图 3.1-4 所示，在数据库中我们看到插入的注册信息如图 3.1-5 所示（注册失败的情况可参考登录功能章节的处理，这里从略）。

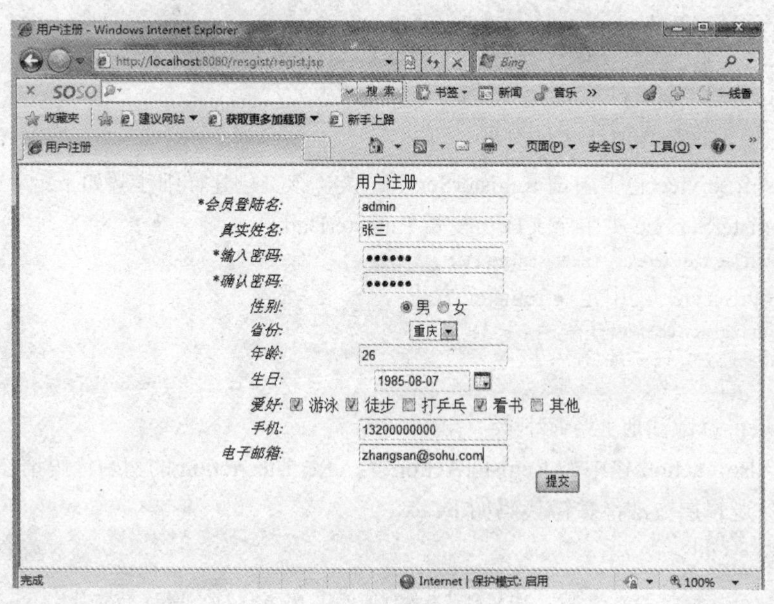

（a）注册用户输入页面

图 3.1-3

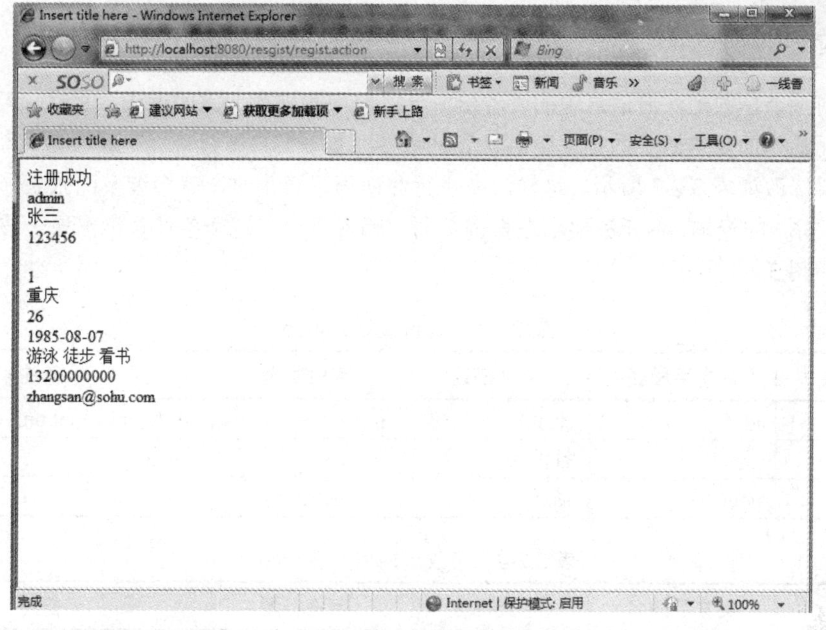

（b）注册成功结果页面

图 3.1-3（续图）

```
Hibernate:
    insert
    into
        User
        (name, password, userName, sex, province, age, birth, mobile, email, hobbies)
    values
        (?, ?, ?, ?, ?, ?, ?, ?, ?, ?)
```

图 3.1-4　Hibernate 后台 HQL 语句

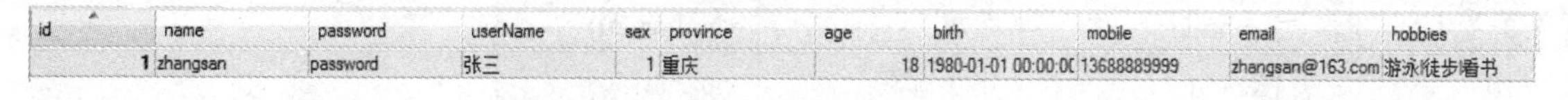

id	name	password	userName	sex	province	age	birth	mobile	email	hobbies
1	zhangsan	password	张三	1	重庆	18	1980-01-01 00:00:0(	13688889999	zhangsan@163.com	游泳徒步看书

图 3.1-5　数据库 user 表结果

3.2　Hibernate 框架实现多表一对多查询

工作目标

知识目标

- 了解 Hibernate 一对多概念、作用
- 掌握 Hibernate 一对多查询基本配置

技能目标

- 使用 Hibernate 实现数据库多表（一对多）查询

素养目标

- 培养学生的动手和自学能力

工作任务

改造注册功能，假定注册信息中的“省份”下拉选项的内容（比如重庆、北京、天津等）不是在编码中写死的，而是来源于数据库中省份表的内容（如表 3.2-1 所示），相应地，原注册的用户表中省份字段修改如表 3.2-2 所示。这样，在进行注册信息查询时，就会涉及两张表（省份表与用户表一对多关系）的查询，本任务要求在查询页面中输入省份名这个条件查询出属于该省份的所有注册用户，如图 3.2-1 所示。

表 3.2-1　省份表 province

字段编号	英文字段名	中文描述	字段类型	备注
1	id	流水号	int	自增、pk、not null
2	name	省份名	varchar(50)	not null
3	note	描述	varchar(255)	

表 3.2-2　修改后的用户表 user

字段编号	英文字段名	中文描述	字段类型	备注
1	id	流水号	int	自增、pk、not null
2	name	会员登录名	varchar(50)	not null
3	userName	真实姓名	varchar(50)	
4	password	用户密码	varchar(20)	not null
5	sex	性别	varchar(2)	not null
6	province	省份	int	fk、not null、=province.id
7	age	年龄	int	
8	birth	生日	date	
9	mobile	手机	varchar(20)	
10	email	电子邮箱	varchar(50)	
11	hobbies	爱好	varchar(255)	

注册用户查询

省份: 重庆

查询

查询结果

会员登录名	用户昵称	性别	年龄	生日	电话	爱好	电子邮件
zs	张三	男	21	91-1-1 0:00:00.000	1111	跳舞、跳绳	1@1.com
ls	李四	女	22	90-1-1 0:00:00.000	2222	看书、看报	2@2.com

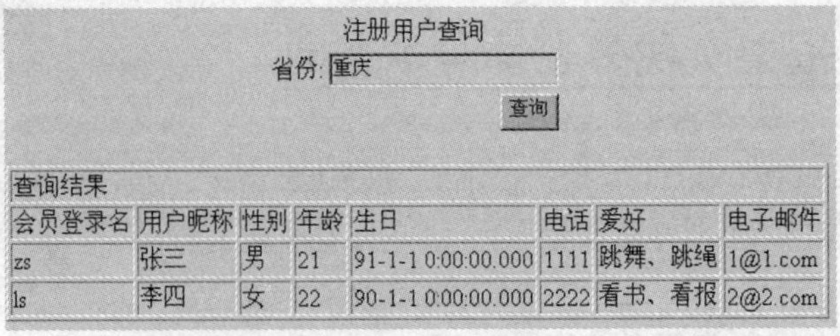

图 3.2-1　注册用户查询结果

工作计划

任务分析之问题清单

1. 什么是一对多关系？
2. 如何使用 Hibernate 完成多表查询？

任务解析

1．什么是一对多关系？

在关系型数据库中两个表之间往往存在一对多的关系。一个表（我们称为主表）的主键字段与另一个表（我们称为从表）的某个非主键字段的值相对应（这里的对应是指从表对应的非主键字段的取值必须来源于主表的主键的值）其中主表中主键的值是唯一的，而从表中非主键的值是可以重复的，对于主表和从表这样的对应关系我们称之为一对多关系。

例如在数据库中存在班级表和学生表两张表，班级表中存在主键：班级号，学生表中存在非主键：班级号，学生表中的非主键字段班级号的值来源于班级表中的主键班级号，因此，班级表与学生表就是一对多的关系。从现实世界来看：即是一个班级拥有有多个学生，班级对学生就是一对多。

2．实现一对多查询：以学生信息管理系统根据班级号查询学生信息为例

【例 3.2-1】在学生信息管理系统中班级与学生之间存在着这样的关系：一个班级中包含多个学生。这是典型的一对多关联关系，对应到 Hibernate 的对象模型中是单向一对多映射。要求使用 Hibernate 一对多单向映射实现查询功能：根据班级 id 查询该班级所有学生的信息，并把学生信息列表显示在查询页面中。

在数据库中学生表与班级表结构如表 3.2-3、表 3.2-4 所示。

表 3.2-3　学生表 student

字段序号	中文描述	英文字段名	字段类型	备注
1	流水号	id	int	pk、not null、自增
2	学号	studentNo	varchar(50)	not null
3	姓名	studentName	varchar(100)	
4	性别	sex	varchar(2)	
5	年龄	age	int	
6	班级 id	clazz_id	int	fk、not null、=clazz.id

表 3.2-4　班级表 class

字段序号	中文描述	英文字段名	字段类型	备注
1	流水号	id	int	pk、not null、自增
2	班级编号	clazzNo	varchar(50)	not null
3	班级名称	clazzName	varchar(100)	
4	系部	department	varchar(100)	

步骤 1：在 eclipse 中创建 Web 工程 studentInfoManage，并把 Hibernate、Struts2 及数据库所需的 jar 包拷贝到工程 WebContent/WEB-INF/lib 目录下。

步骤 2：在工程中 src 目录下创建 com.zdsoft.domain 并在该包路径下创建学生实体类 Student 和对应的映射文件 Student.hbm.xml。实体类 Student 的关键代码如下：

```
public class Student {
    private int id;
    private String studentName;
    private String studentNo;
    private String sex;
```

```
        private int age;
    //以下省略成员变量的 get/set 方法
    }
```

映射文件 Student.hbm.xml 的关键代码如下：

```
<class name="Student">
        <id name="id">
                <generator class="native"/>
        </id>
        <property name="studentName"/>
        <property name="studentNo"/>
        <property name="sex"/>
        <property name="age"/>
</class>
```

步骤3：在工程中com.zdsoft.domain包路径下创建班级的实体类Clazz和映射文件Clazz.hbm.xml。Clazz.hbm.xml 关键代码如下：

```
<hibernate-mapping package="com.zdsoft.domain">
        <class name="Clazz">
                <id name="id" column="clazz_id">
                        <generator class="native" />
                </id>
                <property name="clazzNo" />
                <property name="clazzName" />
                <property name="department" />
                <set name="students" cascade="save-update" lazy="false">
                        <key column="clazz_id" />
                        <one-to-many class="Student" />
                </set>
        </class>
</hibernate-mapping>
```

代码说明：set 节点描述类中存在的集合类对象，在 Clazz 中 List 对象是 student。set 的 name 属性表示在该类中定义的集合对应的名称，在 Clazz 中定义的 List 对象的名称是 students.set 的 cascade 属性表示让操作级联到子对象.save-update 属性表示在父对象做保存或者修改操作的时候级联操作子对象。set 的 lazy 属性表示是否延迟加载子对象。这里的值是 false 表示不延迟加载，在获取 Clazz 对象的同时初始化对应的 students 集合对象。

key 节点中的 column 属性指定从表的外键字段名，在本例中 clazz_id 是实体类 Student 对应的表 student 的外键字段 clazz_id。

one-to-many 节点配置一对多关系中的多方实体类，其中 class 属性就是多方的实体类名。本例表示实体类 Clazz 与实体类 Student 是一对多关系。

Clazz 关键代码如下：

```
public class Clazz {
        private int id;
        private String clazzNo;
        private String clazzName;
        private String department;
        private Set<Student> students = new HashSet(0);
        //以下省略各个成员变量的 get/set 方法
}
```

代码说明：Set<Student> students = new HashSet(0);该语句声明了 Set 集合对象 students，该对象的属性名称与 Clazz.hbm.xml 映射文件中 set 节点中的 name 属性值必须一致，表示一个班级中可以存在多个学生。

步骤 4：在 src 下创建 com.zdsoft.dao 包，并在该包下创建类 ClazzDao，在类中新建根据班级 id 查询学生信息的方法 findStudentByClazzId，关键代码如下：

```
public class ClazzDao {
        public Clazz findStudentByClazzId(int clazzId) {
                Clazz ret=null;// 返回值
                List<Student> students = new ArrayList<Student>();
                SessionFactory sessionFactory = null;
                Configuration cfg = null;
                Session session = null;
                try {
                        cfg = new Configuration();
                        cfg.configure();
                        sessionFactory = cfg.buildSessionFactory();
                        session = sessionFactory.openSession();
                        ret = (Clazz) session.load(Clazz.class, clazzId);
                } catch (HibernateException e) {
                        e.printStackTrace();
                }
                if (session != null) {
                        session.close();
                }
                if (sessionFactory != null) {
                        sessionFactory.close();
                }
                return ret;
        }
}
```

代码说明：Clazz clazz=(Clazz)session.load(Clazz.class,clazzId);该语句通过调用 session 的 load 方法查询了班级 id 值为 clazzId 的班级对象，因在 Clazz.hbm.xml 映射文件中 list 的 lazy 属性值为 false，故 load 方法同时会把该班级的所有学生也查询到并加载到该 Clazz 对象的 students 集合中。load 方法的参数：Clazz.class 表示要查询的对象是 Clazz 对象。参数 clazzId 表示查询 Clazz 对象的查询条件为：主键值=clazzId。load 方法的返回类型：load 方法返回的类型是 Object 对象，故需要向下强制转成我们所需要的 Clazz 对象。

步骤 5：在 hibernate.cfg.xml 文件中的 session-factory 节点中加入实体类的映射文件：

```
<mapping resource="com/zdsoft/domain/Student.hbm.xml"/>
<mapping resource="com/zdsoft/domain/Clazz.hbm.xml"/>
```

代码说明：将班级、学生实体类的映射文件加入到全局配置文件 hibernate.cfg.xml 中。

步骤 6：在该工程 src 创建 com.zdsoft.action 包，并在该包下创建类 ClazzAction，关键代码如下：

```
public class ClazzAction{
        private int clazzId;
        private Set<Student> students = new HashSet(0);
        private ClazzDao clazzDao = new ClazzDao();
        public String execute() throws Exception {
                students = clazzDao.findStudentByClazzId(this.clazzId).getStudents();
                if (students!=null) {
                        return "success";
                } else {
```

```
                return "error";
            }
        }
        //以下省略成员变量 clazzId 与 students 的 get/set 方法
}
```

代码说明：该类中定义了三个成员变量。其中 clazzId 用来接收页面上传递的班级 Id 的值。Students 集合变量用来保存查询的学生信息（多条），并传递到页面显示。clazzDao 用来完成数据库数据的查询功能。

步骤 7：在该工程 WebContent 目录下创建 studentmanage.jsp 页面和失败页面 errors.jsp，查询页面的关键代码如下：

```
<body>
    欢迎来到学生信息管理系统
    <s:form action="query" method="post" name="studentForm">
        <table>
            <tr>
                <td>班级 ID</td>
                <td><input name="clazzId" type="text" value="${clazzId}" /></td>
                <td><input name="query" type="submit" value="查询" /></td>
            </tr>
        </table>
        <table border="1">
            <tr>
                <td>姓名</td>
                <td>学号</td>
                <td>性别</td>
                <td>年龄</td>
            </tr>
            <s:iterator value="students">
                <tr>
                    <td><s:property value="studentName" /></td>
                    <td><s:property value="studentNo" /></td>
                    <td><s:if test="%{sex == 1}">男</s:if><s:elseif test="%{sex == 0}">女</s:elseif></td>
                    <td><s:property value="age" /></td>
                </tr>
            </s:iterator>
        </table>
    </s:form>
</body>
```

失败页面的关键代码如下：

```
<body>
    操作失败~
    请点击<a href="javascript:history.back();">返回</a>重新操作！
</body>
```

步骤 8：在该工程 src 目录下创建 struts.xml 配置文件，关键代码如下：

```
<?xml version="1.0" encoding="UTF-8"?>
<!DOCTYPE struts PUBLIC
    "-//Apache Software Foundation//DTD Struts Configuration 2.0//EN"
    "http://struts.apache.org/dtds/struts-2.0.dtd">
<struts>
    <package name="default" extends="struts-default">
        <action name="query" class="com.zdsoft.action.ClazzAction">
            <result name="success">/studentmanage.jsp</result>
            <result name="error">/error.jsp</result>
        </action>
```

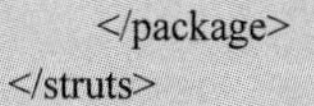

```
    </package>
</struts>
```

将工程发布并调试运行。首先在班级和学生表中增加数据，如图 3.2-2（a）、3.2-2（b）所示；然后发布工程并启动 tomcat 服务器，在浏览器中运行页面 studentmanage.jsp，如图 3.2-2（c）所示，最后输入查询条件进行查询，结果如图 3.2-2（d）所示，在控制台输出 sql 语句，如图 3.2-2（e）所示。

clazz_id	clazzNo	clazzName	department
1	0900111	JAVA应用软件开发	软件技术系

（a）clazz 表中的数据

id	studentName	studentNo	sex	age	clazz_id
1	张三	090011101	0	20	1
2	李四	090011102	1	20	1
3	王五	090011103	0	20	1

（b）student 表中的数据

欢迎来到学生信息管理系统

班级ID 1 查询

姓名	学号	性别	年龄

（c）学生信息查询页面

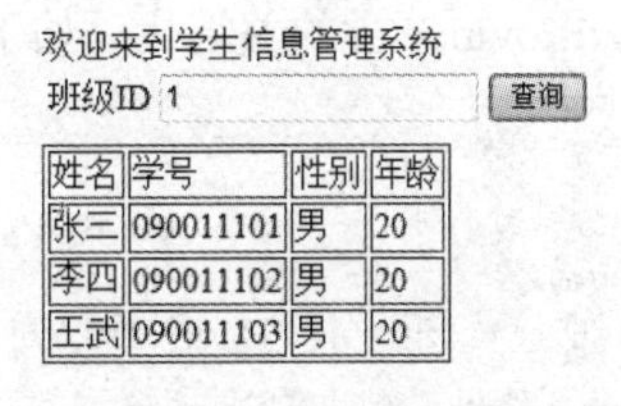

欢迎来到学生信息管理系统

班级ID 1 查询

姓名	学号	性别	年龄
张三	090011101	男	20
李四	090011102	男	20
王武	090011103	男	20

（d）学生信息查询结果

```
Hibernate:
    select
        clazz0_.clazz_id as clazz1_1_0_,
        clazz0_.clazzNo as clazzNo1_0_,
        clazz0_.clazzName as clazzName1_0_,
        clazz0_.department as department1_0_
    from
        Clazz clazz0_
    where
        clazz0_.clazz_id=?
Hibernate:
    select
        students0_.clazz_id as clazz6_1_1_,
        students0_.id as id1_,
        students0_.student_order as student7_1_,
        students0_.id as id0_0_,
        students0_.studentName as studentN2_0_0_,
        students0_.studentNo as studentNo0_0_,
        students0_.sex as sex0_0_,
        students0_.age as age0_0_
    from
        Student students0_
    where
        students0_.clazz_id=?
```

（e）后台查询 sql 语句

图 3.2-2

工作实施

实施方案

1．创建省份表、修改用户表结构

2．创建省份实体类 Province 及对应的映射文件 Province.hbm.xml

3．修改用户实体类 User 及对应的映射文件 User.hbm.xml

4．修改 hibernate.cfg.xml 配置文件，添加省份实体类的映射文件配置

5．dao 层：新建类 QueryDao，添加条件查询的相关代码

6．service 层：新建类 QueryService，添加业务处理代码

7．action 层：新建类 QueryAction，调用业务处理类进行查询

8．view（视图）层：新建查询页面 query.jsp

9．修改 struts.xml 配置文件，添加查询的 action 的配置

10．调试运行

详细步骤

1．创建省份表、修改用户表结构

参见工作任务描述中的表 3.2-1 和表 3.2-2 进行表结构的改写。

2．创建省份实体类 Province 及对应的映射文件 Province.hbm.xml

在工程的 com.zdsoft.domain 包下创建兴创建省份实体类 Province 及对应的映射文件 Province.hbm.xml，Province 类的关键代码如下：

```
public class Province {
    int id;//省份流水号
    String name;//省份名称
    String note;//描述
    private Set<User> users = new HashSet(0);//同一个省份的多个用户
    //以下省略每个成员变量的 get/set 方法
}
```

Province.hbm.xml 映射文件关键代码如下：

```
<hibernate-mapping package="com.zdsoft.domain">
    <class name="Province">
        <id name="id" column="id">
            <generator class="native" />
        </id>
        <property name="name" />
        <property name="note" />
        <set name="users" cascade="save-update" lazy="false">
            <key column="province" />
            <one-to-many class="User" />
        </set>
    </class>
</hibernate-mapping>
```

3．修改用户实体类 User 及对应的映射文件 User.hbm.xml

修改 com.zdsoft.domain 包下的 User.类，将成员变量 province（省份）去掉，同时去掉 get/set 方法。同样地，将对应的映射文件 User.hbm.xml 中关于省份的配置去掉。

注意

province 表（省份）与 user 表（用户）是一对多的关系，user 是“多”方，province 是“一”方，一对多关系在“一”方进行配置，“多”方无需配置，故 User 实体类及对应的映射文件中可以去掉省份的相关配置。

4．修改 hibernate.cfg.xml 配置文件，添加省份实体类的映射文件配置

在<session-factory>节点中添加一行代码：

```
<mapping resource="com/zdsoft/domain/User.hbm.xml"/>
```

5．dao 层：新建类 QueryDao，添加条件查询的相关代码

在 com.zdsoft.dao 包下新建类 QueryDao，在类中创建成员变量 sessionFactory 和成员方法 query，关键代码如下：

```
public class QueryDao {
    // 使用 hibernate 框架创建 sessionFactory 对象
    SessionFactory sessionFactory = new Configuration().configure().buildSessionFactory();
    public List<Province> query(String province) {
        List<Province> ret = null;
        // 编写查询的 hibernate 框架特有的 sql 语句
        String hql = "from Province where 1=1";
        if (null != province && !"".equals(province)) {
            hql = hql + " and name = '" + province+"'";
        }else{
            return null;//若没有输入省份，查询结果是无意义的，直接返回 null。
        }
        Session session = sessionFactory.openSession();
        try {
            Query query = session.createQuery(hql);
            ret = query.list();
        } catch (HibernateException e) {
            e.printStackTrace();
            ret = null;
        } finally {
            if (session != null) {
                session.close();
            }
        }
        return ret;
    }
}
```

注意

query 方法中使用了 Hibernate 框架特有的查询语言 hql 。hql 语言是面向对象的查询语言，hql 直接查询实体类或实体类的属性，最简单的 hql 如 from Object，更多关于 hql 的知识可以参阅 Hibernate 官方文档。

一个编程技巧：query 方法中定义查询语句的时候因需要根据方法中传递参数的个数动态组织 hql 语句，故在 hql 关键字 where 后添加了一个恒等式 1=1，以便于动态组织查询条件子句。

进行查询：需要使用 session 提供的 createQuery 方法来创建 Hibernate 的用于 hql 查询的 Query 对象（类型为 org.hibernate.Query），该对象使用 list 方法进行查询并返回一个 List 集合类型的查询结果列表。

6．service 层：新建类 QueryService，添加业务处理代码

在 com.zdsoft.service 包下新建 QueryService 类，在类中创建成员变量 queryDao 和 query 方法，关键代码如下：

```
public class QueryService {
    private QueryDao queryDao=new QueryDao();
    public List<Province> query(String queryProvince) {
        return queryDao.query(queryProvince);
    }
}
```

注意 该业务逻辑类没有复杂的业务处理，故这里直接调用 dao 层的数据访问代码。

7．action 层：新建类 QueryAction，调用业务处理类进行查询

在 com.zdsoft.action 包下创建 QueryAction 类，并在类中创建三个成员变量——查询条件省份、业务处理类、查询结果。关键代码如下：

```
public class QueryAction {
    private String queryProvince;//查询条件：省份
    private QueryService registerService = new QueryService();//业务处理类
    private Set<User> users = new HashSet<User>();//查询的结果
    //这里省略成员变量的 get/set 方法
}
```

然后在类中创建查询的方法 query，关键代码如下：

```
public String query() {
        List<Province> provinces=registerService.query(queryProvince);
        if (provinces==null||provinces.isEmpty()) {
                return "error";
        } else {
        //根据省份名从表中查询数据，若省份在表中不重复的话，仅查出一条，这里取第一条
        Province province=provinces.get(0);
            users = province.getUsers();
        return "success";
        }
}
```

8．view（视图）层：新建查询页面 query.jsp

在 WebContent（或 WebRoot）目录下创建 query.jsp 页面，该页面为注册用户信息查询页面，关键代码如下：

```
<body>
        <s:form action="query" method="post">
                <table align="center">
                        <tr>
                                <td colspan="2" align="center">注册用户查询</td>
                        </tr>
                        <s:textfield name="queryProvince" label="省份" />
                        <s:submit method="query" value="查询" />
                </table>
        </s:form>
        <table align="center" border="1">
                <thead>
                        <td colspan="8">查询结果</td>
                </thead>
                <thead>
                        <td>会员登录名</td>
                        <td>用户昵称</td>
                        <td>性别</td>
                        <td>年龄</td>
                        <td>生日</td>
                        <td>电话</td>
                        <td>爱好</td>
                        <td>电子邮件</td>
                </thead>
                <s:iterator value="users">
                        <tr>
                                <td><s:property value="name" /></td>
```

```
                        <td><s:property value="userName" /></td>
                        <td><s:property value="sex" /></td>
                        <td><s:property value="age" /></td>
                        <td><s:property value="birth" /></td>
                        <td><s:property value="mobile" /></td>
                        <td><s:property value="hobbies" /></td>
                        <td><s:property value="email" /></td>
                    </tr>
                </s:iterator>
            </table>
</body>
```

注意

页面中的循环标签<s:iterator value="*users*">中的 users 来源于 QueryAction 中的成员变量 users，两者名字必须一致。另外，错误页面 error.jsp 可以参考任务解析中的例子，这里略。

9．修改 struts.xml 配置文件，添加查询的 action 的配置

修改 src 包下的 struts.xml 配置文件，增加 QueryAction 的配置，关键代码如下：

```
<action name="query" class="com.zdsoft.action.QueryAction" method="query">
        <result name="success">/query.jsp</result>
        <result name="error">/error.jsp</result>
</action>
```

10．调试运行

首先，准备查询的数据，在省份表和用户表中加入几条记录，如图 3.2-3（a）、图 3.2-3（b）所示，在用户表中有两条记录，都是属于重庆这个省份。

id	name	note
1	重庆	重庆是山城
2	北京	北京是首都
3	天津	天津有包子

（a）省份表中的数据

id	name	password	userName	sex	age	birth	mobile	email	hobbies	province
1	zs	1	张三	男	21	1991-01-01	1111	1@1.com	看书、看报	1
2	ls	2	李四	女	22	1990-01-01	2222	2@2.com	跳舞、跳绳	1

（b）用户表中的数据

图 3.2-3

然后将工程发布到服务器，启动服务器，运行页面 query.jsp，在查询条件中输入重庆，可查到两条省份为重庆的用户，如图 3.2-1 所示。

3.3 Hibernate 框架实现多表多对一查询

工作目标

知识目标

- 了解 Hibernate 多对一概念、作用
- 掌握 Hibernate 多对一查询基本配置

技能目标

- 使用 Hibernate 实现数据库多表（多对一）查询

素养目标

- 培养学生的动手和自学能力

工作任务

改造上一节查询任务，要求使用 Hibernate 框架多对一（即：用户表与省份表是多对一的关系）的配置实现在查询页面中输入省份名这个条件查询出属于该省份的所有注册用户，其省份表、用户表及查询界面及查询结果均和上一节任务一样。

工作计划

任务分析之问题清单

1．什么是多对一关系?

2．如何使用 Hibernate 完成多表查询?

任务解析

1．什么是多对一关系？

在前面章节提到一对多的关系：对于主表和从表存在外键的对应关系我们称之为一对多关系，反过来，从表对主表的关系即是多对一的关系。

例如在数据库中存在班级表和学生表两张表，班级表中存在主键：班级号，学生表中存在非主键：班级号，学生表中的非主键字段班级号的值来源于班级表中的主键班级号，因此，学生表与班级表就是多对一的关系。从现实世界来看：即是有多个学生在同一个班级，学生对班级就是多对一。

2．实现多对一查询：以学生信息管理系统根据班级号查询学生信息为例

【例 3.3-1】在学生信息管理系统中班级与学生之间存在着这样的关系：多个学生属于同一个班级。这是典型的多对一关联关系，对应到 Hibernate 的对象模型中是单向多对一映射。要求使用 Hibernate 多对一单向映射实现查询功能：根据班级名称查询该班级所有学生的信息，并把学生信息列表显示在查询页面中。

在数据库中学生表与班级表结构与【例 3.2-1】一样，请参见表 3.2-2（a）、表 3.2-2（b）所示。

步骤 1：在 eclipse 中创建 Web 工程 studentInfoManage，并把 Hibernate、Struts2 及数据库所需的 jar 包拷贝到工程 WebContent/WEB-INF/lib 目录下。

步骤 2：在工程中 src 目录下创建 com.zdsoft.domain 并在该包路径下创建学生实体类 Student 和对应的映射文件 Student.hbm.xml。实体类 Student 的关键代码如下：

```
public class Student {
        private int id;
        private String studentName;
        private String studentNo;
        private String sex;
        private int age;
        private Clazz clazz;//多对一关系的处理
//以下省略成员变量的 get/set 方法
}
```

代码说明：在多对一的配置中，Student 类中的成员变量 clazz 对应到表 student 中的 clazz_id

这个外键字段，因而 clazz 不是一个普通的类型，必须被定义为 Clazz 类型。

映射文件 Student.hbm.xml 的关键代码如下：

```
<class name="Student">
        <id name="id">
                <generator class="native"/>
        </id>
        <property name="studentName"/>
        <property name="studentNo"/>
        <property name="sex"/>
        <property name="age"/>
        <many-to-one name="clazz" column="clazz_id"
                class="Clazz" fetch="select" not-null="true" lazy="false"/>
</class>
```

代码说明：many-to-one 节点配置多对一关系中的“一”方实体类，其中 name 属性指定多方实体类中的成员变量，column 指定多方表（从表）中的外键字段，class 属性就是“一”方的实体类名，lazy="true"表示不使用延迟加载。本例表示实体类 Student 与实体类 Clazz 是一对多关系，两者通过外键 clazz_id 关联起来。

步骤 3：在工程中 com.zdsoft.domain 包路径下创建班级的实体类 Clazz 和映射文件 Clazz.hbm.xml，因为是进行多对一的配置，关联配置都在多方，对于“一”方无需关联配置。Clazz.hbm.xml 关键代码如下：

```
<hibernate-mapping package="com.zdsoft.domain">
        <class name="Clazz">
                <id name="id" column="clazz_id">
                        <generator class="native" />
                </id>
                <property name="clazzNo" />
                <property name="clazzName" />
                <property name="department" />
        </class>
</hibernate-mapping>
```

Clazz 关键代码如下：

```
public class Clazz {
        private int id;
        private String clazzNo;
        private String clazzName;
        private String department;
        //以下省略各个成员变量的 get/set 方法
}
```

步骤 4：在 src 下创建 com.zdsoft.dao 包，并在该包下创建类 ClazzDao，在类中新建根据班级 id 查询学生信息的方法 findStudentByClazzId，关键代码如下：

```
public class ClazzDao {
        // 使用 hibernate 框架创建 sessionFactory 对象
        SessionFactory sessionFactory = new Configuration().configure().buildSessionFactory();
        public List<Student> findStudentByClazzId(String clazzName) {
                List<Student> ret = null;
                // 编写查询的 hibernate 框架特有的 sql 语句
                String hql = "from Student where clazz.clazzName='"+clazzName+"'";
                Session session = sessionFactory.openSession();
                try {
                        Query query = session.createQuery(hql);
```

```
                ret = query.list();
            } catch (HibernateException e) {
                e.printStackTrace();
                ret = null;
            } finally {
                if (session != null) {
                    session.close();
                }
            }
            return ret;
        }
    }
```

代码说明：在上述 Hibernate 的 sql 语句中的 where 子句——clazz.clazzName=""+clazzName+"" 的含义是，实体类 Student 的属性 clazz 中的 clazzName 属性的值与查询输入的条件 clazzName 相匹配，即是实体类 Student 根据 clazz_id 外键所关联的 Clazz 实体类中的班级名 clazzName 与查询输入的班级名 clazzName 进行查询匹配。若翻译成 sql 语句则是：

```
select * from student,clazz where student.clazz_id=clazz.id and clazz.clazzName=查询输入条件 clazzName 变量的值
```

步骤 5：在 hibernate.cfg.xml 文件中的 session-factory 节点中加入实体类的映射文件：

```
<mapping resource="com/zdsoft/domain/Student.hbm.xml"/>
<mapping resource="com/zdsoft/domain/Clazz.hbm.xml"/>
```

代码说明：将班级、学生实体类的映射文件加入到全局配置文件 hibernate.cfg.xml 中。

步骤 6：在该工程 src 创建 com.zdsoft.action 包，并在该包下创建类 ClazzAction，关键代码如下：

```
public class ClazzAction{
    private String clazzName;
    private ClazzDao clazzDao = new ClazzDao();
    private List<Student> students=new ArrayList();
    public String execute() throws Exception {
        students = clazzDao.findStudentByClazzId(this.clazzName);
        if (students!=null) {
            return "success";
        } else {
            return "error";
        }
    }
    //以下省略成员变量的 get/set 方法
}
```

代码说明：该类中定义了三个成员变量。其中 clazzName 用来接收页面上传递的班级名称的值。Students 集合变量用来保存查询的学生信息（多条），并传递到页面显示。clazzDao 用来完成数据库数据的查询功能。

步骤 7：在该工程 WebContent 或 WebRoot 目录下创建 studentmanage.jsp 页面和失败页面 errors.jsp，查询页面 studentmanage.jsp 的关键代码如下：

```
<body>
    欢迎来到学生信息管理系统
    <s:form action="query" method="post" name="studentForm">
        班级名称：<s:textfield name="clazzName" />
        <s:submit value="查询" />
        <table border="1">
            <tr>
```

```
                <td>姓名</td>
                <td>学号</td>
                <td>性别</td>
                <td>年龄</td>
            </tr>
            <s:iterator value="students">
                <tr>
                    <td><s:property value="studentName" /></td>
                    <td><s:property value="studentNo" /></td>
                    <td><s:if test="%{sex == 1}">男</s:if><s:elseif test="%{sex == 0}">女</s:elseif></td>
                    <td><s:property value="age" /></td>
                </tr>
            </s:iterator>
        </table>
    </s:form>
</body>
```

失败页面 error.jsp 的关键代码参考【例 3.2-1】。

步骤 8：在该工程 src 目录下创建 struts.xml 配置文件，关键代码参考【例 3.2-1】。

步骤 9：将工程发布并调试运行。首先在班级和学生表中增加数据，参考【例 3.2-1】，如图 3.2-4（a）、3.2-4（b）所示；然后发布工程并启动 tomcat 服务器，在浏览器中运行页面 studentmanage.jsp 如图 3.3-1（a）所示，最后输入查询条件进行查询，结果如图 3.3-1（b）所示，在控制台输出 sql 语句如图 3.3-1（c）所示。

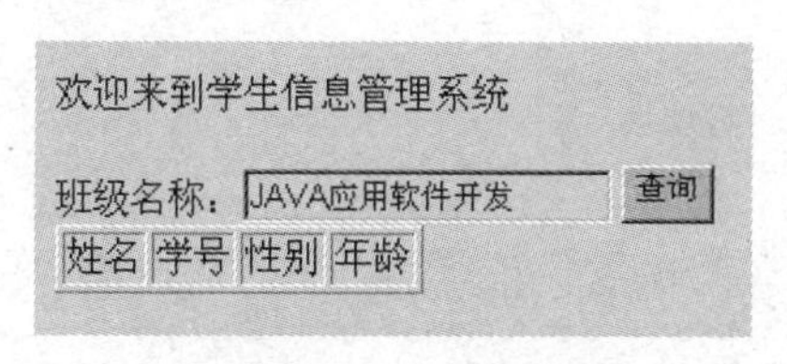

（a）学生信息查询页面

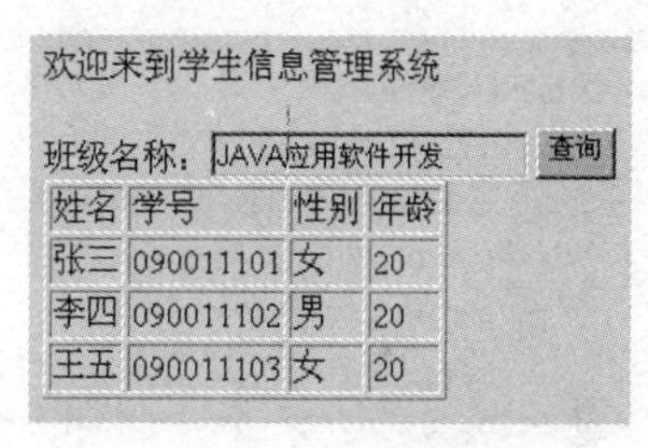

（b）学生信息查询结果

```
Hibernate:
    select
        student0_.id as id2_,
        student0_.studentName as studentN2_2_,
        student0_.studentNo as studentNo2_,
        student0_.sex as sex2_,
        student0_.age as age2_,
        student0_.clazz_id as clazz6_2_
    from
        Student student0_,
        Clazz clazz1_
    where
        student0_.clazz_id=clazz1_.clazz_id
        and clazz1_.clazzName='JAVA应用软件开发'
Hibernate:
    select
        clazz0_.clazz_id as clazz1_3_0_,
        clazz0_.clazzNo as clazzNo3_0_,
        clazz0_.clazzName as clazzName3_0_,
        clazz0_.department as department3_0_
    from
        Clazz clazz0_
    where
        clazz0_.clazz_id=?
```

（c）后台查询 sql 语句

图 3.3-1

工作实施

实施方案

1．修改省份实体类 Province 及对应的映射文件 Province.hbm.xml

2．修改用户实体类 User 及对应的映射文件 User.hbm.xml

3．dao 层：修改类 QueryDao，修改条件查询的相关代码

4．service 层：修改类 QueryService，修改业务处理代码

5．action 层：修改类 QueryAction

6．调试运行

详细步骤

1．修改省份实体类 Province 及对应的映射文件 Province.hbm.xml

Province 类中去掉集合成员变量 users，关键代码如下：

```
pubiic class Province {
        int id;//省份流水号
        String name;//省份名称
        String note;//描述
        //以下省略每个成员变量的 get/set 方法
}
```

Province.hbm.xml 映射文件中去掉 users 集合变量的配置，关键代码如下：

```
<hibernate-mapping package="com.zdsoft.domain">
        <class name="Province">
                <id name="id" column="id">
                        <generator class="native" />
                </id>
                <property name="name" />
                <property name="note" />
                <set name="users" cascade="save-update" lazy="false">
                        <key column="province" />
                        <one-to-many class="User" />
                </set>
        </class>
</hibernate-mapping>
```

注意 user 表（用户）与 province 表（省份）是多对一的关系，user 是“多”方，province 是“一”方，多对一关系在“多”方进行配置，“一”方无需配置，故 Province 实体类及对应的映射文件中可以去掉 users 的相关配置。

2．修改用户实体类 User 及对应的映射文件 User.hbm.xml

修改 com.zdsoft.domain 包下的 User 类，增加成员变量 province（省份），类型为 Province 同时增加对应的 get/set 方法。User 类的关键代码如下：

```
public class User {
        int id;
        String name;
        String userName;
        String password;
        String sex;
        int age;
```

```
        Date birth;
        String mobile;
        String hobbies;
        String email;
        Province province;
        //以下省略每个成员变量的 get/set 方法
}
```

同样地，将对应的映射文件 User.hbm.xml 中增加关于 province 的配置，关键代码如下：

```
<hibernate-mapping package="com.zdsoft.domain">
        <class name="User">
                <id name="id" >
                        <generator class="native" />
                </id>
                <property name="name" />
                <property name="password" />
                <property name="userName" />
                <property name="sex" />
                <property name="age" />
                <property name="birth" />
                <property name="mobile" />
                <property name="email" />
                <property name="hobbies" />
                <many-to-one name="province" column="province"
                        class="Province" fetch="select" not-null="true" lazy="false"/>
        </class>
</hibernate-mapping>
```

3．dao 层：修改类 QueryDao，添加条件查询的相关代码

修改成员方法 query 中的 hsql 语句（查询的实体类从 Province 改为 User），并修改返回值类型（将 List<Province>改为 List< User >），关键代码如下：

```
public class QueryDao {
        // 使用 hibernate 框架创建 sessionFactory 对象
        SessionFactory sessionFactory = new Configuration().configure().buildSessionFactory();
        public List<User> query(String province) {
                List<User> ret = null;
                // 编写查询的 hibernate 框架特有的 sql 语句
                String hql = "from User where 1=1";
                if (null != province && !"".equals(province)) {
                        hql = hql + " and province.name = '" + province+"'";
                }else{
                        return null;//若没有输入省份，查询结果是无意义的，直接返回 null。
                }
                Session session = sessionFactory.openSession();
                try {
                        Query query = session.createQuery(hql);
                        ret = query.list();
                } catch (HibernateException e) {
                        e.printStackTrace();
                        ret = null;
                } finally {
                        if (session != null) {
                                session.close();
                        }
                }
```

```
            return ret;
        }
}
```

4．service 层：修改类 QueryService，修改业务处理代码

修改 QueryService 类 query 方法返回值类型（将 List<Province>改为 List<User>），关键代码如下：

```
public class QueryService {
        private QueryDao queryDao=new QueryDao();
        public List<User> query(String queryProvince) {
                return queryDao.query(queryProvince);
        }
}
```

5．action 层：修改类 QueryAction

修改成员变量 users 的类型（从 Set<User>改为 List<User>），并修改 query 方法中对 service 层的业务调用代码。关键代码如下：

```
public class QueryAction {
      private String queryProvince;//查询条件：省份
      private QueryService registerService = new QueryService();//业务处理类
      private List<User> users = null;//查询的结果
      public String query() {
        users=registerService.query(queryProvince);
        if (users==null||users.isEmpty()) {
                    return "error";
              } else {
              return "success";
              }
}
//以下省略成语变量的 get/set 方法
}
```

6．调试运行

首先，准备与上节任务一样的查询的数据，参考如图 3.2-5（a）、图 3.2-5（b）所示。然后将工程发布到服务器，启动服务器，运行页面 query.jsp，在查询条件中输入重庆，其结果与上节任务一样（如图 3.2-5（c）所示）。

3.4 Hibernate 框架实现多表多对多查询

工作目标

知识目标

- 了解 Hibernate 多对多概念和作用
- 掌握 Hibernate 多对多查询基本配置

技能目标

- 使用 Hibernate 实现数据库多表查询

素养目标

- 培养学生的动手和自学能力

工作任务

在上一节任务完成的基础上改造注册功能，假定注册信息中的“爱好”多选项的内容（比如游泳、徒步、打乒乓等等）不是在编码中写死的，而是来源于数据库中爱好表的内容（如表 3.4-1 所示），相应地，原注册的用户表中爱好字段去掉，修改后的用户表如表 3.4-2 所示。这样，在进行注册信息查询时，就会涉及两张表（爱好表与用户表多对多对多关系）的查询，本任务要求在查询页面中输入爱好查询出有该爱好的所有注册用户，如图 3.4-1 所示。

表 3.4-1　爱好表 hobby

字段编号	英文字段名	中文描述	字段类型	备注
1	id	流水号	int	自增、pk、not null
2	name	爱好	varchar(50)	not null
3	note	描述	varchar(255)	

表 3.4-2　修改后的用户表 user

字段编号	英文字段名	中文描述	字段类型	备注
1	id	流水号	int	自增、pk、not null
2	name	会员登录名	varchar(50)	not null
3	userName	真实姓名	varchar(50)	
4	password	用户密码	varchar(20)	not null
5	sex	性别	varchar(2)	not null
6	province	省份	int	fk、not null、=province.id
7	age	年龄	int	
8	birth	生日	date	
9	mobile	手机	varchar(20)	
10	email	电子邮箱	varchar(50)	

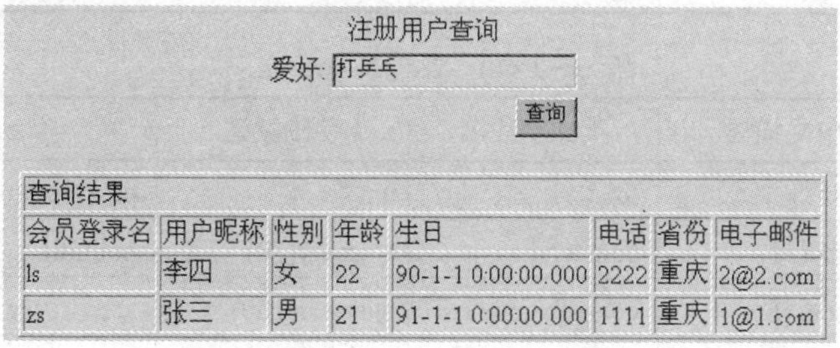

注册用户查询

爱好: 打乒乓

查询

查询结果

会员登录名	用户昵称	性别	年龄	生日	电话	省份	电子邮件
ls	李四	女	22	90-1-1 0:00:00.000	2222	重庆	2@2.com
zs	张三	男	21	91-1-1 0:00:00.000	1111	重庆	1@1.com

图 3.4-1　注册用户查询结果

工作计划

任务分析之问题清单

1．什么是多对多关系？

2．如何使用 Hibernate 完成多对多查询？

任务解析

1．什么是多对多关系？

关系数据库中两个表之间的一种关系，该关系中第一个表中的一条记录可以与第二个表中的一个或多个记录相关。第二个表中的一条记录也可以与第一个表中的一个或多个记录相关。要表示多对多关系，通常必须创建第三个表，该表通常称为联接表，它将多对多关系划分为两个一对多关系。

比如在常见的订单管理中“产品”表和“订单”表之间的关系。一个订单中可以包含多个产品。另一方面，一个产品可能出现在多个订单中。因此，对于“订单”表中的每条记录，都可能与“产品”表中的多条记录对应。相应地，对于“产品”表中的每条记录，都可以与“订单”表中的多条记录对应。产品表与订单表的这种关系称为多对多关系，因为对于任何产品，都可以有多个订单，而对于任何订单，都可以包含许多产品。

2．如何使用 Hibernate 完成多表查询：以学生信息管理系统查询学生选课信息为例

【例 3.4-1】在学生信息管理系统中课程与学生之间因选修课事件存在着这样的关系：一个学生可以选修多门课程，一门课程可以被多个学生选修。这是典型的多对多关联关系，对应到 Hibernate 的对象模型中是多对多映射。

要求使用 Hibernate 多对多双向映射实现根据课程名称查询选修该课程的所有学生信息，并把学生信息列表显示在页面中。

在数据库中原始的学生表 student 与课程表 course 的表结构如表 3.4-3、表 3.4-4 所示。

表 3.4-3　学生表 student

字段序号	中文描述	英文字段名	字段类型	备注
1	流水号	id	int	pk、not null、自增
2	学号	studentNo	varchar(50)	not null
3	姓名	studentName	varchar(100)	
4	性别	sex	varchar(2)	
5	年龄	age	int	

表 3.4-4　课程表 course

字段序号	中文描述	英文字段名	字段类型	备注
1	流水号	id	int	pk、not null、自增
2	课程编号	courseNo	varchar(50)	not null
3	课程名称	courseName	varchar(100)	
4	学分	credit	int	
5	课程类型	courseType	varchar(20)	

因学生选修课事件，学生与课程之间形成了多对多的关系。两张表的多对多关系从技术上来说要直接实现其增删查改是很难实现的；最好的做法是在学生表与课程表之间增加中间表（第三张表），中间表用来存放学生选课的结果数据，可以命名为学生选课表 student_course，在该表中设置

两个外键（学生 id、课程 id），通过这两个外键充当学生与课程表关联的桥梁，将多对多关系转化成两个一对多（或多对一）关系，从而在技术上得到实现（Hibernate 框架的多对多的实现原理正是如此）。学生选课表 student_course 如表 3.4-5 所示。

表 3.4-5　学生选课表 student_course

字段序号	中文描述	英文字段名	字段类型	备注
1	流水号	id	int	pk、not null、自增
2	课程 id	course_id	int	fk、not null、=course.id
3	学生 id	student_id	int	fk、not null、=student.id

步骤 1：在 eclipse 中创建 Web 工程 studentInfoManage，并把 Hibernate、Struts2 及数据库所需的 jar 文件拷贝到该工程 WebContent/WEB-INF/lib 目录下。

步骤 2：在工程 src 目录下创建包 com.zdsoft.domain，并在该包下创建学生实体类 Student 和对应的映射文件 Student.hbm.xml。实体类 Student 的关键代码如下：

```
public class Student {
        private int id;
        private String studentName;
        private String studentNo;
        private String sex;
        private int age;
        //以下省略 get/set 方法
}
```

映射文件 Student.hbm.xml 的关键代码如下：

```
<hibernate-mapping package="com.zdsoft.domain">
        <class name="Student">
                <id name="id">
                        <generator class="native"/>
                </id>
                <property name="studentName"/>
                <property name="studentNo"/>
                <property name="sex"/>
                <property name="age"/>
        </class>
</hibernate-mapping>
```

注意

一般来说，对于 Hibernate 框架的多对多配置，作为多对多双方的学生和课程都应作多对多的关系配置，但本例是根据课程查询选课的学生，则无需在学生这一方进行配置，需要在课程这一方配置；反过来，若是根据学生查选修的课程，则需要在学生这一方进行配置，而课程则不需要。故在上述学生实体类及映射文件中我们看不到有关的多对多配置。

步骤 3：在工程中 com.zdsoft.domain 包下创建课程实体类 Course 和对应的映射文件 Course.hbm.xml。Course.hbm.xml 代码片断如下：

```
<hibernate-mapping package="com.zdsoft.domain">
<class name="Course">
                <id name="id">
                        <generator class="native" />
```

```
            </id>
            <property name="courseName" />
            <property name="courseNo" />
            <property name="courseType" />
            <property name="credit" />
            <set name="students" table="student_course" lazy="false">
                <key column="course_id" />
                <many-to-many class="Student" column="student_id" />
            </set>
        </class>
</hibernate-mapping>
```

代码说明：set 节点配置实体类中存在的集合对象与表的映射关系。本例是实体类 Course 中的 students。其中的 name 属性指定实体类中定义的集合对象，本例是实体类 Course 中的 students。

set 节点的 table 属性指定多对多关系的中间表名，多对多关系配置必须，若不是配置多对多关系，则不需要此参数，本例在这里根据前面的分析，指定的中间表是学生选课表 student_course（表结构如表 3.4-1（c）所示）。

set 节点的 lazy 属性表示是否延迟加载，默认是 true，本例指定为 false，不延迟加载。

key 节点的 column 属性指定中间表与当前配置文件所对应的表相关联的外键名。这里是课程表与学生选课表之间关联的外键是学生选课表中的 course_id。

many-to-many 节点配置多对多关系中的另外一方。其中 class 属性指定另外一方的实体类名，column 属性指定另外一方的表与中间表相关联的外键名。这里的另外一方就是学生实体类 Student，学生表与学生选课表之间关联的外键是学生选课表中的 student_id。

课程实体类 Course 的关键代码如下：

```
public class Course {
private int id;
        private String courseName;
        private String courseNo;
        private String courseType;
        private int credit;
        private Set<Student> students=new HashSet(0);
        //以下省略 get/set 方法
}
```

代码说明：Set<Student> students=new HashSet(0);该语句声明了集合对象 students，该对象名与 course.hbm.xml 映射文件中 set 节点的 name 属性值必须一致，表示一门课程可以被多个学生选修。

步骤 4：在 hibernate.cfg.xml 文件中的 session-factory 节点中加入实体类的映射文件：

```
<mapping resource="com/zdsoft/domain/Student.hbm.xml"/>
<mapping resource="com/zdsoft/domain/Course.hbm.xml"/>
```

代码说明：本例的学生和课程实体类映射文件加入。

步骤 5：在工程中创建包 com.zdsoft.dao 并在该包下新建数据处理类 QueryDao，在类中新建根据课程名查询学生信息的方法 findStudentByCourseName，关键代码如下：

```
public class QueryDao {
    // 使用 hibernate 框架创建 sessionFactory 对象
    SessionFactory  sessionFactory  =  new  Configuration().configure().buildSessionFactory();
    public Course findStudentByCourseName(String courseName) {
        Course ret = null;
        // 编写查询的 hibernate 框架特有的  sql 语句
        if(courseName==null||"".equals(courseName)){
```

```
            return null;//若不输入查询条件课程，该查询结果无意义，直接返回 null
        }
        String hql = "from Course where courseName='"+courseName+"'";
        Session session = sessionFactory.openSession();
        try {
            Query query = session.createQuery(hql);
            ret = (Course) query.list().get(0);//返回的结果应该是一条记录
        } catch (HibernateException e) {
            e.printStackTrace();
            ret = null;
        } finally {
            if (session != null) {
                session.close();
            }
        }
        return ret;
    }
}
```

代码说明：使用 hsql（hibernate sql）进行查询，仅仅是一个简单的条件查询语句，我们并没有看到通常 sql 语句中关于多对多的关联查询条件，这些已经在 Hibernate 框架中实体类和映射文件的配置中完成，而在 hsql 里边是不需要的。

步骤 6：在工程 src 下创建包 com.zdsoft.action，在该包下创建业务控制类 QueryAction，关键代码如下：

```
public class QueryAction {
    private String courseName;//查询条件：课程名称
    private QueryDao queryDao = new QueryDao();//数据处理类
    private Set<Student> students = null;//查询的结果
    public String execute() {
        Course course=queryDao.findStudentByCourseName(courseName);
        if (course==null) {
                return "error";
            } else {
                students=course.getStudents();
            return "success";
            }
    }
  //这里省略成员变量的 get/set 方法
}
```

代码说明：该类中定义了三个变量，其中 courseName 用来接收页面查询条件课程名；students 集合变量用来保存查询的学生信息，并传递到页面显示；queryDao 用来完成数据库数据的查询功能。

步骤 7：在该工程 WebContent 目录下创建查询页面 studentmanage.jsp，关键代码如下：

```
<body>
    欢迎来到学生信息管理系统
    <s:form action="query" method="post" name="studentForm" theme="simple">
        课程名称：<s:textfield name="CourseName" />
        <s:submit value="查询" />
        <table border="1">
            <tr>
                <td>姓名</td>
```

```
                    <td>学号</td>
                    <td>性别</td>
                    <td>年龄</td>
                </tr>
                <s:iterator value="students">
                    <tr>
                        <td><s:property value="studentName" /></td>
                        <td><s:property value="studentNo" /></td>
                        <td><s:if test="%{sex == 1}">男</s:if>
                            <s:elseif test="%{sex == 0}">女</s:elseif></td>
                        <td><s:property value="age" /></td>
                    </tr>
                </s:iterator>
            </table>
        </s:form>
</body>
```

步骤 8：在该工程 src 目录下创建 struts.xml 配置文件，配置查询用的 action，关键代码如下：

```
<struts>
    <package name="default" extends="struts-default">
        <action name="query" class="com.zdsoft.action.QueryAction">
            <result name="success">/studentmanage.jsp</result>
            <result name="error">/error.jsp</result>
        </action>
    </package>
</struts>
```

步骤 9：将工程发布到服务器中调试运行。首先，在学生表、课程表、学生选课表中增加一些数据，其中张三和李四选修了日语口语，王五选修了 javaweb 框架应用软件开发课程，如图 3.4-2（a）、3.4-2（b）、3.4-2（c）所示；然后发布工程并启动 tomcat 服务器在浏览器中运行查询页面 studentmanage.jsp 如图 3.4-2（d）所示，最后输入查询条件——日语口语，查询结果如图 3.4-2（e）所示，在控制台输出 sql 语句如图 3.4-2（f）所示。

id	studentName	studentNo	sex	age
1	张三	090011101	0	20
2	李四	090011102	1	20
3	王五	090011103	0	20

（a）学生表数据

id	courseName	courseNo	courseType	credit
1	javaweb框架应用软件开发	1101131037	专业必修课	10
2	日语口语	1101321022	专业选修课	2

（b）课程表数据

id	course_id	student_id
1	2	1
2	2	2
3	1	3

（c）学生选课表

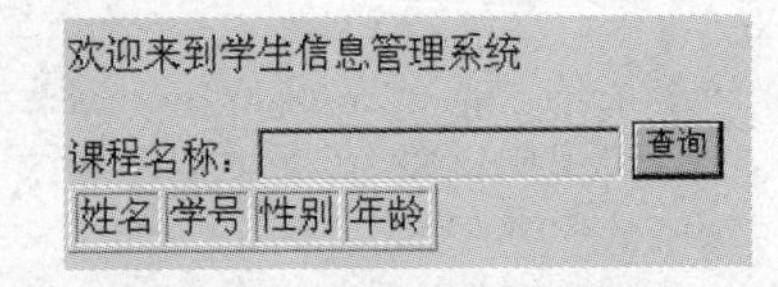

（d）学生信息查询页面

图 3.4-2

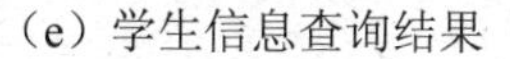

（e）学生信息查询结果

```
Hibernate:
    select
        course0_.id as id1_,
        course0_.courseName as courseName1_,
        course0_.courseNo as courseNo1_,
        course0_.courseType as courseType1_,
        course0_.credit as credit1_
    from
        Course course0_
    where
        course0_.courseName='日语口语'
Hibernate:
    select
        students0_.course_id as course1_1_,
        students0_.student_id as student2_1_,
        student1_.id as id0_0_,
        student1_.studentName as studentN2_0_0_,
        student1_.studentNo as studentNo0_0_,
        student1_.sex as sex0_0_,
        student1_.age as age0_0_
    from
        student_course students0_
    left outer join
        Student student1_
            on students0_.student_id=student1_.id
    where
        students0_.course_id=?
```

（f）后台输出的查询 sql 语句

图 3.4-2（续图）

本例技术小结：本例使用了 Hibernate 框架的多对多配置来实现学生选课事件中学生与课程的多对多关系的查询，在数据库中创建了三张表——学生表、学生选课表和课程表；创建了两个实体类及对应的映射文件——学生实体类和课程实体类及他们的映射文件；而多对多关系中的中间表——学生选课表，细心的读者会发现，本例并没有创建任何实体类及相关的映射文件。如果要创建中间表的实体类及相关映射文件的话，Hibernate 的多对多配置就不需要了，相应会转变为两个（中间表与学生表、中间表与课程表）一对多或者多对一的配置，这就可以用前面章节中介绍的内容来实现多对多查询。

工作实施

实施方案

1．创建爱好表、中间表、修改用户表结构

2．创建爱好实体类 Hobby 及对应的映射文件

3．修改用户实体类 User 及对应的映射文件

4．修改 hibernate.cfg.xml 配置文件，添加爱好实体类的映射配置

5．dao 层：修改数据处理 QueryDao 类中的 query 方法

6．service 层：修改业务处理类 QueryService 中的 query 方法

7．action 层：修改业务控制类 QueryAction 中的 query 方法

8．修改查询页面 query.jsp

9．发布到 tomcat 服务器中调试运行

详细步骤

1．创建爱好表、中间表、修改用户表结构

爱好表与用户表的表结构参见前面工作任务部分如表 3.4-3（a）、表 3.4-3（b）所示。因爱好与用户之间是多对多关系（一个用户可以有多个爱好，一个爱好可以被多个用户所拥有），所以创

建中间表——用户拥有爱好表 user_hobby，如表 3.4-6 所示。

表 3.4-6　用户拥有爱好表 user_hobby

字段序号	中文描述	英文字段名	字段类型	备注
1	流水号	id	int	pk、not null、自增
2	爱好 id	hobby_id	int	fk、not null、=hobby.id
3	用户 id	user_id	int	fk、not null、=user.id

2．创建爱好实体类 Hobby 及对应的映射文件

在工程的 com.zdsoft.domain 包下创建爱好实体类 Hobby 及它的映射文件 Hobby.hbm.xml，Hobby 类关键代码如下：

```
public class Hobby {
        private int id;
        private String name;
        private String note;
        Set<User> users=new HashSet(0);
        // 以下省略 get/set 方法
}
```

Hobby.hbm.xml 映射文件关键代码如下：

```
<hibernate-mapping package="com.zdsoft.domain">
        <class name="Hobby">
                <id name="id">
                        <generator class="native" />
                </id>
                <property name="name" />
                <property name="note" />
                <set name="users" table="user_hobby" lazy="false">
                        <key column="hobby_id" />
                        <many-to-many class="User" column="user_id" />
                </set>
        </class>
</hibernate-mapping>
```

一般来说，对于 hibernate 框架的多对多配置，作为多对多双方的用户和爱好都应作多对多的关系配置，但本任务是根据爱好查询用户，则需要在爱好这一方进行配置，而用户这一方可以不配置。

3．修改用户实体类 User 及对应的映射文件

修改 com.zdsoft.domain 包下的 User 类及其映射文件 User.hbm.xml。

User 类删除爱好属性，修改后的代码如下：

```
public class User {
        int id;
        String name;
        String userName;
        String password;
        String sex;
        int age;
        Date birth;
        String mobile;
```

```
        String email;
        Province province;
        //以下省略每个成员变量的 get/set 方法
}
```

User.hbm.xml 映射文件中删除对应的爱好配置，修改后的代码如下：

```
<hibernate-mapping package="com.zdsoft.domain">
        <class name="User">
                <id name="id">
                        <generator class="native" />
                </id>
                <property name="name" />
                <property name="password" />
                <property name="userName" />
                <property name="sex" />
                <property name="age" />
                <property name="birth" />
                <property name="mobile" />
                <property name="email" />
                <many-to-one name="province" column="province"
                        class="Province" fetch="select" not-null="true" lazy="false"/>
        </class>
</hibernate-mapping>
```

代码说明：去掉用户实体类中的爱好属性，对应的 user 表的爱好字段也去掉，用户所拥有的爱好信息交给中间表 user_hobby 来保存。

4．修改 hibernate.cfg.xml 配置文件，添加爱好实体类的映射配置

```
<mapping resource="com/zdsoft/domain/Hobby.hbm.xml" />
<mapping resource="com/zdsoft/domain/User.hbm.xml" />
<mapping resource="com/zdsoft/domain/Province.hbm.xml" />
```

注意　本任务是在上节任务的基础上进行的改造，对于用户与省份的关系配置是没有改动的，仍然需要用到。

5．dao 层：修改数据处理 QueryDao 类中的 query 方法

修改 com.zdsoft.dao 包下的 QueryDao 类中的 query 方法，编写根据爱好查询用户的数据库访问的代码，关键代码如下：

```
public class QueryDao {
        // 使用 hibernate 框架创建 sessionFactory 对象
        SessionFactory sessionFactory = new Configuration().configure().buildSessionFactory();
        public Hobby query(String name) {
                Hobby ret = null;
                // 编写查询的 hibernate 框架特有的 sql 语句
                if(name==null||"".equals(name)){
                        return null;//若不输入查询条件爱好，该查询结果无意义，直接返回 null
                }
                String hql = "from Hobby where name='"+name+"'";
                Session session = sessionFactory.openSession();
                try {
                        Query query = session.createQuery(hql);
                        ret = (Hobby) query.list().get(0);//返回的结果应该是一条记录
                } catch (HibernateException e) {
                        e.printStackTrace();
```

```
                ret = null;
            } finally {
                if (session != null) {
                    session.close();
                }
            }
            return ret;
        }
}
```

6．service 层：修改业务处理类 QueryService 中的 query 方法

修改 com.zdsoft.service 包下的 QueryService 类中的 query 方法，关键代码如下：

```
public class QueryService {
        private QueryDao queryDao=new QueryDao();
        public Hobby query(String name) {
                return queryDao.query(name);
        }
}
```

7．action 层：修改业务控制类 QueryAction 中的 query 方法

在 com.zdsoft.action 包下修改 QueryAction 类中的 query 方法。修改后的关键代码如下：

```
public class QueryAction {
        private String name;// 查询条件：爱好
        private QueryService registerService = new QueryService();// 业务处理类
        private Set<User> users = new HashSet(0);// 查询的结果
        public String query() {
                Hobby hobby = registerService.query(name);
                if (hobby == null) {
                        return "error";
                } else {
                        users = hobby.getUsers();
                        return "success";
                }
        }
        // 这里省略成员变量的 get/set 方法
}
```

8．修改查询页面 query.jsp

修改 WebContent 目录下的查询页面 query.jsp，编写根据爱好查询用户的代码，修改后的关键如下：

```
<body>
        <s:form action="query" method="post">
                <table align="center">
                        <tr>
                                <td colspan="2" align="center">注册用户查询</td>
                        </tr>
                        <s:textfield name="name" label="爱好" />
                        <s:submit method="query" value="查询" />
                </table>
        </s:form>
        <table align="center" border="1">
                <thead>
                        <td colspan="8">查询结果</td>
                </thead>
                <thead>
```

```
            <td>会员登录名</td>
            <td>用户昵称</td>
            <td>性别</td>
            <td>年龄</td>
            <td>生日</td>
            <td>电话</td>
            <td>省份</td>
            <td>电子邮件</td>
        </thead>
        <s:iterator value="users">
            <tr>
                <td><s:property value="name" /></td>
                <td><s:property value="userName" /></td>
                <td><s:property value="sex" /></td>
                <td><s:property value="age" /></td>
                <td><s:property value="birth" /></td>
                <td><s:property value="mobile" /></td>
                <td><s:property value="province.name" /></td>
                <td><s:property value="email" /></td>
            </tr>
        </s:iterator>
    </table>
</body>
```

代码说明：<s:property value="*province.name*" />用来显示 User 实体类的成员变量 province 的成员变量 name 的值，也就是省份名，其中 province 是用户 User 实体类的成员变量，该变量是省份实体类 Province 的对象，在 Province 实体类中，name 是它的成员变量省份名称。

9．发布到 Tomcat 服务器中调试运行

将工程发布到服务器中调试运行。首先，在用户表、爱好表、用户拥有爱好表中增加一些数据，用户表中增加了三个用户（张三、李四、王五如图 3.4-3（a）所示），爱好表中增加三个爱好（游泳、徒步、打乒乓如图 3.4-3（b）所示），其中张三和李四拥有共同爱好打乒乓，李四和王五拥有共同爱好游泳（如图 3.4-3（c）所示），然后发布工程并启动 tomcat 服务器在浏览器中运行查询页面 query.jsp，最后输入查询条件——打乒乓，在控制台输出 sql 语句如图 3.4-3（d）所示。

id	name	password	userName	sex	age	birth	mobile	email	province
1	zs	1	张三	男	21	1991-01-01 0	1111	1@1.com	1
2	ls	2	李四	女	22	1990-01-01 0	2222	2@2.com	1
3	ww	3	王五	男	21	1991-01-02 0	3333	3@3.com	2

（a）用户表 user 的数据

hobby_id	name	note
1	游泳	游泳是全身运动
2	徒步	走路减肥
3	打乒乓	对眼睛有好处

（b）爱好表 hobby 的数据

id	hobby_id	user_id
1	3	1
2	3	2
3	1	2
4	1	3

（c）用户游泳爱好表 user_hobby 的数据

图 3.4-3

```
Hibernate:
    select
        hobby0_.id as id0_,
        hobby0_.name as name0_,
        hobby0_.note as note0_
    from
        Hobby hobby0_
    where
        hobby0_.name='打乒乓'
Hibernate:
    select
        users0_.hobby_id as hobby1_1_,
        users0_.user_id as user2_1_,
        user1_.id as id2_0_,
        user1_.name as name2_0_,
        user1_.password as password2_0_,
        user1_.userName as userName2_0_,
        user1_.sex as sex2_0_,
        user1_.age as age2_0_,
        user1_.birth as birth2_0_,
        user1_.mobile as mobile2_0_,
        user1_.email as email2_0_,
        user1_.province as province2_0_
    from
        user_hobby users0_
    left outer join
        User user1_
            on users0_.user_id=user1_.id
    where
        users0_.hobby_id=?
```

（d）后台输出的查询 sql 语句

图 3.4-3（续图）

注意 本任务实际上还进行了省份表与用户表的关联查询，在图中省略了没有显示出来。

【思考】若把本节任务与上节任务要求合并在一起，即在查询时可以根据省份或爱好查询，在显示查询结果时，同时显示对应用户的省份及拥有的爱好，那么该怎么实现呢？使用本节的 Hibernate 多对多关系配置技术很难实现，即使实现了也很别扭；推荐的做法是将一个多对多关系分解成为两个一对多或多对一的关系，使用 Hibernate 的一对多（多对一）配置技术来实现。

3.5 Hibernate 注解

工作目标

知识目标

- 理解注解的概念
- 掌握在 Hibernate 框架中使用注解方式配置实体与表的映射关系

技能目标

- 会使用 Hibernate 注解方式实现注册入库

素养目标

- 培养学生的动手和自学能力

工作任务

改造本章第一节注册信息入库的任务，使用 Hibernate 框架注解方式取代对象与表的映射文件来实现注册入库，改造后执行效果与改造前一样。

工作计划

任务分析之问题清单

1．什么是注解？

2．如何在 Hibernate 框架中使用注解方式配置对象与表的关系映射？

任务解析

1．关于注解

注解（Annotation）概念：是与一个程序中某个元素关联信息或元数据的标注。它不直接影响 Java 程序的执行，但是对例如编译器警告或者像文档生成器等辅助工具产生影响。注解在 Java1.5 以上支持。我们可以这样理解：注解是一个标注；不直接影响 Java 程序的执行；注解的作用是为被注解的程序提供执行所需的类似于工具、文档或类库，它反过来会影响程序的执行。

深入了解——注解与注释的异同。相同点：都是给程序进行标注，都不是必须的。不同点：作用对象不同——注释是给程序员看的，是把程序对程序员进行解释，注解是给编译器看的，是把程序对编译器进行解释；程序运行结果不同——注释不影响程序的结果，注解不直接影响程序执行，但为被注解的程序提供执行所需的类似于工具、文档或类库，程序在运行中有可能会用到注解所提供的“库”，从而间接影响程序执行结果。

注解语法：

```
@+注解类型名 +(参数名=参数值,...)
```

语法说明：注解是一种修饰符，能够如其他修饰符（如 public、static、final）一般使用。习惯用法是，注解用在其他的修饰符前面。注解由@开头；注解类型是关键字，()里边是多个成员－值列表组成的。这些参数的值必须是编译时常量（即在运行时不变）。

如何获得注解类型？这里可以通过三种方式获得。

方式 1：使用内建注解——Java5.0 中经常用到三个内建注解：

@Deprecated 用于修饰已经过时的方法；

@Override 用于修饰此方法覆盖了父类的方法（而非重载）；

@SuppressWarnings 用于通知 java 编译器禁止特定的编译警告。

【例 3.5-1】一个使用 Java5.0 内建注解的类，该类演示了三个内建注解的使用：

```
public class UsingBuiltInAnnotation {
        //食物类
        class Food{}
        //干草类
        class Hay extends Food{}
        //动物类
        class Animal{
          Food getFood(){
          return null;
          }
          //使用 Annotation 声明 Deprecated 方法
```

```
        @Deprecated
        void deprecatedMethod(){
        }
    }
    //马类-继承动物类
    class Horse extends Animal{
        //使用 Annotation 声明覆盖方法
        @Override
        Hay getFood(){
        return new Hay();
        }
        //使用 Annotation 声明禁止警告
        @SuppressWarnings({"deprecation","unchecked"})
        void callDeprecatedMethod(List horseGroup){
        Animal an=new Animal();
        an.deprecatedMethod();
        horseGroup.add(an);
        }
    }
}
```

参考资料：http://java.sun.com/docs/books/tutorial/java/javaOO/annotations.html

http://java.sun.com/j2se/1.5.0/docs/guide/language/annotations.html

http://mindprod.com/jgloss/annotations.html

方式 2：开发者自定义注解类型——类似于定义一个接口 interface。

【例 3.5-2】自定义一个注解类型@AnnotationDefineForTestFunction

首先，定义注解类型@AnnotationDefineForTestFunction，代码如下：

```
import java.lang.annotation.*;
/**
 * 定义 annotation
 * @author cleverpig
 *
 */
//加载在 VM 中，在运行时进行映射
@Retention(RetentionPolicy.RUNTIME)
//限定此 annotation 只能标示方法
@Target(ElementType.METHOD)
public @interface AnnotationDefineForTestFunction{}
```

然后，使用该注解类型，参考代码如下：

```
/**
 * 一个实例程序应用前面定义的 Annotation：
AnnotationDefineForTestFunction
*/
public class UsingAnnotation {
        @AnnotationDefineForTestFunction
        public static void method01(){}
        @AnnotationDefineForTestFunction
        public static void method02(){}
        @AnnotationDefineForTestFunction
        public static void method03(){
            throw new RuntimeException("method03");
        }
        public static void method04(){
```

```
            throw new RuntimeException("method04");
        }
        public static void main(String[] argv) throws Exception{
            int passed = 0, failed = 0;
            //被检测的类名
            String className="annotation.custom.UsingAnnotation";
            //逐个检查此类的方法，当其方法使用 annotation 声明时用此方法
            for (Method m : Class.forName(className).getMethods()){
            if (m.isAnnotationPresent(AnnotationDefineForTestFunction.class)) {
            try {
            m.invoke(null);
            passed++;
            } catch (Throwable ex) {
            System.out.printf("测试 %s 失败: %s %n", m, ex.getCause());
            failed++;
            }
            }
            }
            System.out.printf("测试结果：  通过: %d, 失败：  %d%n", passed,failed);
        }
}
```

代码说明：上述类中 main 程序从 className 中取出类名，并且遍历此类的所有方法，尝试调用其中被自定义的注解类型 AnnotationDefineForTestFunction 标注过的方法。在此过程中为了找出哪些方法被 AnnotationDefineForTestFunction 类型标注过，需要使用反射的方式执行此查询。如果在调用方法时抛出异常，此方法被认为已经失败，并打印一个失败报告。最后，打印运行通过/失败的方法数量。

方式 3：使用第三方开发的注解类型。这是开发人员所常常用到的一种方式。比如我们使用 JPA 或者 Hibernate 框架中的注解类型，就以利用其中之一生成数据表映射配置文件，而不必使用 xml 文档。

关于 JPA 与 Hibernate 框架：JPA（Java Persistence API，Java 持久化对象应用编程接口）是 Sun 官方提出的 Java 持久化规范。它为 Java 开发人员提供了一种对象/关系映射工具来管理 Java 应用中的关系数据。其目的主要是为了简化现有的持久化开发工作和整合 ORM 技术，结束现在 Hibernate、TopLink 等 ORM 框架各自为营的局面，制定一个可以由很多供应商实现的 API，并且开发人员可以编码来实现该 API，而不是使用私有供应商特有的 API。因此开发人员只需使用供应商特有的 API 来获得 JPA 规范没有解决但应用程序中需要的功能。尽可能地使用 JPA 的 API，但是当需要供应商公开但是规范中没有提供的功能时，则使用供应商特有的 API。

JPA 是需要供应商来实现其功能的，Hibernate 就是 JPA 供应商中很强的一个，目前来说应该无人能出其右。从功能上来说，JPA 现在就是 Hibernate 功能的一个子集。Hibernate 从 3.2 开始，就开始兼容 JPA。Hibernate3.2 获得了 Sun TCK 的 JPA（Java Persistence API）兼容认证。

接下来，使用 Hibernate 框架提供的注解类型，正是本节要重点介绍的内容。关于 Hibernate 框架注解官方文档可参考 http://docs.jboss.org/hibernate/annotations/3.4/reference/zh_cn/html_single/.

2．如何在 Hibernate 框架中使用注解方式配置对象与表的关系映射？

如何使用注解：以学生信息管理系统新增学生信息入库为例。

【例 3.5-3】学生信息管理系统中新生入学时需要录入学生信息，学生信息包括学生姓名、性别、年龄、学号等。要求使用 Hibernate 注解方式完成学生信息新增功能（不要求页面，仅仅实现

后台入库）。

在数据库中学生表结构如表 3.5-1 所示。

表 3.5-1 学生表 student

字段序号	中文描述	英文字段名	字段类型	备注
1	流水号	id	int	pk、not null、自增
2	学号	studentNo	varchar(50)	not null
3	姓名	studentName	varchar(100)	
4	性别	sex	varchar(2)	
5	年龄	age	int	

步骤 1：先在数据库中创建如表 3.5-1 所示的学生表，然后在 eclipse 或 myeclipse 中创建 web 工程 studentInfoManage，并把 hibernate 及数据库所需的 jar 文件拷贝到该工程 WebContent/WEB-INF/lib 目录下。其中，hibernate 注解安装包(hibernate-annotations-3.4.0.GA.zip)需要解压三个 jar 包：hibernate-annotations.jar、lib\ejb3-persistence.jar、hibernate-commons- annotations.jar，另外，要求 JDK 5.0 以上（JDK1.5 以上）。

步骤 2：在工程中创建 com.zdsoft.domain 包，在该包下新建学生实体类 Student，关键代码如下：

```
@Entity
@Table(name="student")
public class Student {
    @Id
    @GeneratedValue(generator = "pkGenerator")
@GenericGenerator(name = "pkGenerator", strategy = "native")
private int id;
    @Column
    private String studentName;
    @Column
    private String studentNo;
    @Column
    private String sex;
    @Column
    private int age;
    //以下省略 get/set 方法
}
```

代码说明：

@Entity

声明一个实体类，必须配置项，将一个类声明为一个实体类（即一个持久化 POJO 类，该类是要和表进行映射的）。声明位置：声明在实体类定义的前面，本例声明了类 Student 是一个实体类。

@Table(name="student")

常见语法：@Table(name="表名")；位置：声明在类定义的前面；说明：声明了该实体类映射关联的表（table）。name 属性就是指定表名。若没有使用该声明，默认映射与类名相同的表名。本例指定实体类 Stuent 映射的表是 student。

通常可以将@Entity 与@Table 两种注解简化配置为：@Entity(name="student")。

@Id

必须配置项，用来声明主键，常见语法：@Id()；位置：声明在某个类成员变量或该成员变量的 get 方法前；本例声明了该实体类 Student 类的成员变量 id 为主键属性（对应表中的主键）。注意：若该注解没有参数，则类中成员变量名必须与表中的主键名一致。

@GeneratedValue(generator = "pkGenerator")

@GenericGenerator(name = "pkGenerator", strategy = "native")

组合配置项，用来声明主键值的生成方式，常见语法：

```
@GeneratedValue(generator = "生成器名字")
@GenericGenerator(name = "生成器名字", strategy = "生成策略")
```

声明位置：声明在@id 后面，@GeneratedValue 与@GenericGenerator 配合使用；用来指定在增加记录到表中时，其主键值的赋值方式；生成器名字：程序员自定；生成策略：关键字，由 Hibernate 框架提供了 10 多种生成策略，本例指定 native 就是将主键的生成工作交由数据库完成，Hibernate 不管（很常用），其他生成策略参见表 3.5-2 所示。

表 3.5-2　Hibernate 框架提供的生成策略

序号	生成策略	使用说明
1	native	对于 Orcale 采用 Sequence 方式，对于 MySQL 和 SQLServer 采用 identity（处境主键生成机制），native 就是将主键的生成工作将由数据库完成，Hibernate 不管（很常用）例： @GeneratedValue(generator="paymentableGenerator") @GenericGenerator(name="paymentableGenerator",strategy="native")
2	uuid	采用 128 位的 uuid 算法生成主键，uuid 被编码为一个 32 位 16 进制数字的字符串。占用空间大（字符串类型）。例： @GeneratedValue(generator="paymentableGenerator") @GenericGenerator(name="paymentableGenerator",strategy="uuid")
3	hilo	要在数据库中建立一张额外的表，默认表名为 hibernate_unque_key，默认字段为 integer 类型，名称是 next_hi（比较少用）。例： @GeneratedValue(generator="paymentableGenerator") @GenericGenerator(name="paymentableGenerator",strategy="hilo")
4	assigned	在插入数据的时候主键由程序处理（很常用），这是<generator>元素没有指定时的默认生成策略。等同于 JPA 中的 AUTO。例： @GenericGenerator(name="",strategy="assigned")
5	identity	使用 SQLServer 和 MySQL 的自增字段，这个方法不能放到 Oracle 中，Oracle 不支持自增字段，要设定 sequence（MySQL 和 SQLServer 中很常用）。等同于 JPA 中的 IDENTITY，例： @GeneratedValue(generator="paymentableGenerator") @GenericGenerator(name="paymentableGenerator",strategy="identity")
6	select	使用触发器生成主键（主要用于早期的数据库主键生成机制，少用）。例： @GeneratedValue(generator="paymentableGenerator") @GenericGenerator(name="paymentableGenerator",strategy="select")
7	sequence	调用谨慎数据库的序列来生成主键，要设定序列名，不然 hibernate 无法找到。例： @GeneratedValue(generator="paymentableGenerator") @GenericGenerator(name="paymentableGenerator",strategy="sequence", parameters={@Parameter(name="sequence",value="seq_payablemoney")})

续表

序号	生成策略	使用说明
8	seqhilo	通过 hilo 算法实现，但是主键历史保存在 Sequence 中，适用于支持 Sequence 的数据库，如 Orcale(比较少用)。例： @GeneratedValue(generator="paymentableGenerator") @GenericGenerator(name="paymentableGenerator",strategy="seqhilo", parameters={@Parameter(name="max_lo",value="5")})
9	increnment	插入数据的时候 Hibernate 会给主键添加一个自增的主键，但是一个 Hibernate 实例就维护一个计数器，所以在多个实例运行的时候不能使用这个方法。例： @GeneratedValue(generator="paymentableGenerator") @GenericGenerator(name="paymentableGenerator",strategy="increnment")
10	foreign	使用另一个相关的对象的主键。通常和<one-to-one>联合起来使用。例：@Id @GeneratedValue(generator="idGenerator") @GenericGenerator(name="idGenerator",strategy="foreign",parameters= {@Parameter (name="property",value="info")})Integer id; @OneToOneEmployeeInfoinfo;
11	guid	采用数据库底层的 guid 算法机制，对应 MySQL 的 uuid()函数，SQLServer 的 newid()函数，ORCALE 的 rawtohex(sys_guid())函数等。例： @GeneratedValue(generator="paymentableGenerator") @GenericGenerator(name="paymentableGenerator",strategy="guid")
12	uuid.hex	类似 uuid,建议用 uuid 替换，例： @GeneratedValue(generator="paymentableGenerator") @GenericGenerator(name="paymentableGenerator",strategy="uuid.hex")
13	sequence-identity	sequence 策略的扩展，采用立即检索策略来获取 sequence 值，需要 JDBC3.0 和 JDK4 以上（含 1.4）版本，例： @GeneratedValue(generator="paymentableGenerator") @GenericGenerator(name="paymentableGenerator",strategy="sequence-identity", parameters={@Parameter(name="sequence",value="seq_payablemoney")})

@Column

可选配置项，声明非主键字段，常见语法： @Column(name="列名")；声明位置：声明在某个类成员变量或该成员变量的 get 方法前；声明了该实体类的非主键属性（对应表中的某个非主键的字段）其中，name 属性指定表中的某个非主键列名，可选，默认列名与实体类的成员变量名一样。

@Column 注解的其他属性说明：

unique 可选，是否唯一（默认值 false）；nullable 可选，是否为空（默认值 false）insertable 可选，该列是否可以增加（默认值 true）；updatable 可选，该列是否可以更新（默认值 true）；columnDefinition 可选，为这个特定列覆盖 sql 的 ddl 片段（这可能导致无法在不同数据库间移植）；table 可选，定义对应的表（默认为主表）；length 可选，列长度（默认值 255）；precision 可选，列十进制精度（decimal precision)（默认值 0）；scale 可选，如果列十进制数值范围（decimal scale）可用，可以设置（默认值 0）。

步骤 3：编写 hibernate.cfg.xml 文件，加入实体类映射配置，关键代码如下：

```
<mapping class="com.zdsoft.domain.Student"/>
```

代码说明：此处修改改变了 Hibernate 加载持久化对象的方式。在使用 xml 配置文件方式下使用的是 Student.hbm.xml 映射文件，在使用注解方式下直接配置 Student 类。

注意

目前版本的 Hibernate，两种方式不能混用。

步骤 4：新建数据库处理类 StudentDao，其中创建 sessionFactory 的关键代码（与使用配置文件进行映射的不一样），两者不能混用：

```
注解方式：new AnnotationConfiguration().configure().buildSessionFactory();
配置文件方式：new Configuration().configure().buildSessionFactory();
```

类 StudentDao 的关键代码如下：

```
public class StudentDao {
	// 使用 hibernate 框架注解方式创建 sessionFactory 对象
	SessionFactory sessionFactory = new AnnotationConfiguration().configure().buildSessionFactory();
	public boolean save(Student student) {
		Session session = sessionFactory.openSession();
		boolean ret=false;
		try {
			session.save(student);
			Transaction tx = session.beginTransaction();
			session.save(student);
			tx.commit();
			ret=true;
		} catch (HibernateException e) {
			e.printStackTrace();
		}finally{
			if(session != null){
				session.close();
			}
			if(sessionFactory != null){
				sessionFactory.close();
			}
		}
		return ret;
	}
}
```

步骤 5：编写带有 main 方法的学生增加功能测试类 StudentDaoTest，在 main 方法中加入一条“张三”的记录，关键代码如下：

```
public class StudentDaoTest {
	public static void main(String[] args)  {
		Student student = new Student();
		student.setAge(20);
		student.setSex("0");
		student.setStudentNo("090011101");
		student.setStudentName("张三");
		StudentDao studentDao = new StudentDao();
		if (studentDao.save(student)) {
			System.out.println("增加记录成功");
		} else {
			System.out.println("增加记录失败");
		}
	}
}
```

步骤 6：执行测试类 StudentDaoTest，运行后在控制台输出如图 3.5-1 所示，数据库 student 表中增加了张三的记录如图 3.5-2 所示。

```
Hibernate:
    insert
    into
        student
        (age, sex, studentName, studentNo)
    values
        (?, ?, ?, ?)
增加记录成功
```

图 3.5-1　Hibernate 后台 HQL 语句

id	age	sex	studentName	studentNo
1	20	0	张三	090011101

图 3.5-2　数据库执行结果

工作实施

实施方案

1．加入 Hibernate 框架注解相关 jar 包

2．修改用户实体类 User，增加注解相关代码

3．修改 hibernate.cfg.xml 配置文件

4．dao 层：修改数据库入库处理类

5．调试运行

详细步骤

1．加入 Hibernate 框架注解相关 jar 包

在 eclipse 中打开第 8 章第一节完成的工程，加入注解相关 jar 包，具体 jar 包请参考本节任务解析部分【例 3.5-3】的相关内容，该 jar 包在同一个工程中只需加入一次。

2．修改用户实体类 User，增加注解相关代码，参考如下：

```
@Entity
@Table(name="user")
public class User {
	@Id()
	@GeneratedValue(generator = "userid")
	@GenericGenerator(name = "userid", strategy = "native")
	int id;
	@Column(name="name")
	String name;
	@Column(name="userName")
	String userName;
	@Column(name="password")
	String password;
	@Column(name="sex")
	String sex;
	@Column(name="province")
	String province;
	@Column(name="age")
	int age;
	@Column(name="birth")
```

```
        Date birth;
        @Column(name="mobile")
        String mobile;
        @Column(name="hobbies")
        String hobbies;
        @Column(name="email")
        String email;
        //以下省略每个成员变量的 get/set 方法
}
```

3．修改 hibernate.cfg.xml 配置文件

修改 src 目录下的 hibernate.cfg.xml，删除或屏蔽下列代码：

```
<mapping resource="com/zdsoft/domain/User.hbm.xml"/>
```

并在该位置添加代码：

```
<mapping class="com.zdsoft.domain.User "/>
```

4．dao 层：修改数据库入库处理类

修改 com.zdsoft.dao 包下的数据处理类 RegisterDao 的构造方法，save 方法可完全重用，不作修改。构造方法 RegisterDao 的关键代码如下：

```
public RegisterDao() {
        cfg = new AnnotationConfiguration();//注解方式创建
        cfg.configure();
        sessionFactory = cfg.buildSessionFactory();
}
```

5．调试运行

发布工程，启动 Web 服务器，运行注册页面，按照本章第一节任务运行，其结果一样。

3.6 Hibernate 框架注解方式实现多表一对多查询

工作目标

知识目标

- 掌握 Hibernate 注解方式一对多查询的基本配置

技能目标

- 使用 Hibernate 注解方式实现数据库多表（一对多）查询

素养目标

- 培养学生的动手和自学能力

工作任务

改造本章查询注册信息（实现多表一对多查询）任务，使用 Hibernate 注解方式完成，其表结构（如表 3.2-1、表 3.2-2 所示）、页面（如图 3.2-1 所示）均与查询注册信息（实现多表一对多查询）任务一样。

工作计划

任务分析之问题清单

1．如何使用 Hibernate 注解方式完成多表一对多查询？

任务解析

1．如何使用 Hibernate 注解方式完成多表一对多查询?

实现一对多查询：以学生信息管理系统根据班级号查询学生信息为例。

【例 3.6-1】改造例 3.2-1，以注解方式实现根据班级 id 查询该班级所有学生的信息，并把学生信息列表显示在查询页面中的功能。本例子的页面（如图 3.2-4（d））、数据库表（表结构如表 3.2-3、表 3.2-4 所示）均与例 3.2-1 一样。

步骤 1：在 eclipse 中创建 Web 工程 studentInfoManage，并把 Hibernate、Struts2 及数据库所需的 jar 包拷贝到工程 WebContent/WEB-INF/lib 目录下。

步骤 2：修改 com.zdsoft.domain 包中的学生实体类 Student，添加注解相关配置，该代码没有一对多的配置，关键代码如下：

```
@Entity
@Table(name="student")
public class Student {
    @Id
    @GeneratedValue(generator = "pkGenerator")
    @GenericGenerator(name = "pkGenerator", strategy = "native")
    private int id;
    @Column(name="studentName")
    private String studentName;
    @Column(name="studentNo")
    private String studentNo;
    @Column(name="sex")
    private String sex;
    @Column(name="age")
    private int age;
     //以下省略 get/set 方法
}
```

步骤 3：修改 com.zdsoft.domain 包中班级实体类 Clazz，添加注解相关配置，关键代码如下：

```
@Entity
@Table(name="clazz")
public class Clazz {
    @Id
    @GeneratedValue(generator = "pkGenerator")
    @GenericGenerator(name = "pkGenerator", strategy = "native")
     private int id;
    @Column(name="clazzNo")
     private String clazzNo;
    @Column(name="clazzName")
     private String clazzName;
    @Column(name="department")
     private String department;
    /**
     * 一对多 关联映射
     * targetEntity 指定关联的实体类
     * JoinColumn 指定关联的实体类对应的数据库表的外键字段名
     * */
    @OneToMany(targetEntity=Student.class)
    @JoinColumn(name="clazz_id")
    Set<Student> students=new HashSet(0);
```

```
        //以下省略 get/set 方法
}
```

代码说明：@OneToMany 该注解标注实体类中的集合属性的一对多关系，其 targetEntity 属性指定关联的实体类（多方）；@JoinColumn(name="表外键列名")该注解标注一对多关系中多方实体类对应的数据库表的外键字段名，本例标注集合对象 students 关联的实体类为 Student，关联的外键字段是实体类 Student 对应的表 student 的 clazz_id。

注意

@OneToMany 与@JoinColumn 一般组合使用。

步骤 4：修改 src 下 com.zdsoft.dao 包中的数据处理类 ClazzDao 的方法 findStudentByClazzId，仅仅修改创建 Configuration 对象的一句代码，关键代码如下：

```
public class ClazzDao {
        public Clazz findStudentByClazzId(int clazzId) {
                Clazz ret=null;// 返回值
                List<Student> students = new ArrayList<Student>();
                SessionFactory sessionFactory = null;
                Configuration cfg = null;
                Session session = null;
                try {
                        cfg = new AnnotationConfiguration();//注解专用
                        cfg.configure();
                        sessionFactory = cfg.buildSessionFactory();
                        session = sessionFactory.openSession();
                        ret = (Clazz) session.load(Clazz.class, clazzId);
                } catch (HibernateException e) {
                        e.printStackTrace();
                }
                if (session != null) {
                        session.close();
                }
                if (sessionFactory != null) {
                        sessionFactory.close();
                }
                return ret;
        }
}
```

步骤 5：在 hibernate.cfg.xml 文件中的 session-factory 节点中加入实体类：

```
<mapping class="com.zdsoft.domain.Student"/>
<mapping class="com.zdsoft.domain.Clazz"/>
```

去掉或注释掉对应的映射文件（在 hibernate.cfg.xml 中去掉下面代码）：

```
<mapping resource="com/zdsoft/domain/Student.hbm.xml"/>
<mapping resource="com/zdsoft/domain/Clazz.hbm.xml"/>
```

步骤 6：其他代码均可重用例 3.2-1 的，编写完后将工程发布并调试运行。按照例 3.2-1 准备查询数据（如图 3.2-2（a）、3.2-2（b）所示）；然后发布工程并启动 tomcat 服务器，在浏览器中运行页面 studentmanage.jsp 如图 3.2-2（c）所示，最后输入查询条件进行查询，结果如图 3.2-2（d）所示，在控制台输出 sql 语句如图 3.2-2（e）所示。

工作实施

实施方案

1．修改省份实体类 Province（增加注解）

2．修改用户实体类 User（增加注解）

3．修改 hibernate.cfg.xml 配置文件，添加省份实体类和用户实体类

4．dao 层：修改类 QueryDao（修改创建 Configuration 对象代码）

5．调试运行

详细步骤

1．修改省份实体类 Province（增加注解）

修改工程的 com.zdsoft.domain 包下省份实体类 Province，加入注解，关键代码如下：

```
@Entity
@Table(name="province")
public class Province {
    @Id
    @GeneratedValue(generator = "pkGenerator")
    @GenericGenerator(name = "pkGenerator", strategy = "native")
     int id;//省份流水号
    @Column(name="name")
     String name;//省份名称
    @Column(name="note")
     String note;//描述
    @OneToMany(targetEntity=User.class)
    @JoinColumn(name="province")
     private Set<User> users = new HashSet(0);//同一个省份的多个用户
     //以下省略每个成员变量的 get/set 方法
}
```

2．修改用户实体类 User（增加注解）

修改 com.zdsoft.domain 包下的 User.类，增加注解，关键代码如下：

```
@Entity
@Table(name="user")
public class User {
    @Id
    @GeneratedValue(generator = "pkGenerator")
    @GenericGenerator(name = "pkGenerator", strategy = "native")
    int id;
    @Column(name="name")
    String name;
    @Column(name="userName")
    String userName;
    @Column(name="password")
    String password;
    @Column(name="sex")
    String sex;
    @Column(name="age")
    int age;
    @Column(name="birth")
    Date birth;
    @Column(name="mobile")
```

```
    String mobile;
    @Column(name="hobbies")
    String hobbies;
    @Column(name="email")
    String email;
    //以下省略每个成员变量的 get/set 方法
}
```

3．修改 hibernate.cfg.xml 配置文件，在<session-factory>节点中添加代码：

```
<mapping class="com.zdsoft.domain.User"/>
<mapping class="com.zdsoft.domain.Province"/>
```

在<session-factory>中去掉或注释掉下面代码：

```
<mapping resource="com/zdsoft/domain/User.hbm.xml"/>
<mapping resource="com/zdsoft/domain/Province.hbm.xml"/>
```

4．dao 层：修改类 QueryDao（修改创建 Configuration 对象代码）

在 com.zdsoft.dao 包下数据处理类 QueryDao 中修改创建 Configuration 对象代码，关键代码如下：

```
public class QueryDao {
    // 使用 hibernate 框架注解方式创建 sessionFactory 对象
    SessionFactory sessionFactory = new AnnotationConfiguration ().configure().buildSessionFactory();
    public List<Province> query(String province) {
        List<Province> ret = null;
        // 编写查询的 hibernate 框架特有的 sql 语句
        String hql = "from Province where 1=1";
        if (null != province && !"".equals(province)) {
            hql = hql + " and name = '" + province+"'";
        }else{
            return null;//若没有输入省份，查询结果是无意义的，直接返回 null。
        }
        Session session = sessionFactory.openSession();
        try {
            Query query = session.createQuery(hql);
            ret = query.list();
        } catch (HibernateException e) {
            e.printStackTrace();
            ret = null;
        } finally {
            if (session != null) {
                session.close();
            }
        }
        return ret;
    }
}
```

5．调试运行

首先，本章 3.2 节任务中 service 层、action 层、sturts 配置文件、页面相关代码均可重用，无需修改，然后按照本章 3.2 节任务准备好查询的数据（如图 3.2-3（a）、图 3.2-3（b）所示），然后将工程发布到服务器，启动服务器，运行页面 query.jsp，在查询条件中输入重庆，可查到两条省份为重庆的用户，如图 3.2-1 所示。

3.7 Hibernate 框架注解方式实现多表多对一查询

工作目标

知识目标

- 掌握 Hibernate 注解方式多对一查询基本配置

技能目标

- 使用 Hibernate 注解方式实现数据库多表（多对一）查询

素养目标

- 培养学生的动手和自学能力

工作任务

改造本章前面查询注册信息（实现多表多对一查询）任务，要求使用 Hibernate 框架注解方式实现，其表结构省份表（如表 3.2-1 所示）、用户表（如表 3.2-2 所示）及查询页面（如图 3.2-1 所示）均与本章前面查询注册信息（实现多表多对一查询）任务一样。

工作计划

任务分析之问题清单

1．如何使用 Hibernate 注解方式完成多表（多对一）查询?

任务解析

1．实现多对一查询：以学生信息管理系统根据班级号查询学生信息为例

【例 3.7-1】改造例 3.3-1，使用 Hibernate 注解方式的多对一单向映射实现查询功能：根据班级名称查询该班级所有学生的信息，并把学生信息列表显示在查询页面中。其学生表（表 3.2-3）与班级表结构（表 3.2-4）与例 3.3-1 一样。

步骤 1：在工程 src 的 com.zdsoft.domain 包下修改学生实体类 Student，加入注解，关键代码如下：

```
@Entity
@Table(name="student")
public class Student {
    @Id
    @GeneratedValue(generator = "pkGenerator")
    @GenericGenerator(name = "pkGenerator", strategy = "native")
    private int id;
    @Column(name="studentName")
    private String studentName;
    @Column(name="studentNo")
    private String studentNo;
    @Column(name="sex")
    private String sex;
    @Column(name="age")
    private int age;
    @ManyToOne( cascade = {CascadeType.PERSIST, CascadeType.MERGE}, targetEntity=Clazz.class,fetch=FetchTy
pe.EAGER)
```

```
        @JoinColumn(name="clazz_id")
        private Clazz clazz;
        //以下省略 get/set 方法
}
```

代码说明：@ManyToOne：多对一的注解配置，其中 targetEntity 属性指定多对一关系中“一”方的实体类。

@ManyToOne 的 cascade 属性指定两张表的级联关系维护，其取值为——CascadeType.PERSIST：如果一个实体是受管状态，或者当 persist()函数被调用时，触发级联创建（create）操作；CascadeType.MERGE：如果一个实体是受管状态，或者当 merge()函数被调用时，触发级联合并（merge）操作；CascadeType.REMOVE：当 delete()函数被调用时，触发级联删除（remove）操作；CascadeType.REFRESH：当 refresh()函数被调用时，触发级联更新（refresh）操作；CascadeType.ALL：以上全部。该属性可以指定零到多个值。本例指定了增加和修改操作的级联，那么在使用 hibernate 框架在学生表中增加或修改数据时，班级表中数据也会同步进行增加或修改。不过，该属性并非必须项，读者也可以通过外键，将级联关系的处理交给数据库来维护。

@ManyToOne 的 fetch 属性指定在查询数据（获取数据）中是否使用懒加载，其取值可以设置为 FetchType.LAZY（使用懒加载）或者 FetchType.EAGER（不使用懒加载）。本例指定不使用懒加载。

@JoinColumn：指定多对一关系中“多”方表的外键字段名（不是“多”方实体类中的成员变量），本例是学生表 student 中的 clazz_id。

步骤 2：在 com.zdsoft.domain 包下修改班级实体类 Clazz，加入注解，关键代码如下：

```
@Entity
@Table(name="clazz")
public class Clazz{
    @Id
    @GeneratedValue(generator = "pkGenerator")
    @GenericGenerator(name = "pkGenerator", strategy = "native")
    private int id;
    @Column(name="clazzNo")
    private String clazzNo;
    @Column(name="clazzName")
    private String clazzName;
    @Column(name="department")
    private String department;
    //以下省略 get/set 方法
}
```

步骤 3：在 com.zdsoft.dao 包下修改 ClazzDao，仅仅修改创建 Configuration 对象的一句代码，关键代码如下：

```
public class ClazzDao {
    // 使用 hibernate 框架注解方式创建 sessionFactory 对象
    SessionFactory sessionFactory = new AnnotationConfiguration().configure().buildSessionFactory();
    public List<Student> findStudentByClazzId(String clazzName) {
        List<Student> ret = null;
        // 编写查询的 hibernate 框架特有的 sql 语句
        String hql = "from Student where clazz.clazzName='"+clazzName+"'";
        Session session = sessionFactory.openSession();
        try {
            Query query = session.createQuery(hql);
```

```
                ret = query.list();
            } catch (HibernateException e) {
                e.printStackTrace();
                ret = null;
            } finally {
                if (session != null) {
                    session.close();
                }
            }
            return ret;
        }
}
```

步骤 4：在 hibernate.cfg.xml 文件中的 session-factory 节点中加入实体类：

```
<mapping class="com.zdsoft.domain.Student"/>
<mapping class="com.zdsoft.domain.Clazz"/>
```

去掉或注释掉对应的映射文件（在 hibernate.cfg.xml 中去掉下面代码）：

```
<mapping resource="com/zdsoft/domain/Student.hbm.xml"/>
<mapping resource="com/zdsoft/domain/Clazz.hbm.xml"/>
```

步骤 5：其他代码均可重用例 3.3-1 的，编写完后将工程发布并调试运行。按照例 3.3-1 准备查询数据（如图 3.2-2（a）、3.2-2（b）所示）；然后发布工程并启动 tomcat 服务器，在浏览器中运行页面 studentmanage.jsp 如图 3.2-2（c）所示，最后输入查询条件进行查询，结果如图 3.2-2（d）所示，在控制台输出 sql 语句如图 3.2-2（e）所示。

工作实施

实施方案

1．修改省份实体类 Province（增加注解）

2．修改用户实体类 User（增加注解）

3．修改 hibernate.cfg.xml 配置文件，添加省份实体类和用户实体类

4．dao 层：修改类 QueryDao（修改创建 Configuration 对象代码）

5．调试运行

详细步骤

1．修改省份实体类 Province（增加注解）

在省份实体类 Province 中增加注解，关键代码如下：

```
@Entity
@Table(name="province")
public class Province {
    @Id
    @GeneratedValue(generator = "pkGenerator")
    @GenericGenerator(name = "pkGenerator", strategy = "native")
    int id;//省份流水号
    @Column(name="name")
    String name;//省份名称
    @Column(name="note")
    String note;//描述
    //以下省略每个成员变量的get/set 方法
}
```

2．修改用户实体类 User（增加注解）

在用户实体类 User 中增加注解，关键代码如下：

```
@Entity
@Table(name="user")
public class User{
    @Id
    @GeneratedValue(generator = "pkGenerator")
    @GenericGenerator(name = "pkGenerator", strategy = "native")
    int id;
    @Column(name="name")
    String name;
    @Column(name="userName")
    String userName;
    @Column(name="password")
    String password;
    @Column(name="sex")
    String sex;
    @Column(name="age")
    int age;
    @Column(name="birth")
    Date birth;
    @Column(name="mobile")
    String mobile;
    @Column(name="hobbies")
    String hobbies;
    @Column(name="email")
    String email;
    @ManyToOne(targetEntity=Clazz.class,fetch=FetchType.EAGER)
    @JoinColumn(name="province")
    Province province;
    //以下省略每个成员变量的 get/set 方法
}
```

3．修改 hibernate.cfg.xml 配置文件，添加省份实体类和用户实体类

在 hibernate.cfg.xml 配置文件的<session-factory>节点中添加代码：

```
<mapping class="com.zdsoft.domain.User"/>
<mapping class="com.zdsoft.domain.Province"/>
```

在<session-factory>中去掉或注释掉下面代码：

```
<mapping resource="com/zdsoft/domain/User.hbm.xml"/>
<mapping resource="com/zdsoft/domain/Province.hbm.xml"/>
```

4．dao 层：修改类 QueryDao（修改创建 Configuration 对象代码）

修改 com.zdsoft.dao 包下数据处理类 QueryDao 中创建 Configuration 对象代码，关键代码如下：

```
public class QueryDao{
    // 使用 hibernate 框架创建 sessionFactory 对象
    SessionFactory sessionFactory = new AnnotationConfiguration().configure().buildSessionFactory();
    public List<User> query(String province) {
        List<User> ret = null;
        // 编写查询的 hibernate 框架特有的 sql 语句
        String hql = "from User where 1=1";
        if (null != province && !"".equals(province)) {
            hql = hql + " and province.name = '" + province+"'";
        }else{
            return null;//若没有输入省份，查询结果是无意义的，直接返回 null。
```

```
            }
            Session session = sessionFactory.openSession();
            try {
                Query query = session.createQuery(hql);
                ret = query.list();
            } catch (HibernateException e) {
                e.printStackTrace();
                ret = null;
            } finally {
                if (session != null) {
                    session.close();
                }
            }
            return ret;
        }
}
```

5．调试运行

首先，本章 3.3 节任务中 service 层、action 层、sturts 配置文件、页面相关代码均可重用，无需修改，然后按照本章 3.3 节任务准备好查询的数据（如图 3.2-3（a）、图 3.2-3（b）所示），然后将工程发布到服务器，启动服务器，运行页面 query.jsp，在查询条件中输入重庆，可查到两条省份为重庆的用户，如图 3.2-1 所示。

3.8 Hibernate 框架注解方式实现多表多对多查询

工作目标

知识目标

- 掌握 Hibernate 注解方式多对多查询基本配置

技能目标

- 使用 Hibernate 注解方式实现数据库多表查询

素养目标

- 培养学生的动手和自学能力

工作任务

改造本章前面查询注册信息（实现多表多对多查询）任务，要求使用 Hibernate 框架注解方式实现，其表结构爱好表（如表 3.4-1 所示）、用户表（如表 3.4-2 所示）及查询页面（如图 3.4-1 所示）均与本章前面查询注册信息（实现多表多对多查询）任务一样。

工作计划

任务分析之问题清单

1．如何使用 Hibernate 注解方式完成多对多查询?

任务解析

1．使用 Hibernate 注解方式完成多表多对多查询

这里以学生信息管理系统查询学生选课信息为例来说明。

【例 3.8-1】改造例 3.4-1，使用 Hibernate 注解方式实现根据课程名称查询选修该课程的所有学生信息的查询功能。查询的学生表（如表 3.4-3 所示）、课程表（如表 3.4-4 所示）、学生选课表（如表 3.4-5 所示）均与例 3.4-1 一样。

步骤 1：修改 com.zdsoft.domain 包下学生实体类 Student，加入注解，关键代码如下：

```
@Entity
@Table(name="student")
public class Student {
    @Id
    @GeneratedValue(generator = "pkGenerator")
    @GenericGenerator(name = "pkGenerator", strategy = "native")
    private int id;
    @Column(name="studentName")
    private String studentName;
    @Column(name="studentNo")
    private String studentNo;
    @Column(name="sex")
    private String sex;
    @Column(name="age")
    private int age;
    //以下省略 get/set 方法
}
```

步骤 2：修改 com.zdsoft.domain 包下课程实体类 Course，加入注解，关键代码如下：

```
@Entity
@Table(name="course")
public class Course {
    @Id
    @GeneratedValue(generator = "pkGenerator")
    @GenericGenerator(name = "pkGenerator", strategy = "native")
    private int id;
    @Column(name="courseName")
    private String courseName;
    @Column(name="courseNo")
    private String courseNo;
    @Column(name="courseType")
    private String courseType;
    @Column(name="credit")
    private int credit;
    @ManyToMany(targetEntity = Student.class, fetch = FetchType.EAGER)
    @JoinTable(name = "student_course", joinColumns = { @JoinColumn(name = "course_id") }, inverseJoinColumns =
{ @JoinColumn(name = "student_id") })    private Set<Student> students=new HashSet(0);
    //以下省略 get/set 方法
}
```

代码说明：@ManyToMany 进行一个多对多的关联。其属性 targetEntity 指定多对多关系中另外一个“多”方的实体类，fetch 属性指定是否懒加载，本例是课程实体类与学生实体类 Student 为多对多关系，fetch = FetchType.EAGER 表示不使用懒加载。

@JoinTable 描述多对多产关系的中间表。其属性 name 是指定中间表名，本例中间表名是 student_course。

@JoinTable 中的 joinColumns 属性描述中间表与多对多关系中本代码所在的这个“多”方之间的外键关系，其中嵌套注解@JoinColumn 指定中间表的一个外键，该外键与本代码所在实体类所对应的表相关联。本例注解@JoinColum 所在的实体类是课程 Course，对应的表是 course，与中间表 student_course 关联的外键是 course_id。

@JoinTable 中的 inverseJoinColumns 描述中间表与多对多关系中另一方（本代码所注解的集合成员变量类型）的外键关系，其中嵌套注解@JoinColumn 指定中间表的另一个外键，该外键与另一方实体类所对应的表相关联。本例指定的另一方（本代码所注解的集合成员变量类型）是学生实体类 Student，对应的表是 student，与中间表 student_course 关联的外键是 student_id。

步骤 3：在 hibernate.cfg.xml 文件中的 session-factory 节点中加入实体类：

```
<mapping class="com.zdsoft.domain.Student"/>
<mapping class="com.zdsoft.domain.Course"/>
```

在 hibernate.cfg.xml 文件中的 session-factory 节点中去掉实体类的映射文件：

```
<mapping resource="com/zdsoft/domain/Student.hbm.xml"/>
<mapping resource="com/zdsoft/domain/Course.hbm.xml"/>
```

步骤 4：修改 com.zdsoft.dao 包下数据处理类 QueryDao 中创建 Configuration 对象的一句代码，关键代码如下：

```
public class QueryDao {
        // 使用 hibernate 框架创建 sessionFactory 对象
        SessionFactory sessionFactory = new AnnotationConfiguration().configure().buildSessionFactory();
        public Course findStudentByCourseName(String courseName) {
                Course ret = null;
                // 编写查询的 hibernate 框架特有的 sql 语句
                if(courseName==null||"".equals(courseName)){
                        return null;//若不输入查询条件课程，该查询结果无意义，直接返回 null
                }
                String hql = "from Course where courseName='"+courseName+"'";
                Session session = sessionFactory.openSession();
                try {
                        Query query = session.createQuery(hql);
                        ret = (Course) query.list().get(0);//返回的结果应该是一条记录
                } catch (HibernateException e) {
                        e.printStackTrace();
                        ret = null;
                } finally {
                        if (session != null) {
                                session.close();
                        }
                }
                return ret;
        }
}
```

步骤 5：其他代码均可重用例 3.4-1 的，编写完后将工程发布并调试运行。按照例 3.4-1 在学生表、课程表、学生选课表准备查询数据（如图 3.4-2（a）、3.4-2（b）、3.4-2（c）所示）；然后发布工程并启动 tomcat 服务器，输入日语口语进行查询，其查询结果和例 3.4-1 一样（查询结果如图 3.4-2（e）所示）。

工作实施

实施方案

1．修改爱好实体类 Hobby（加入注解）

2．修改用户实体类 User（加入注解）

3．修改 hibernate.cfg.xml 配置文件，加入用户、爱好实体类配置

4．dao 层：修改类 QueryDao（修改创建 Configuration 对象代码）

5．调试运行

详细步骤

1．修改爱好实体类 Hobby（加入注解）

在爱好实体类 Hobby 中增加注解，关键代码如下：

```
@Entity
@Table(name="province")
public class Hobby {
    @Id
    @GeneratedValue(generator = "pkGenerator")
    @GenericGenerator(name = "pkGenerator", strategy = "native")
    private int id;
    @Column(name="name")
    private String name;
    @Column(name="note")
    private String note;
    @ManyToMany(targetEntity = User.class, fetch = FetchType.EAGER)
    @JoinTable(name = "user_hobby", joinColumns = { @JoinColumn(name = "hobby_id") }, inverseJoinColumns =
{ @JoinColumn(name = "user_id") })
    Set<User> users=new HashSet(0);
    // 以下省略 get/set 方法
}
```

2．修改用户实体类 User（加入注解）

在用户实体类 User 中增加注解，关键代码如下：

```
@Entity
@Table(name = "user")
public class User {
    @Id
    @GeneratedValue(generator = "pkGenerator")
    @GenericGenerator(name = "pkGenerator", strategy = "native")
    int id;
    @Column(name = "courseName")
    String name;
    @Column(name = "courseName")
    String userName;
    @Column(name = "courseName")
    String password;
    @Column(name = "courseName")
    String sex;
    @Column(name = "courseName")
    int age;
    @Column(name = "courseName")
    Date birth;
    @Column(name = "courseName")
    String mobile;
    @Column(name = "courseName")
    String email;
    @ManyToOne(targetEntity=Clazz.class,fetch=FetchType.EAGER)
    @JoinColumn(name="province")
```

```
        Province province;
        //以下省略每个成员变量的 get/set 方法
}
```

上述代码中涉及用户与省份的多对一关系，因此，还要在省份实体类中加入注解。其省份实体类 Province 的关键代码如下：

```
@Entity
@Table(name="province")
public class Province {
    @Id
    @GeneratedValue(generator = "pkGenerator")
    @GenericGenerator(name = "pkGenerator", strategy = "native")
    int id;//省份流水号
    @Column(name="name")
    String name;//省份名称
    @Column(name="note")
    String note;//描述
    //以下省略每个成员变量的 get/set 方法
}
```

3．修改 hibernate.cfg.xml 配置文件，加入用户、爱好实体类配置

在 hibernate.cfg.xml 配置文件的<session-factory>节点中添加代码：

```
<mapping class="com.zdsoft.domain.Hobby" />
<mapping class="com.zdsoft.domain.User" />
<mapping class="com.zdsoft.domain.Province" />
```

在 hibernate.cfg.xml 配置文件的<session-factory>节点中去掉或注释以下代码：

```
<mapping resource="com/zdsoft/domain/Hobby.hbm.xml" />
<mapping resource="com/zdsoft/domain/User.hbm.xml" />
<mapping resource="com/zdsoft/domain/Province.hbm.xml" />
```

4．dao 层：修改类 QueryDao（修改创建 Configuration 对象代码）

修改 com.zdsoft.dao 包下数据处理类 QueryDao 中创建 Configuration 对象代码，关键代码如下：

```
public class QueryDao {
    // 使用 hibernate 框架创建 sessionFactory 对象
    SessionFactory sessionFactory = new AnnotationConfiguration ().configure().buildSessionFactory();
    public Hobby query(String name) {
        Hobby ret = null;
        // 编写查询的 hibernate 框架特有的 sql 语句
        if(name==null||"".equals(name)){
            return null;//若不输入查询条件爱好，该查询结果无意义，直接返回 null
        }
        String hql = "from Hobby where name='"+name+"'";
        Session session = sessionFactory.openSession();
        try {
            Query query = session.createQuery(hql);
            ret = (Hobby) query.list().get(0);//返回的结果应该是一条记录
        } catch (HibernateException e) {
            e.printStackTrace();
            ret = null;
        } finally {
            if (session != null) {
                session.close();
            }
        }
        return ret;
    }
}
```

5．调试运行

首先，本章 3.4 节任务中 service 层、action 层、sturts 配置文件、页面相关代码均可重用，无需修改，然后按照本章 3.4 节任务准备好查询的数据（如图 3.4-3e、图 3.4-3f、3.4-3g 所示），然后将工程发布到服务器，启动服务器，运行页面 query.jsp，最后输入查询条件——打乒乓，查询结果与 3.4 节一样（如图 3.4-3c 所示）。

3.9 巩固与提高

一、选择题

1．strategy:表示主键生成策略，其取值有（多选）（ ）

A．AUTO　B．INDENTITY　C．SEQUENCE　D．TABLE

2．以下（ ）注解表示并非对表字段的映射，ORM 框架将忽略该属性。

A．Transient　B．Column　C．Basic　D．JoinColumn

3．User 实体表示用户，Book 实体表示收藏书籍，为了描述用户与收藏书籍之间的关系应该是用（ ）注解。

A．@OneToOne　B．@ManyToOne　C．@OneToMany　D．@ManyToMany

4．一般情况下，关系数据模型与对象模型之间有（ ）匹配关系（多选）。

A．表对应类　B．记录对应对象

C．表的字段对应类的属性　D．表之间的参考关系对应类之间的依赖关系

5．以下关于 SessionFactory 的说法正确的是（多选）（ ）。

A．对于每个数据库事务，应该创建一个 SessionFactory 对象

B．一个 SessionFactory 对象对应一个数据库存储源

C．SessionFactory 是重量级的对象，不应该随意创建。如果系统中只有一个数据库存储源，只需要创建一个

D．SessionFactory 的 load()方法用于加载持久化对象

6．Customer 类中有一个 Set 类型的 orders 属性，用来存放 Order 订单对象，在 Customer.hbm.xml 文件中，用（ ）元素映射 orders 属性。

A．<set>　B．<one-to-many>

C．<many-to-one>　D．<property>

7．<set>元素有一个 cascade 属性，如果希望 Hibernate 级联保存集合中的对象，casecade 属性应该取（ ）值。

A．none　B．save　C．delete　D．save-update

8．以下程序的打印结果是（ ）。

```
tx = session.beginTransaction();
Customer c1=(Customer)session.load(Customer.class,new Long(1));
Customer c2=(Customer)session.load(Customer.class,new Long(1));
System.out.println(c1==c2);
tx.commit();
session.close();
```

A．运行出错，抛出异常　　B．打印 false

C．打印 true　　D．无打印结果

9．以下程序代码对 Customer 的 name 属性修改了两次：

```
tx = session.beginTransaction();
Customer customer=(Customer)session.load(Customer.class,
new Long(1));
customer.setName("Jack");
customer.setName("Mike");
tx.commit();
```

执行以上程序，Hibernate 需要向数据库提交（　　）条 update 语句。

A．0　　B．1　　C．2　　D．3

10．对于以下程序，Customer 对象在第（　　）行变为持久化状态。

```
Customer customer=new Customer(); //line1
customer.setName("Tom"); //line2
Session session1=sessionFactory.openSession(); //line3
Transaction tx1 = session1.beginTransaction(); //line4
session1.save(customer); //line4
tx1.commit(); //line5
session1.close(); //line6
```

A．line1　　B．line2　　C．line3　　D．line4

E．line5　　F．line6

二、填空题

1．Hibernate 中对象的三种状态分别是________、________、________。

2．Hibernate 常用的查询数据的方式有________。

3．请列举 Session 中常用的 5 个方法________、________、________、________、________。

4．使用________注解可以描述一个持久化类。

5．请分别说明@Table(name="",catalog="",schema="")中 name、catalog、schema 的含义：________、________、________。

6．@Basic 表示一个简单的属性到数据库表的字段的映射，请分别说明@Basic(fetch=FetchType,optional=true)中 fetch 和 optional 的含义________、________。

7．订单 Order 和用户 User 是一个 ManyToOne 的关系，在 Order 类中定义有 User 实例 user，hibernate 在生成数据库表 order 时，要生成外键 user_id，使用注解方式。请对上述关系给出配置________。

8．请说明@OneToMany(fetch=FetchType,cascade=CascadeType)中 cascade 的含义________。

9．请说明@ManyToMany 中 targetEntity 和 mappedBy 的含义________、________。

三、操作题

1．Hibernate 使用注解与使用映射文件在 hibernate.cfg.xml 中的配置应该如何实现？

2．改造 3.2 节例子，在添加学生前需要查询学生所在的班级信息，在学生入库时需要保存与班级之间的关联关系。

4

Spring 框架

4.1 搭建 Spring 框架

工作目标

知识目标

- 理解 Spring 框架概念、作用

技能目标

- 初步掌握 Spring 框架的搭建
- 会使用 Spring 改造注册功能

素养目标

- 培养学生的动手和自学能力

工作任务

改造 3.1 节的任务，在注册入库功能的业务控制层（action）与业务处理层（service）之间引入 Spring 框架。

工作计划

任务分析之问题清单

1．什么是 Spring 框架?

2．为什么要使用 Spring 框架?

3．如何使用 Spring 框架?

任务解析

1．关于 Spring

Spring 是一个开源的控制反转（Inversion of Control，IoC）和面向切面编程（AOP）的轻量级容器框架，其主要目的是简化软件开发。

Spring 框架包含许多特性，并被很好地组织在六个模块中（如图 4.1-1 所示）。

Core 封装包是框架的最基础部分，提供 IoC 和依赖注入特性。这里的基础概念是 BeanFactory，它提供对 Factory 模式的经典实现来消除对程序性单例模式的需要，并真正地允许你从程序逻辑中分离出依赖关系和配置。

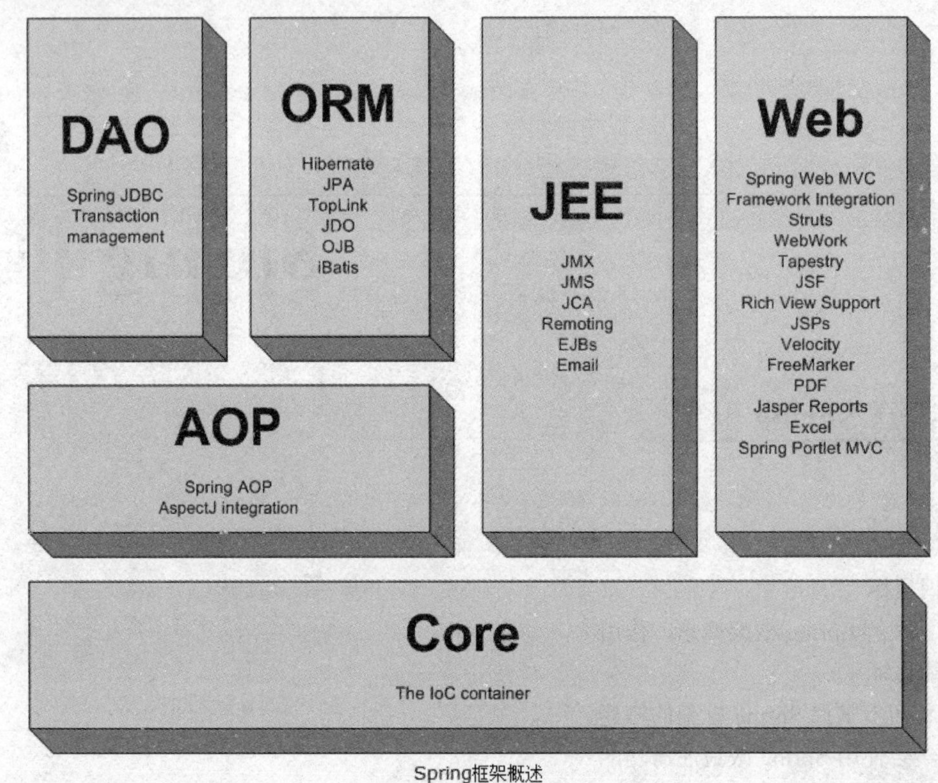

图 4.1-1　Spring 六个模块

Context（上下文）封装包构筑于 Core 封装包的坚固基础上：它提供了用一种框架风格的方式来访问对象，有些像 JNDI 注册表。Context 封装包继承了 beans 包的功能，还增加了国际化（I18N）（用于规范 resource bundle）、事件传播、资源装载，以及透明创建上下文，例如通过 Servlet 容器。

DAO 提供了 JDBC 的抽象层，它可消除冗长的 JDBC 编码和解析数据库厂商特有的错误代码。并且，JDBC 封装包还提供了一种比编程性更好地声明性事务管理方法，不仅仅是实现了特定接口，而且对所有的 POJOs（Plain Old Java Objects）都适用。

ORM 封装包提供了常用的"对象/关系"映射 APIs 的集成层。其中包括 JPA、JDO、Hibernate 和 iBatis。利用 ORM 封装包，可以混合使用所有 Spring 提供的特性进行"对象/关系"映射，如前边提到的简单声明性事务管理。

Spring 的 AOP 封装包提供了符合 AOP Alliance 规范的面向方面的编程（Aspect-Oriented Programming）实现，让你可以定义，例如方法拦截器（Method-Interceptors）和切点（Pointcuts），从逻辑上讲，从而减弱代码的功能耦合，清晰地被分离开。而且，利用 Source-level 的元数据功能，还可以将各种行为信息合并到你的代码中，这有点像.Net 的 attribute 的概念。

Spring 中的 Web 包提供了基础的针对 Web 开发的集成特性，例如多方文件上传，利用 Servlet listeners 进行 IoC 容器初始化和针对 Web 的 Application Context。当与 WebWork 或 Struts 一起使用 Spring 时，这个包使 Spring 可与其他框架结合。

Spring 中的 MVC 封装包提供了 Web 应用的 Model-View-Controller（MVC）实现。Spring 的 MVC 框架并不是仅仅提供一种传统的实现，它提供了一种清晰的分离模型，在领域模型代码和 web form 之间。并且，还可以借助 Spring 框架的其他特性。

术语理解——容器

Spring 是一个容器，因为它包含并且管理应用对象的生命周期和配置。你可以通过配置来设定你的 Bean 是单一实例，还是每次请求产生一个实例，并且设定它们之间的关联关系。

Spring 是小容器，有别于传统的重量级 EJB 容器，EJB 容器通常很大，很笨重。

术语理解——框架

搭积木方式组合：Spring 实现了使用简单的组件配置组合成一个复杂的应用。

积木是 xml 文件：在 Spring 中，应用中的对象是通过 XML 文件配置组合起来的，并且 Spring 提供了很多基础功能（事务管理、持久层集成等），这使开发人员能专注于应用逻辑。

术语理解——控制反转 Inversion of Control，IoC

我们剖析一个现实例子来说明该术语的含义。

【例 4.1-1】使用 vcd 机看一部有两张碟的影片，看完一张碟后 vcd 机停下来了，要看下一张，该如何操作？操作步骤如下：

- 观众打开 vcd 的光碟盒；
- 取出第一张碟；
- 换第二张碟进去；
- 继续播放 vcd 机。

分析例子：放映过程中的控制权变化：

- vcd 拥有控制权：vcd 放映第一张碟。
- vcd 失去控制权：vcd 放映完第一张碟，停止。
- 观众获得控制权：换碟。
- 观众失去控制权：换碟完毕，让 vcd 播放。
- vcd 再次拥有控制权：放映第二张碟。

假定：放映过程中 vcd 机的控制权为内部控制权（主控制权）；观众的控制权为外部控制权（辅控制权）。

结论：例子中的控制权从 vcd 机（内部控制权）到观众（外部控制权）的转移用专业术语描述就是控制反转。

术语理解——依赖注入 Dependency Injection，DI

剖析例 4.1-1，研究它的操作步骤，分析其放映过程中影碟机播放内容的变化：

- 播放内容第一张碟：vcd 放映第一张碟；
- 播放内容第一张碟：vcd 放映完第一张碟，停止；
- 观众获得控制权：换碟；
- 观众失去控制权：换碟完毕，让 vcd 播放；
- 播放内容第二张碟：放映第二张碟。

依赖：放映过程中 vcd 机只能放映 vcd 兼容光碟，其他类型是不行的（比如 U 盘、磁盘、硬盘是不能播放的）。

结论：例子中 vcd 机播放的内容由观众（非 vcd 自己）动态放到 vcd 机中，并且改变的内容是适合 vcd 播放的，这样的行为用专业术语描述就是依赖注入。

术语理解——面向切面编程 Aspect-Oriented Programming，AOP

AOP 是 OOP（面向对象编程）的补充，OOP 关键的东西是对象，对象封装了自己的属性和操作，AOP 关键的东西是切面，解决的是 OOP 对象间相互作用（相互关联）的问题。如果各个对象都要用到的关联（比如：事务、日志、权限等），都可以用 AOP 来实现，这里的关联就是切面，AOP 正是针对这个切面来的。下面剖析一个例子来说明 AOP 的含义。

【例 4.1-2】张三使用李四的 vcd 机看一部有两张碟的影片，影片放映过程有 4 步：

- 步骤 1：张三将第一张碟放到李四的 vcd 机中；
- 步骤 2：李四的 vcd 机播放第一张碟；
- 步骤 3：张三换碟（取出第一张，放入第二张）；
- 步骤 4：李四的 vcd 机播放第二张碟。

其中涉及 2 个对象：张三、李四的 vcd 机；

涉及 3 次对象之间的联系（交互）：

- 联系 1（步骤 1 与步骤 2 之间）："张三"将第一张碟放入"李四的 vcd 机"。
- 联系 2（步骤 2 与步骤 3 之间）："张三"取出"李四的 vcd 机"中的第一张碟。
- 联系 3（步骤 3 与步骤 4 之间）："张三"将第二张碟放入"李四的 vcd 机"。

分析 3 个联系：每个联系是紧耦合联系，所涉及的操作对象（张三与李四的 vcd 机）是固定的（写死了的）。现在假定，播放的 vcd 机不是"李四"的而是"王五"的，那么所有的联系都要改变为：

- 联系 1（步骤 1 与步骤 2 之间）："张三"将第一张碟放入"王五的 vcd 机"。
- 联系 2（步骤 2 与步骤 3 之间）："张三"取出"王五的 vcd 机"中的第一张碟。
- 联系 3（步骤 3 与步骤 4 之间）："张三"将第二张碟放入"王五的 vcd 机"。

相应地，张三播放影片的操作步骤就会随之发生多处改变。那么，有没有办法不变呢？

现在我们在影片放映中增加一个额外的操作对象——服务员，专门负责提供 vcd 机。在放映过程中，张三需要操作的 vcd 机统一由服务员提供，此时 3 个联系改变为：

- 联系 1（步骤 1 与步骤 2 之间）："张三"将碟放入"服务员选的 vcd 机"。
- 联系 2（步骤 2 与步骤 3 之间）："张三"从"服务员选的 vcd 机"中取出碟。
- 联系 3（步骤 3 与步骤 4 之间）："张三"将碟放入"服务员选的 vcd 机"中。

结论：从改变后的联系来看，无论用谁的 vcd 机播放，张三的操作步骤都无需改变，要改变的只是服务员的操作。在这里，我们从对象之间的联系入手，增加一个额外的服务员的选机操作，将紧耦合联系（"张三"与"李四的 vcd 机"之间的联系）变成了松耦合联系（"张三"与"vcd 机"之间的联系），解决了问题。其服务员的选机操作用软件专业术语来说就是 AOP（面向切面编程），切面就是对象之间的联系（交互），AOP 就是关注对象之间联系的编程技术。

Spring 是 AOP 的提供商，对面向切面编程提供了强大的支持，通过将业务逻辑从应用服务（如监控和事务管理）中分离出来，实现了内聚开发，应用对象只做它们该做的——业务逻辑，它们不负责或关心其系统问题（如日志和事务支持）。

2．为何要使用 Spring

首先，降低组件之间的耦合度，实现软件各层之间的解耦，在控制层和业务层以及业务层和数据层通过接口调用的方式，实例通过配置文件 xml 指定依赖注入，如图 4.1-2 所示。

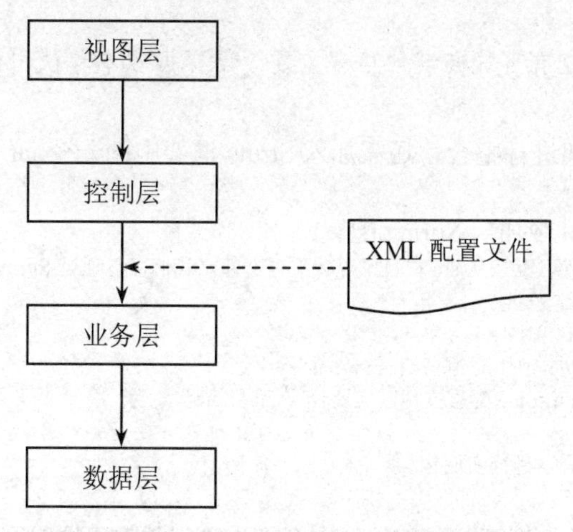

图 4.1-2　降低组件之间的耦合度

其次，可以使用容器提供的众多服务，如事务管理服务、消息服务等。当我们使用容器管理事务时，开发人员无需手工控制事务，也不需处理复杂的事务传播。如图 4.1-3 所示。

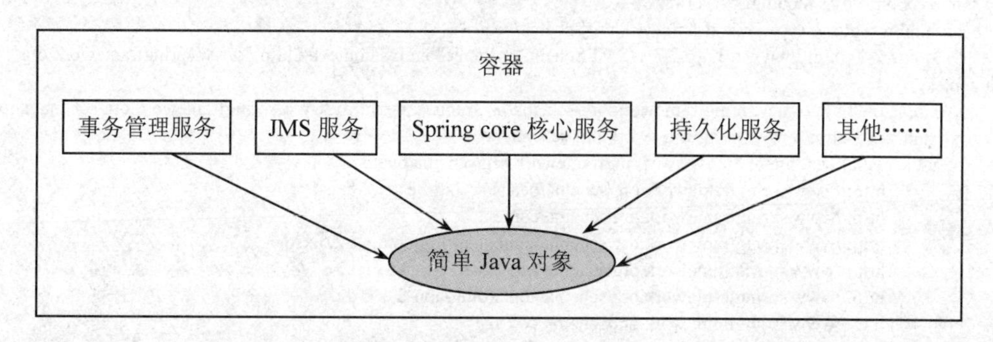

图 4.1-3　容器提供的众多服务

再次，Spring 的容器提供单例模式支持，开发人员不再需要自己编写实现代码。容器提供了 AOP 技术，利用它很容易实现如权限拦截、运行期监控等功能。容器提供的众多辅作类，使用这些类能够加快应用的开发，如 JdbcTemplate、HibernateTemplate 等。Spring 对于主流的应用框架提供了集成支持，如集成 Hibernate、JPA.Struts 等，这样更便于应用的开发。

3．如何使用 Spring 框架

首先，加入 Spring 框架所需 jar 包。将 Spring 安装包（spring-framework-2.5.6-with-dependencies.zip）中的以下文件解压出来加入到工程中：

```
dist\spring.jar
lib\c3p0\c3p0-0.9.1.2.jar
lib\aspectjweaver.jar aspectjrt.jar
lib\cglib\cglib-nodep-2.1_3.jar
lib\j2ee\common-annotations.jar
lib\log4\log4j-1.2.15.jar
lib\jakarta-commons\commons-logging.jar
commons-logging.jar
common-annotations.jar
log4j-1.2.15.jar
```

注意 后面三个包有可能与其他框架重复：请根据版本号使用最新的，去掉旧的。

为了今后与 Struts 框架进行整合，还需加入 Struts 框架中的一个 jar 包：

```
struts2-spring-plugin-2.1.8.jar
```

其次，在 web.xml 文件中加入 Spring 配置：

```
<!-- 指定 Spring 的配置文件，默认从 src 根目录寻找配置文件，我们可以通过 Spring 提供的 classpath:指定 Spring 的配置文件名 -->
<context-param>
    <param-name>contextConfigLocation</param-name>
    <param-value>classpath:sping 配置文件名地址</param-value>
</context-param>
<!-- 使用侦听器对 Spring 容器进行实例化 -->
<listener>
    <listener-class>org.springframework.web.context.ContextLoaderListener</listener-class>
</listener>
```

再次，加入 Spring 的初始配置文件，放在 src 目录下，文件名与 web.xml 文件中配置的一致，扩展名为 xml，关键代码如下：

```
<?xml version="1.0" encoding="UTF-8"?>
<beans xmlns="http://www.springframework.org/schema/beans"
    xmlns:xsi="http://www.w3.org/2001/XMLSchema-instance" xmlns:context="http://www.springframework.org/
schema/context"
    xmlns:p="http://www.springframework.org/schema/p" xmlns:aop="http://www.springframework.org/schema/aop"
    xmlns:tx="http://www.springframework.org/schema/tx"
    xsi:schemaLocation="http://www.springframework.org/schema/beans
        http://www.springframework.org/schema/beans/spring-beans-2.5.xsd
        http://www.springframework.org/schema/context
        http://www.springframework.org/schema/context/spring-context-2.5.xsd
        http://www.springframework.org/schema/aop
        http://www.springframework.org/schema/aop/spring-aop-2.5.xsd
        http://www.springframework.org/schema/tx
        http://www.springframework.org/schema/tx/spring-tx-2.5.xsd">
</beans>
```

到这里，Spring 框架的开发环境就搭建起来了，下面以例 4.1-3 讲解如何使用。

【例 4.1-3】一个“用户问好”的程序问题。现在有三个类：

类 1：TestHelloWorld，关键代码如下：

```
public class TestHelloWorld {
    public static void main(String[] args) {
        //创建对象，在没有 Spring 框架的情况下，要从 HelloWorldImpl 换到 HelloWorld2Impl 这个类的对象创建，必须修改 Java 代码
        HelloWorldImpl service =new HelloWorldImpl() ;
//      HelloWorld2Impl service =new HelloWorld2Impl() ;
        //执行对象的相关方法
        service.execute("张三");
    }
}
```

类 2：HelloWorldImpl，关键代码如下：

```
public class HelloWorldImpl {
    public void execute(String info) {
        System.out.println(info+",您好！");
    }
}
```

类 3：HelloWorld2Impl，关键代码如下：

```
public class HelloWorld2Impl {
        public void execute(String info) {
                System.out.println(info+",您不太好！");
        }
}
```

代码说明：类 2 和类 3 分别有一个 execute 方法，方法里打印用户你好或者用户不好；类 1 里边有 main 方法，方法里创建类 2 或类 3 的对象，调用对象的 execute 方法输出用户你好或用户不好。

问题：要想改变类 1 里边 main 方法执行的结果（用户你好或者用户不好），就需要修改代码，有没有办法不修改 Java 代码实现执行结果的改变？

答案就是使用 Spring 框架改造“用户问好”的程序。

首先，找到类 2 与类 3 的共同点（型号一样的地方），创建接口 HelloWorld，把类 2 与类 3 的共同之处放到接口中。接口 HelloWorld 关键代码如下：

```
public interface HelloWorld {
        public void execute(String info);
}
```

其次，分别修改类 2、类 3，使他们都继承接口 HelloWorld，同时实现接口中的虚方法，关键代码如下：

类 2 的修改：

```
public class HelloWorldImpl implements HelloWorld{
        public void execute(String info) {
                System.out.println(info+",您好！");
        }
}
```

类 3 的修改：

```
public class HelloWorld2Impl implements HelloWorld{
        public void execute(String info) {
                System.out.println(info+",您不太好！");
        }
}
```

再次，改造类 1（TestHelloWorld）的 main 方法，这里边有三个小步骤。

小步骤 1：加载 Spring 框架：语法格式为：

```
ApplicationContext act = new ClassPathXmlApplicationContext(“spring 的配置文件");
```

小步骤 2：获得符合接口类型的实现类对象，语法为：

```
接口类型 接口类型的对象变量=(接口类型) act.getBean(“spring 中 bean 标签里边的 id");
```

小步骤 3：使用接口类型的方法完成业务逻辑，语法为：

```
接口类型的对象变量.接口方法()
```

根据这三个步骤，类 1 修改后的关键代码如下：

```
public static void main(String[] args) {
        //加载 spring
        ApplicationContext act = new ClassPathXmlApplicationContext("beans.xml");
        //获得服务对象
        HelloWorld service =(HelloWorld) act.getBean("helloworld");
        //执行服务对象的相关方法
        service.execute("张三");
}
```

最后，进行 Spring 配置文件的编写。

首先保证 Spring 配置文件的地址（含名字）必须与 web.xml 中的下面这行配置保持一致：

```
<param-value>classpath:sping 配置文件名地址</param-value>
```

本例的 web.xml 配置的关键代码如下：（配置文件存放在 src/beans.xml）

```
<!-- 指定 spring 的配置文件，默认从 src 根目录寻找配置文件，我们可以通过 spring 提供的 classpath:指定 spring 的配置文件名 -->
<context-param>
        <param-name>contextConfigLocation</param-name>
        <param-value>classpath:beans.xml</param-value>
</context-param>
```

然后，修改 Spring 配置文件，在<beans>…</beans>之间配置一个<bean>，语法如下：

```
<bean id= "对应类 1 的 mian 方法中的 getBean 参数"  class= "实现了接口的类 2 或者类 3 的地址" />
```

本例的 Spring 配置文件关键代码如下：（最初的代码）

```
<bean id="helloWorld" class="spring.impl.HelloWorldImpl" />
```

最后，调试程序，运行第一次时控制台输出：张三，你好！

接下来修改 Spring 的配置文件中<bean>元素的 class 属性值（从 HelloWorldImpl 改为 HelloWorld2Impl），关键代码如下：（修改后的代码）

```
<bean id="helloWorld" class="spring.impl.HelloWorld2Impl" />
```

第二次运行程序，控制台此时输出：张三，你不太好！

从本例可见，只要修改 Spring 配置文件中 bean 元素 class 属性的值（实现类地址）就可以改变程序的运行结果，无需修改 Java 源代码，这就是 Spring 框架起的作用。

注意

web.xml 文件中的 spring 配置在本例中没有任何作用（本例可以不用配置），但是对接下来的章节和以后的内容都是非常关键的必须配置。

工作实施

实施方案

1．搭建 Spring 框架
2．编写接口
3．新增数据访问层（dao）的实现类 RegisterDaoImpl
4．新增业务层（service）的实现类 RegisterServiceImpl
5．改写控制层（action）的 RegisterAction 类
6．在 Spring 框架配置文件中增加实现类的配置

详细步骤

1．搭建 Spring 框架

首先，引入所需的 Spring 框架的 jar 文件。参照任务解析中相关内容里 Spring 包的引入（只需要引入一次）。

其次，在 web.xml 文件中加入 Spring 配置（只需一次），关键代码下：

```
<!-- 指定 Spring 的配置文件，默认从 src 根目录寻找配置文件，我们可以通过 Spring 提供的 classpath:指定 Spring 的配置文件名 -->
<context-param>
    <param-name>contextConfigLocation</param-name>
    <param-value>classpath:beans.xml</param-value>
```

```
</context-param>
<!-- 使用侦听器对 Spring 容器进行实例化 -->
<listener>
        <listener-class>org.springframework.web.context.ContextLoaderListener</listener-class>
</listener>
```

再次，加入 Spring 初始配置文件（只需一次），关键代码请参考任务解析中的相关内容。

2．编写接口

创建两个接口，一个是 action 层到 service 层之间的接口 RegisterService，一个是 service 到 dao 层的接口 RegisterDao。接口 RegisterService 参考代码如下：

```
public interface RegisterService {
        public void register(User user);
}
```

接口 RegisterDao 的参考代码如下：

```
public interface RegisterDao {
        public boolean execute(User user);
}
```

3．新增数据访问层（dao）的 RegisterDaoImpl 类，参考代码如下：

```
public class RegisterDaoImpl implements RegisterDao{
        public boolean execute(User user){
                //进行入库操作
                boolean ret=true;
                try {
                        SessionFactory sessionFactory=new Configuration().configure().buildSessionFactory();
                        Session session=sessionFactory.openSession();
                        session.beginTransaction();
                        session.persist(user);
                        session.getTransaction().commit();
                        session.close();

                } catch (HibernateException e) {
                        e.printStackTrace();
                        ret=false;
                }
                return ret;
        }
}
```

4．新建业务层（service）的 RegisterServiceImpl 类，关键代码如下：

```
public class RegisterServiceImpl implements RegisterService{
        public boolean execute(User user) {
                //加载 spring
                ApplicationContext act = new ClassPathXmlApplicationContext("beans.xml");
                //然后调用 dao 层的数据处理类执行数据处理操作
                RegisterDao registerdao=(RegisterDao)act.getBean("registerdao");
                return registerdao.execute(user);
        }
}
```

5．改写控制层（action）的业务控制类 RegisterAction 的 regist 方法，关键代码如下：

```
public String regist() {
        //业务控制器
        //加载 spring
        ApplicationContext act = new ClassPathXmlApplicationContext("beans.xml");
        //调用业务处理类完成业务处理，并得到业务处理的结果，在调用的时候需要传数据
```

```
        RegisterService  register=(RegisterService)act.getBean("register");
        //数据准备：数据复制给实体类的对象 user
        User  user=new  User();
        user.setName(name);
        user.setUserName(username);
        user.setPassword(pass);
        user.setSex(sex);
        user.setProvince(province);
        user.setAge(age);
        user.setBirth(birth);
        user.setMobile(mobile);
        user.setEmail(email);
        String  tmp="";
        if(love!=null){
                for(String  lo:love){
                        tmp+=lo+"  ";
                }
        }
        user.setHobbies(tmp);
        //调用业务处理类相关方法执行后得到结果
        boolean  ret=register.execute(user);
        //根据结果返回
        if(ret){
                return  "success";
        }
        else{
                return  "error";
        }
}
```

6．在 Spring 框架配置文件中增加实现类的配置关键代码如下：

```
<bean id="register" class="com.zdsoft.service.impl.RegisterServiceImpl" />
<bean id="registerdao" class="com.zdsoft.dao.impl.RegisterDaoImpl" />
```

注意

本任务的实现类存放在 com.zdsoft.service.impl 包中，接口存放在 com.zdsoft.service 包中。

最后运行程序的效果应该和前面章节一样。

4.2　Spring 与 Struts、Hibernate 框架整合

工作目标

知识目标

- 理解 Spring 的事务管理
- 掌握 Spring 框架对于 O/R Mapping 工具 Hibernate 的整合方式

技能目标

- 会使用 Spring 进一步改造注册功能

素养目标

- 培养学生的动手和自学能力

工作任务

利用 Spring 框架的中间层数据访问技术将 4.1 节中完成的功能改造成为使用 Struts+Spring+Hibernate 架构实现。

工作计划

任务分析之问题清单

1．如何将三个框架整合？

任务解析

1．如何将三个框架整合？

我们以例 4.2-1 来说明。

【例 4.2-1】用户信息增加，制作用户注册界面，录入用户 id 和用户名之后提交到数据库中，提交成功显示成功页面，提交失败显示失败页面。要求使用 SSH 整合框架实现。如图 4.2-1（a）、4.2-1（b）、4.2-1（c）所示分别表示操作页面、成功页面、失败页面页面。

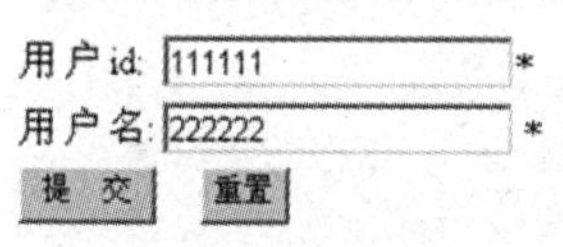

（a）操作页面

注册成功：

点击返回

（b）成功页面

注册失败：

点击返回

（c）失败页面

图 4.2-1

步骤 0：整合前的代码编写。

编写前台页面。

操作页面 userinfo.jsp 参考代码如下：

```
<body>
	<h1>用户注册	</h1>
	<hr>
	<s:form name="f1" method="post" action="userinfoadd">
		<table border="0">
			<tr>
				<td>*用户 id:	</td>
				<td><s:textfield name="userinfo.id"></s:textfield></td>
			</tr>
			<tr>
				<td>*用 户 名:	</td>
				<td><s:textfield name="userinfo.name"/></td>
			</tr>
			<tr>
				<td colspan="2">
					<input type="submit" value="提	交">
					<input type="reset" value="重置" name="s2">
```

```
                </td>
            </tr>
        </table>
    </s:form>
</body>
```

成功页面 userinfo_succ.jsp 参考代码如下：

```
<body>
    <h1>注册成功：</h1>
    点击<a href="/firstproject/userinfo/userinfo.jsp">返回</a>
</body>
```

失败页面 userinfo_err.jsp 参考代码如下：

```
<body>
    操作失败~
    请点击<a href="javascript:history.back();">返回</a>重新操作！
</body>
```

编写持久（domain）层。

编写用户实体类 Userinfo，参考代码如下：

```
public class Userinfo {
    private String id;
    private String name;
    /** 以下省略成员属性的 get/set 方法 */
}
```

编写实体类映射文件 Userinfo.hbm.xml，参考代码如下：

```
<hibernate-mapping package="com.zdsoft.domain">
    <class name="Userinfo" table="userinfo">
        <id name="id" column="userid" type="java.lang.String"
            length="20">
            <generator class="assigned" />
        </id>
        <property name="name" column="username" type="java.lang.String"
            length="50" not-null="true" />
    </class>
</hibernate-mapping>
```

将实体类映射文件 Userinfo.hbm.xml 注册到 Hibernate 全局配置文件中，参考代码如下：

```
<mapping resource="com/zdsoft/domain/Userinfo.hbm.xml"/>
```

编写 action 层。

编写业务控制类 UserinfoAction，关键代码如下：

```
public class UserinfoAction {
    Userinfo userinfo;
    UserinfoService userinfoService;
    public String execute() {
        // 增加
        boolean ret;
        ApplicationContext act = new ClassPathXmlApplicationContext("beans.xml");
        // 获得服务对象
        userinfoService = (UserinfoService) act.getBean("userinfoService");
        ret = userinfoService.addUserinfo(userinfo);
        if (ret) {
            return "success";
        } else {
            return "error";
```

```
            }
        }
        //以下省略成员变量的 get/set 方法
}
```

编写 Struts 配置文件，增加一个 action，参考代码如下：

```
<action name="userinfoadd" class="com.zdsoft.action.UserinfoAction" method="execute">
        <result name="success">/userinfo_succ.jsp</result>
        <result name="input">/userinfo.jsp</result>
        <result name="error">/userinfo_err.jsp</result>
</action>
```

编写 Spring 配置文件，配置 action 层到 service 层所需的实现类的 bean，参考代码如下：

```
<!-- 配置从控制层到服务层的实现类 -->
<bean id="userinfoService" class="com.zdsoft.service.impl.UserinfoServiceImpl" >
</bean>
```

编写 service 层。

编写接口 UserinfoService，关键代码如下：

```
public interface UserinfoService {
        public boolean addUserinfo(Userinfo userinfo) ;
}
```

编写接口 UserinfoService 的实现类 UserinfoServiceImpl，关键代码如下：

```
public class UserinfoServiceImpl implements UserinfoService{
        UserinfoDao userinfoDao;
        public boolean addUserinfo(Userinfo userinfo) {
                ApplicationContext act = new ClassPathXmlApplicationContext("beans.xml");
                //获得服务对象
                userinfoDao=(UserinfoDao) act.getBean("userinfoDao");
                return userinfoDao.addUserinfo(userinfo);
        }
        //以下省略 get/set 方法
}
```

编写 Spring 配置文件，配置 service 层到 dao 层所需的实现类 bean，参考代码如下：

```
<!-- 配置从服务层到数据处理层的实现类 -->
<bean id="userinfoDao" class="com.zdsoft.dao.impl.UserinfoDaoImpl" >
</bean>
```

编写 dao 层。

编写接口 UserinfoDao，参考代码如下：

```
public interface UserinfoDao {
        public boolean addUserinfo(Userinfo userinfo);
}
```

编写接口实现类，参考代码如下：

```
public class UserinfoDaoImpl  implements UserinfoDao {
        SessionFactory sessionFactory;
        public boolean addUserinfo(Userinfo userinfo) {
                SessionFactory sessionFactory=new AnnotationConfiguration().configure().buildSessionFactory();
                try {
                        Session session = sessionFactory.getCurrentSession();
                        session.persist(userinfo);
                        return true;
                } catch (Exception e) {
                        e.printStackTrace();
```

```
                    return  false;
                }
            }
    }
```

步骤 1：Struts 与 Spring 框架整合

首先，在 Struts 配置文件中加入以下语句（只需一次）：

```
<constant name="struts.objectFactory" value="spring" />
```

说明 Struts 中的 action 创建交给 Spring 完成。

其次，修改 Struts 配置文件中 action 的 class 属性配置，代码语法如下：

```
<action class="spring 配置中 bean 的 id" >
```

本例关键代码如下：

```
<action name="userinfoadd" class="userinfoAction" method="execute">
```

最后，对应修改 Spring 配置文件，增加一个 bean，代码语法如下：

```
<bean id="struts 配置中 action 的 class" class="action 的真正地址">
```

本例关键代码如下：

```
<bean id="userinfoAction" class="com.zdsoft.action.UserinfoAction">
```

步骤 2：改进 Spring 框架单独使用中的冗余代码。

在需要依赖注入的地方（action 层调用 service 接口、service 层调用 dao 层接口）存在类似如下代码：

```
ApplicationContext  act  =  new  ClassPathXmlApplicationContext("beans.xml");
接口  接口对象=(接口) act.getBean("spring 中 bean 的 id");
```

现在改进：在与 Struts 框架整合后，现在可以删除。

删除代码的代价：需要在 Spring 中进行配置。在配置 action 层实现类的 bean 中：

```
<bean  id="userinfoAction"  class="com.zdsoft.action.UserinfoAction">
</bean>
```

嵌入 property 子元素，语法为：

```
<property name="action 类中定义的接口对象名" ref="spring 中配置的该接口实现类 bean 的 id"/>
```

目的：注入 bean 对象后，根据需要，给对象中的成员变量也注入对象，本例代码如下：

```
<!-- 配置从视图层到控制层的实现类  -->
<bean id="userinfoAction" class="com.zdsoft.action.UserinfoAction">
<property name="userinfoService" ref="userinfoService"/>
</bean>
```

其中 property 元素的 name 属性值 userinfoService 是 UserinfoAction 类中需要注入的成员变量，同理可得：在配置服务层的实现类的 bean 中增加 property 子元素来配置用到 dao 层接口的实现类的关键代码如下：

```
<!-- 配置从控制层到服务层的实现类  -->
<bean  id="userinfoService"  class="com.zdsoft.service.impl.UserinfoServiceImpl" >
<property  name="userinfoDao"  ref="userinfoDao"/>
</bean>
```

其中 property 节点的 name 属性值 userinfoDao 是 UserinfoServiceImpl 类中需要注入的成员变量。

步骤 3：Spring 与 Hibernate 框架整合。

首先，在 Spring 中配置一个创建 sessionFactory 的 bean，关键代码：

```
<bean id="sessionFactory" class="org.springframework.orm.hibernate3.LocalSessionFactoryBean">
<property name="configLocation">
<value>classpath:hibernate.cfg.xml</value>
</property>
</bean>
```

配置目的：在 Spring 中集成 Hibernate，通过 Spring 加载 Hibernate 配置并使用 LocalSessionFactoryBean 创建 sessionFactory。

代码说明：bean 的 id 名字可以随便取，约定俗成为 sessionFactory；classpath:hibernate.cfg.xml 是 Hibernate 全局配置文件的地址。

本例是使用非注解方式生成 sessionFactory，若是注解方式，则 class 属性中 LocalSessionFactoryBean 要改为 AnnotationSessionFactoryBean，让 UserinfoDaoImpl 类继承 HibernateDaoSupport 类。

然后，改进使用 hibernate 连接访问数据库的代码。全部去掉在数据访问层的 UserinfoDaoImpl 类中相关数据库操作代码如下：

```
SessionFactory sessionFactory=new Configuration().configure().buildSessionFactory();
Session session=sessionFactory.openSession();
session.beginTransaction();
session.persist(user);
session.getTransaction().commit();
session.close();
```

其次，让 UserinfoDaoImpl 类继承 HibernateDaoSupport 类。

说明：HibernateDaoSupport 类是 Spring 框架提供的，它接管 Hibernate 框架的使用。

使用该类的相关方法完成数据库系列操作，关键代码如下：

```
//本例使用 HibernateDaoSupport 类的 getHibernateTemplate 方法的 save 方法来新增
this.getHibernateTemplate().save(userinfo);
```

该类适用于非注解方式，注解方式无需继承 HibernateDaoSupport，直接通过注解注入 sessionFactory 来使用，另外，需要注入 sessionFactory。

再其次，对注入 sessionFactory 的配置。注入 sessionFactory 的配置在配置数据访问层的实现类的 bean 中增加 property 子元素来配置用到 sessionFactory 的实现类：

```
<!-- 配置从服务层到数据处理层的实现类 -->
<bean id="userinfoDao" class="com.zdsoft.dao.impl.UserinfoDaoImpl" >
<property name="sessionFactory" ref="sessionFactory"/>
</bean>
```

代码说明：其中 property 元素的 name 属性值 sessionFactory 是 UserinfoDaoImpl 类中需要注入的成员变量，property 元素的 ref 属性值 sessionFactory 是在 spring 中配置的创建 sessionFactory 的 bean 的 id。

再次，使用 Spring 容器创建事务，在 Spring 配置文件中加入:

```
<bean id="transactionManager" class="org.springframework.orm.hibernate3.HibernateTransactionManager">
<property name="sessionFactory" ref="sessionFactory"/>
</bean>
```

代码说明：id 的值可自己取，但必须与 property 元素中的 ref 属性值一致；property 元素的 name 属性值 sessionFactory 是 HibernateTransactionManager 类（固定）中需要注入的成员变量；property 元素的 ref 属性值 sessionFactory 是在 Spring 中配置的创建 sessionFactory 的 bean 的 id。

最后，配置谁可以使用事务，在 Spring 配置文件中加入两段话：

```
<!-- 第一段话：配置哪些方法需要事务管理 -->
<tx:advice id="txAdvice" transaction-manager="transactionManager">
<tx:attributes>
<tx:method name="add*" propagation="REQUIRED" />
<tx:method name="find*" propagation="REQUIRED" />
<tx:method name="update*" propagation="REQUIRED" />
<tx:method name="delete*" propagation="REQUIRED" />
<tx:method name="*" read-only="true" />
</tx:attributes>
</tx:advice>
```

代码说明：tx:method 元素的 name 属性值 add*表示类中的方法名为 add 开头的所有方法参与事务管理，以下同。name="*"表示除上面 add、find、update、delete 开头的方法外，都是只读事务。

```
<!--第二段话：配置哪些类需要事务管理 -->
<aop:config>
<aop:pointcut id="allServiceMethod" expression="execution(* com.zdsoft.dao.*.*(..))" />
<aop:advisor pointcut-ref="allServiceMethod" advice-ref="txAdvice" />
</aop:config>
```

代码说明：aop:pointcut 元素的 id 属性值与 aop:advisor 元素的 pointcut-ref 属性值一致；aop:pointcut 元素的 expression 属性值中指定的是哪些包下的哪些类（本例是在 com.zdsoft.dao 包下的所有类使用事务，全部类用通配符*.*表示，(..)表示包中的子包也在范围内）；aop:advisor 元素的 advice-ref 属性值是第一段话 tx:advice 元素中的 id 属性。

注意

对于注解方式的实现，不使用上面两段话，而是：<tx:annotation-driven transaction-manager= "txManager" />并通过注解注入事务。

工作实施

实施方案

1．加入工程所需 jar 包

2．Spring 与 Struts 的整合

3．Spring 本身的改进

4．Spring 与 Hibernate 的整合

详细步骤

1．加入工程所需 jar 包

请参考任务计划的相关内容引入所需的 jar 文件在工程指定目录中。

2．Spring 与 Struts 的整合

首先，在 Struts 配置文件中加入以下语句（只需一次）：

```
<constant name="struts.objectFactory" value="spring" />
```

其次，修改 struts.xml，将其 action 里的 class 改写为 beans.xml 里对应的 bean 的名称或 id，其关键代码如下：

```
<!--注册模块整合后-->
<action name="register" class="registerAction" method="regist">
        <result name="success">/login.jsp</result>
        <result name="error">/error.jsp</result>
        <result name="input">/register.jsp</result>
</action>
```

相应地，在 spring 配置文件 beans.xml 中增加一个 bean，关键代码如下：

```
<bean id="registerAction" class="com.zdsoft.action.RegisterAction">
</bean>
```

3．Spring 本身的改进

首先，在类 RegisterAction、RegisterServiceImpl 中，去掉如下冗余代码：

```
ApplicationContext act = new ClassPathXmlApplicationContext("beans.xml");
接口 接口对象=(接口) act.getBean( “spring 中 bean 的 id");
```

RegisterServiceImpl 类修改后的关键代码如下：

```
public class RegisterServiceImpl implements RegisterService{
        RegisterDao registerdao;
        public boolean execute(User user) {
                return registerdao.execute(user);
        }
        //以下省略成员变量的 get/set 方法
}
```

然后，在 Spring 配置文件中 id 为 registerAction 的 bean 中嵌入 property 子元素，参考代码：

```
<!-- 配置从视图层到控制层的实现类 -->
<bean id="registerAction" class="com.zdsoft.action.RegisterAction">
        <property name="register" ref="register"/>
</bean>
```

相应地，在 Spring 配置文件中 id 为 register 的 bean 中嵌入 property 子元素，参考代码：

```
<!-- 配置从控制层到服务层的实现类 -->
<bean id="register" class="com.zdsoft.service.impl.RegisterServiceImpl" >
        <property name="registerdao" ref="registerdao"/>
</bean>
```

4．Spring 与 Hibernate 的整合

首先，在 Spring 中配置一个创建 sessionFactory 的 bean，关键代码：

```
<bean id="sessionFactory" class="org.springframework.orm.hibernate3.LocalSessionFactoryBean">
<property name="configLocation">
<value>classpath:hibernate.cfg.xml</value>
</property>
</bean>
```

该代码一个工程中只需配置一次。

然后，改进使用 Hibernate 连接访问数据库的代码。全部去掉在数据访问层的 RegisterDaoImpl 类中相关数据库操作代码并继承 HibernateDaoSupport 类，使用 HibernateDaoSupport 类的相关方法完成数据库系列操作，修改后的参考代码如下：

```
public class RegisterDaoImpl extends HibernateDaoSupport implements RegisterDao{
        public boolean execute(User user){
                //进行入库操作
                boolean ret=true;
                try {
                        this.getHibernateTemplate().save(user);
                } catch (HibernateException e) {
                        e.printStackTrace();
                        ret=false;
                }
                return ret;
        }
}
```

其次，对注入 sessionFactory 的配置。在 id="registerdao"的 bean 中增加 property 子元素来配置用到 sessionFactory 的实现类：

```
<!-- 配置从服务层到数据处理层的实现类 -->
<bean id="registerdao" class="com.zdsoft.dao.impl.RegisterDaoImpl" >
        <property name="sessionFactory" ref="sessionFactory"/>
</bean>
```

再次，使用 Spring 容器创建事务，在 Spring 配置文件中加入：

```
<bean id="transactionManager" class="org.springframework.orm.hibernate3.HibernateTransactionManager">
<property name="sessionFactory" ref="sessionFactory"/>
</bean>
```

注意

该配置在同一个工程中只需配置一次。

最后，配置谁可以使用事务，在 Spring 配置文件中加入两段话：

```
<!-- 第一段话：配置哪些方法需要事务管理 -->
<tx:advice id="txAdvice" transaction-manager="transactionManager">
<tx:attributes>
<tx:method name="add*" propagation="REQUIRED" />
<tx:method name="find*" propagation="REQUIRED" />
<tx:method name="update*" propagation="REQUIRED" />
<tx:method name="delete*" propagation="REQUIRED" />
<tx:method name="*" read-only="true" />
</tx:attributes>
</tx:advice>
<!--第二段话：配置哪些类需要事务管理 -->
<aop:config>
<aop:pointcut id="allServiceMethod" expression="execution(* com.zdsoft.dao.*.*(..))" />
<aop:advisor pointcut-ref="allServiceMethod" advice-ref="txAdvice" />
</aop:config>
```

注意

该配置在同一个工程中只需配置一次。

4.3 巩固与提高

一、选择题

1．关于 Spring 说法错误的是（　　）。

A．Spring 是轻量级的框架集合　　B．Spring 是“依赖注入”模式的实现

C．使用 Spring 可以实现声明事务　　D．Spring 提供了 AOP 方式的日志系统

2．依赖注入说法正确的（　　）。

A．依赖注入的目标是在代码之外管理程序组建间的依赖关系

B．依赖注入即是“面向接口”的编程

C．依赖注入是面向对象技术的替代品

D．依赖注入的使用会增大程序的规模

3．关于 AOP 说法错误的是（　　）。

A．AOP 将散落在系统中的“方面”代码集中实现

B．AOP 有助于提高系统可维护性

C．AOP 已经表现出将要替代面向对象的趋势

D．AOP 是一种设计模式，Spring 提供了一种实现

4．关于 AOP 说法正确的是（　　）。

A．AOP 为 OOP 的补充和完善　　B．AOP 为 OOA 的补充和完善

C．AOP 将逐渐代替 OOP　　D．AOP 将逐渐代替 OOA

5．在 Spring 框架中，面向方面编程（AOP）的目标在于（　　）。

A．实现面面的“无刷新”

B．将程序中涉及的公用问题集中解决

C．编写程序时不用关心其依赖组件的实现

D．封装 JDBC 访训数据库的代码，简化数据访训层的得复性代码

6．在 Spring 中，配置 Hibernate 事务管理器（Hibernate TransactionManager）时，需要注入的属性名称是（　　）。

A．dataSource　　B．sessionFactory

C．baseHibernateDao　　D．transactionProxyFactoryBean

二、填空题

1．Spring 是一个轻量级的________和________的容器框架。

2．________是框架的最基础部分，提供 IoC 和依赖注入特性。

3．Spring 是一个基于使用 JavaBean 属性的 Inversion of Control 容器，框架的两大核心是________和________。

4．Spring 配置文件的根元素________，根元素最主要的子元素是________，该子元素主要描述两个方面的问题，它们是唯一标识和实现类。

5. Spring 支持的依赖注入方式是________和________对应于 XML 配置文件的元素 constructor-arg 和 property。

6．Spring Bean 工厂创建的对象缺省是单例的，如果创建的对象不是单例的，需要配属性________=________。

7．Spring 抽象了事务模型，定义了一个统一接口 PlatformTransactionManager。Spring 通过________编程概念支持声明的方式管理事务

三、操作题

1．简述 Spring 框架的各个模块功能特点。

5 JUnit 测试工具

5.1 使用 JUnit 测试工具

工作目标

知识目标

- 理解测试、单元测试的概念
- 理解测试工具的作用
- 掌握 JUnit 测试工具的使用

技能目标

- 在 eclipse 中使用 JUnit 测试工具对注册功能进行单元测试

素养目标

- 培养学生的动手和自学能力

工作任务

使用 JUnit 测试工具对注册功能（针对 4.2 节的任务代码）进行测试：测试其中 action 层的业务控制类 RegisterAction 的 regist 方法执行是否正确。

工作计划

任务分析之问题清单

1．测试是什么？

2．JUnit 是什么？

3．为什么要使用 JUnit 来进行测试？

4．如何使用 JUnit?

任务解析

1．测试是什么？

这里谈的测试是软件测试。那么软件测试是干什么呢？简单来说，软件测试是为了发现错误而执行软件系统和程序的过程。具体来说，软件测试是根据软件开发各阶段的规格说明和程序的内部结构而精心设计出一批测试用例，并利用测试用例来运行程序，以发现程序错误的过程。软件测试可以使用人工或自动的手段来运行或测定某个系统的过程，其目的在于检验它是否满足规定的需求或是弄清预期结果与实际结果之间的差别。

软件测试的目的——基于不同的立场，存在着两种完全不同的测试目的。从用户的角度来说，软件测试目的在于：希望测试成为表明软件产品中不存在错误的过程，验证该软件已正确地实现了用户的要求，确立人们对软件质量的信心。从测试员的角度来说，测试是程序的执行过程，目的在于发现错误。一个好的测试用例在于能发现至今未发现的错误，一个成功的测试在于发现了至今未发现的错误。

软件测试的目的——狭义上讲，是为了发现软件中的错误（挑毛病）；从广义上讲，是为了检验软件是否满足规定的需求或是弄清预期结果与实际结果之间的差别——缺陷（不满足需求、有差别）。

软件测试的一般原则——软件测试的原则尚没有标准的说法，大多是经验之谈，一般有下面几条可作为测试的基本原则：

- 所有的测试都应追溯到用户需求。
- 应当把“尽早地和不断地进行软件测试”作为软件测试者的座右铭。
- 设计时应完成测试计划，详细的测试用例定义可在设计模型确定后开始，测试可在代码产生之前进行计划和设计。
- pareto（80/20）原则：测试发现的错误中 80%很可能起源于 20%的模块中。应孤立这些疑点模块，进行重点测试。
- 完全测试是不可能的，测试需要终止。
- 应（尽可能）由独立的第三方来构造测试。
- 充分注意测试中的群集现象。
- 要尽量避免测试的随意性。
- 兼顾合理的输入和不合理的输入数据。
- 程序修改后要回归测试。
- 应长期保留和维护测试用例，直至系统废弃。

软件测试的一般过程——单元测试、集成测试、有效性测试、系统测试。

单元测试：又称模块测试。每个程序模块完成一个相对独立的子功能，所以可以对该模块进行单独的测试。由于每个模块都有清晰定义的功能，所以通常比较容易设计相应的测试方案，以检验每个模块的正确性。

集成测试：在单元测试完成后进行，要考虑将模块集成为系统的过程中可能出现的问题，例如，模块之间的通信和协调问题，所以在单元测试结束之后还要进行集成测试。这个步骤着重测试模块间的接口，子功能的组合是否达到了预期要求的功能，全程数据结构是否有问题等。

有效性测试：集成测试通过后，应在用户的参与下进行有效性测试。这个时候往往使用实际数据进行测试，从而验证系统是否能满足用户的实际需要。

系统测试：是把通过有效性测试的软件，作为基于计算机系统的一个整体元素，与整个系统的其他元素结合起来，在实际运行环境下，对计算机系统进行一系列的集成测试和有效性测试。

软件测试过程模型——就像软件开发有过程模型一样，测试也有测试模型。测试模型用来描述软件测试的整个过程。最具有代表意义的测试模型称为 V 模型，如图 5.1-1 所示。V 模型是最具有代表意义的测试模型，它是软件开发瀑布模型的变种，它反映了测试活动与分析和设计的关系。V模型从左到右，描述了基本的开发过程和测试行为，非常明确地表明了测试过程中存在的不同级别，并且清楚地描述了这些测试阶段和开发过程期间各阶段的对应关系。箭头代表了时间方向，左边下降的是开发过程各阶段，与此相对应的是右边上升的部分，即各测试过程的各个阶段。

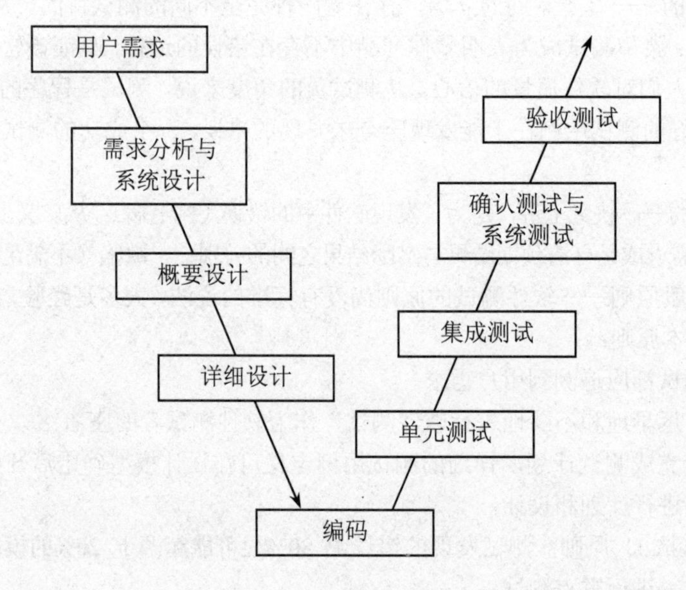

图 5.1-1　软件测试 V 模型

2．JUnit 是什么？

JUnit 是一个非常优秀的开源测试框架，使用它可以对 Java 大部分程序进行测试。它最先由 Erich Gamma 和 Kent Beck 编写，是进行单元测试框架的 xUnit 体系结构的一个实例。简言之，JUnit 就是一个单元测试工具。JUnit 的主要特点如下：

1）使用断言判断期望值和实际值的差异，返回 boolean 值。

2）测试驱动设备使用共同的初始化变量或实例。

3）测试包结构便于组织后集成运行。

4）有命令行和字符测试程序。

JUnit 框架包括主要组件：

1）TestCase：对测试目标进行测试的方法与过程集合。

2）TestSuite：测试用例的集合，可以容纳多个测试用例。

3）TestResult：测试结果的描述与记录。

4）TestListener：测试过程中的事件监听器。

5）TestFailure：每一个测试方法所发生的与预期不一致状况的描述。

JUnit 中常用接口和类：

1）运行测试和收集测试结果类——Test 接口

2）定义测试中的固定方法——TestCase 抽象类

3）一系列断言方法的集合——Assert 静态类，其中提供两个重要静态方法：assertEquals（Object expected，Object actual）：判断两个对象的内部内容是否相同；assertSame（Object expected，Object actual)：判断两个对象的引用是否相同。

3．为什么要使用 JUnit 来进行测试？

软件测试是保证软件质量的重要手段，它在整个软件开发过程中占据了将近一半的时间和资源。在软件测试过程中合理地引入测试工具，能够加快测试进度，提高测试质量，实现更快、更好的开发软件产品的目标。在测试过程中引入测试工具能给我们带来诸多好处。

提高工作效率——这是引入测试工具给我们带来的一个显著好处。那些固定的、重复性的工作，可以由测试工具来完成，这样就使得测试人员能有更多的时间来计划测试过程，设计测试用例，使测试进行得更加完善。

保证测试的准确性——测试是需要投入大量的时间和精力的，人工进行测试时，经常会犯一些人为的错误，而工具的特点恰恰能保证测试的准确性，防止人为疏忽造成的错误。

执行困难的测试工作——有一些测试工作，人工进行是很困难的。有的是因为进行起来较为复杂，有的是因为测试环境难以实现。测试工具可以执行一些通过手工难以执行，或者是无法执行的测试。

测试工具的应用范围——现在的测试工具很多，基本上覆盖了各个测试阶段。按照工具所完成的任务，可以分为以下几大类：测试设计工具、静态分析工具、单元测试工具、功能测试工具、性能测试工具、测试过程管理工具、缺陷管理工具。

为什么要使用单元测试工具——在软件产品的各个测试阶段，通过测试发现了问题，开发人员就要对问题进行修正，修正后的软件版本需要再次进行测试，以验证问题是否得到解决，是否引发了新的问题，这个再次进行测试的过程，称为回归测试。由于软件本身的特殊性，每次回归测试都要对软件进行全面的测试，以防止由于修改缺陷而引发新的缺陷。进行过回归测试人都会深有体会，回归测试的工作量是很大的，而且也很乏味，因为要将上一轮执行过的测试原封不动的再执行一遍。

单元测试工具的实现思路——设想一下，如果能有一个机器人，就像播放录影带一样，忠实的将上一轮执行过的测试原封不动地在软件新版本上重新执行一遍，那就太好了。这样做，一方面，能保证回归测试的完整、全面性，测试人员也能有更多的时间来设计新的测试用例，从而提高测试质量；另一方面，能缩短回归测试所需要的时间，缩短软件产品的面市时间。功能测试自动化工具就是一个能完成这项任务的软件测试工具。功能测试自动化工具理论上可以应用在各个测试阶段，但大多数情况下是在确认测试阶段中使用。功能测试自动化工具的测试对象是那些拥有图形用户界面的应用程序。一个成熟的功能测试自动化工具要包括以下几个基本功能：录制和回放、检验、可编程。

正确认识测试工具的作用——如果一个现在正在从事软件测试工作，但在测试过程中还没有使用过测试工具的人看到以上的这些内容，可能会非常兴奋，因为他觉得只要在测试过程中引入相关的测试工具，那些一直困扰他们测试团队的问题就都能轻松解决了。在业内经常会有这种想法，认为通过引入一种新的技术，就能解决面临的所有问题了。这种想法，忽视了除技术以外我们仍然需要做的工作。软件测试工具确实能提高测试的效率和质量，但它并不是能够解决一切问题的灵丹妙药。软件测试工具能在测试过程中发挥多大的作用，取决于测试过程的管理水平和人员的技术水平。测试过程的管理水平和人员的技术水平都是人的因素，是一个开发组织不断改进，长期积累的结果。如果一个测试组织的测试过程管理很混乱，人员缺乏经验，那么不必忙于引入各种测试工具，这时首先应该做的是改进测试过程，提高测试人员的技术水平，待达到一定程度后，再根据情况逐步的引入测试工具，进一步的改善测试过程，提高测试效率和质量。

JUnit 正是一款针对 Java 语言编写的程序的自动化单元测试工具。

4．如何使用 JUnit？

首先，引入 JUnit 的 jar 包。

在 Java 应用主流开发平台上，一般对 JUnit 有较好的支持。可以导入 myeclipse 中自带的 JUnit 的 3.x 或 4.x 的 jar 包，或从官方网站上下载最新的 jar 包（参考网址 https://github.com/KentBeck/junit/downloads，如图 5.1-2 所示），将其拷贝到 web-inf 目录的 lib 目录下（如图 5.1-3 所示）。

图 5.1-2　下载 junit 测试工具

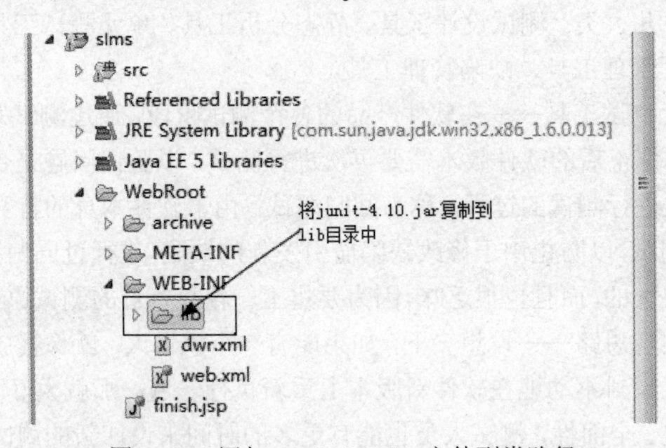

图 5.1-3　添加 JUnit-4.10.jar 文件到类路径

接下来，我们通过例子来说明 JUnit 如何使用。

【例 5-1a】用 JUnit 测试计算器类 Calculator 的每个方法是否正确。在类 Calculator 中有 add() 方法，实现两个整数之和；sub()方法实现两个整数之差；mult()方法实现两个整数之积；div()方法实现两个整数之商。源代码如下：

```
public class Calculator {
//实现两个整数和的功能
public int add(int a, int b){
        return a+b;
    }

    //实现两个整数之差得功能
public int sub(int a, int b){
        return a-b;
    }
    //实现两个整数乘积的功能
public int mult(int a, int b){
        return a*b;
    }
```

```
        //实现两个整数的商的功能
        public int div(int a, int b)throws Exception{
            if(b==0){
                throw new Exception();
            }
            return a/b;
        }
}
```

步骤 1：在 myelipse 开发环境下，右击源文件 Calculator.java，选择菜单项 New->Other->Junit->Junit Test Case，弹出对话框如图 5.1-4 所示。

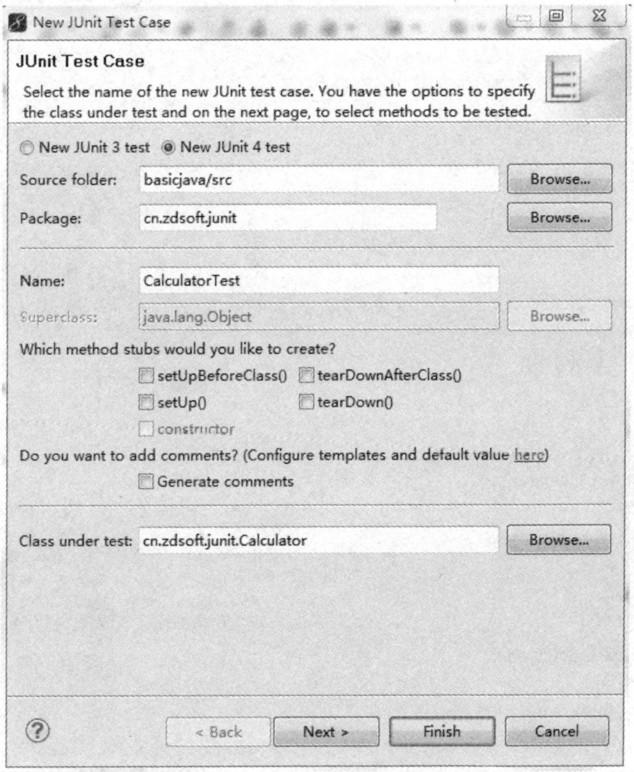

图 5.1-4　定义一个测试类

步骤 2：在图 5.1-4 所示对话框里，选择 New JUnit 4 test 单选按钮，填写测试类的包名 cn.zdsoft.JUnit，填写测试类的名字 CalculatorTest，填写将要测试的类全限名 cn.zdsoft.junit.Calculator，如完成测试用例测试用具的初始化和清理，选择复选框 setUpBeforeClass()和 tearDown()方法，单击 Finish 按钮，在项目的 com.zdsoft.junit 包下就生成了 CalculatorTest.java 文件。在类中静态导入 Assert 类的方法，在测试用例中可以使用断言方法，比如：assertEquals（Object expected, Object actual），判断方法中两个对象的内容是否相同。导入 After 类、Before 和 Test，在测试中可以使用@BeforeClass 注解方法，在测试前完成测试环境的初始化；使用@After 注解方法，在测试后完成资源的清理工作；用@Test 注解方法，表示此方法是一个测试用例。关键代码如下：

```
package cn.zdsoft.junit;
import static org.junit.Assert.*;
import org.junit.After;
import org.junit.Before;
```

```
import org.junit.Test;
public class CalculatorTest {
        @BeforeClass
        public void setUpBeforeClass() throws Exception {
        }
        @After
        public void tearDown() throws Exception {
        }
}
```

步骤 3：修改类 CalculatorTest，为 Calculator 类的每个成员方法添加对应的测试方法，相应测试方法是 add()、sub()、mult()和 div()，在这些方法头前添加注解@Test，表示它们都是一个测试用例。其关键代码如下：

```
@Test
public void add() {
        Calculator c = new Calculator();
        int a = 25, b = 5;
        assertTrue(30 == c.add(a, b));
}
@Test
public void sub() {
        Calculator c = new Calculator();
        int a = 25, b = 5;
        assertEquals(20, c.sub(a, b));
}
@Test
public void mult() {
        Calculator c = new Calculator();
        int a = 25, b = 5;
        assertEquals(125, c.mult(a, b));
}
@Test
public void div() {
        Calculator c = new Calculator();
        int a = 25, b = 5;
        assertEquals(5, c.div(a, b));
}
```

代码说明：在 add()方法中，首先创建一个 Calculator 对象，然后给 a、b 赋初值，最后使用 jnit 测试工具中的 assertEquals()方法调用 Calculator 对象的 add 方法来测试期望值和实际值是否相等（测试的结果——成功或失败将会输出在控制台），从而完成对 add 方法的测试。其他三个方法的测试与 add()类似。

另外，仔细观察上述代码会发现，在每个测试方法里有两行相同代码（能不能优化呢？）：

```
Calculator c = new Calculator();
int a = 25, b = 5;
```

步骤 4：使用 JUnit 测试工具提供的注解@BeforeClass 实现测试的初始化工作。在测试类 CalculatorTest 中新增一个测试初始化的 setUpBeforeClass()方法，将上述每个测试方法的相同代码加入进去，并在该方法前标注为@BeforeClass。修改后的测试类 CalculatorTest 的关键代码如下：

```
public class CalculatorTest {
        Calculator    c;
        int a,b;
@BeforeClass
```

```
        public void setUpBeforeClass() throws Exception {
                c = new Calculator();
                a = 25;
                b = 5;
}
        @Test
        public void add(){
                assertTrue(30==c.add(a, b));
        }
        @Test
        public void sub(){
                assertEquals(20, c.sub(a, b));
        }
        @Test
        public void mult(){
                assertEqauls(125,c.mult(a,b))
        }
        @Test
        public void div(){
                assertEquals(5,c.div(a,b))
        }
}
```

代码说明：使用@BeforeClass 标注的 setUpBeforeClass()方法是用来为测试进行初始化工作的，方法名 setUpBeforeClass 是关键字不能更改。在 JUnit 工具对测试类 CalculatorTest 进行测试的时候，@BeforeClass 标注的 setUpBeforeClass 方法将会首先运行，然后再运行标注有@Test 的方法。

步骤 5：使用 JUnit 工具执行测试。在方法列表中右键选择要测试的 add()方法，在弹出菜单中选择 Run As->JUnit Test。测试结果如图 5.1-5 所示。

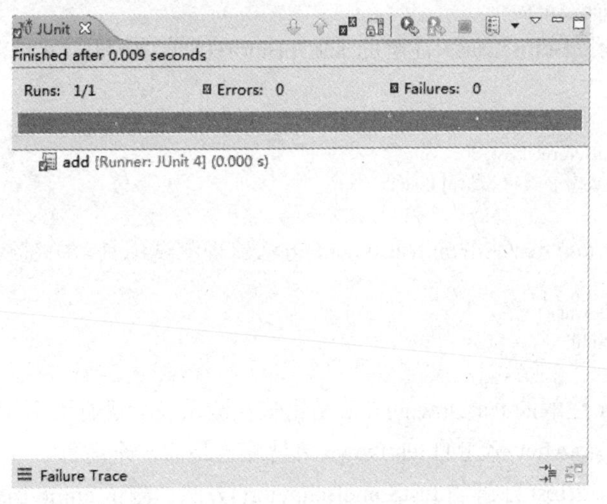

图 5.1-5　add()方法测试结果

结果说明：图 5.1-5 中的绿条表示测试通过，如果测试失败用红条表示。在绿条上面 Runs 表示测试用例数目，Errors 表示测试用例错误数目。

JUnit 支持在一个类中多个测试方法一起测试，只需右击拥有多个测试用例类名，Run As->JUnit Test 就可以了，以 Calculator 为例，出现如图 5.1-6 所示运行结果。图中显示 Runs：4/4，表示对 Calculator 测试用例的 4 个方法进行测试，4 个通过。

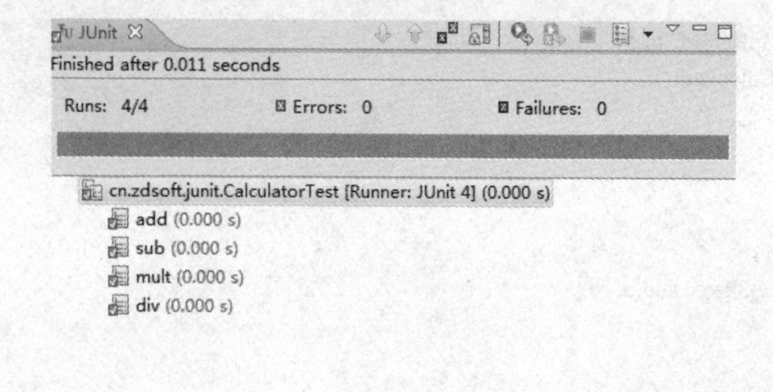

图 5.1-6　同一个类中多个方法一起测试

JUnit 也支持多个测试类一起测试，需要用到@RunWith 和 @SuiteClasses。其中用@RunWith 注解类，JUnit 以测试套件方式测试该测试套件中包含的所有用例；@SuiteClasses 指定测试套件包含测试类集合。为了学习测试套件的使用，下面看看例子 5-1b。

【例 5-1b】在编写了例 5-1a 中的测试类 CalculatorTest 的基础上再编写一个测试类 SimpleTest。使用 JUnit 的测试套件让两个类一起测试。

步骤 0：完成例子 5-1a。

步骤 1：编写测试类 SimpleTest。

首先，在 SimpleTest 中定义一个成员变量 emptyList，代码如下：

```
private java.util.List emptyList;
```

其次，定义一个有@BeforeClass 注解的 setUpBeforeClass()方法，实现测试用具的初始化。关键代码：

```
@BeforeClass
    public void setUpBeforeClass() {
        emptyList = new java.util.ArrayList();
    }
```

再次，定义一个有@After 注解的 tearDown()方法清理测试用具。关键代码如下：

```
@After
    public void tearDown() {
        emptyList = null;
    }
```

代码说明：@After 注解的 tearDown()方法是用来在测试完后进行善后工作，在 JUnit 工具对测试类进行测试的时候，@After 标注的 tearDown 方法将会最后一个运行。

最后，定义一个有@Test 注解的 testSomeBehavior()方法，测试 emptyList 的元素长度为 0 和越界访问异常。关键代码如下：

```
@Test
public void testSomeBehavior() {
    assertEquals("Empty list should have 0 elements", 0, emptyList.size());
}
// expected 元素指定期望抛出的类名
@Test(expected = IndexOutOfBoundsException.class)
public void testForException() {
```

```
        Object o = emptyList.get(0);
    }
    package cn.zdsoft.junit;
```

步骤 2：编写测试用例套件 SuiteTest 类，在声明类前面添加@SuiteClasses，使用该注解添加待测试的类；添加@RunWith 注解，说明是以测试套件方式进行测试工作，不必对每一个测试用例分别测试，可以一次完成测试套件中所有测试工作。关键代码如下：

```
package cn.zdsoft.junit;
import org.junit.runner.RunWith;
import org.junit.runners.Suite;
import org.junit.runners.Suite.SuiteClasses;
@RunWith(Suite.class)
@SuiteClasses({SimpleTest.class,CalculatorTest.class})
public class SuiteTest {}
```

步骤 3：运行测试套件类 SuiteTest。右击 SuiteTest->Run As->JUnit Test，运行结果如图 5.1-7 所示。

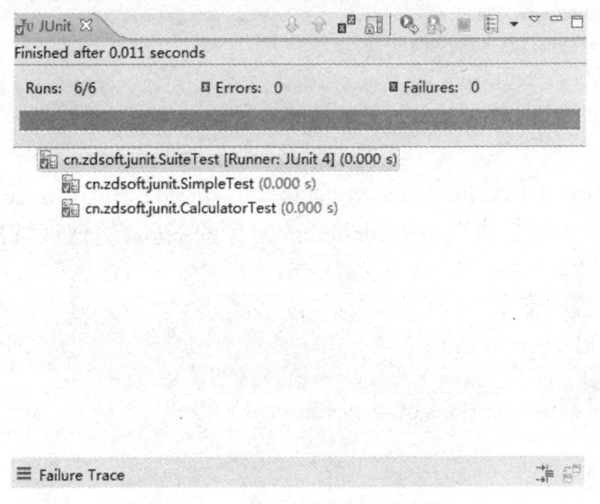

图 5.1-7　测试套件运行结果

工作实施

实施方案

1．创建测试类

2．创建 setUpBeforeClass 方法

3．编写测试方法

4．执行 JUnit 测试

详细步骤

1．创建测试类

创建测试类 RegisterActionTest，为要测试的类 RegisterAction 定义一个静态成员变量，参考代码如下：

```
public class RegisterActionTest {
        static RegisterAction registerAction;//被测试的对象定义为静态成员变量
}
```

2．创建 setUpBeforeClass 方法

在 RegisterActionTest 中创建成员方法 setUpBeforeClass，并标注为用于进行测试的初始化工作。关键代码如下：

```
@BeforeClass
public static void setUpBeforeClass() throws Exception {
    // 准备注册功能所需的原本来自于用户注册页面的数据
    ApplicationContext act = new ClassPathXmlApplicationContext("beans.xml");
    registerAction = (RegisterAction) act.getBean("registerAction");
    registerAction.setName("zs");
    registerAction.setUsername("张三");
    registerAction.setPass("111111");
    registerAction.setLove(new String[] { "影视娱乐", "棋牌娱乐" });
    registerAction.setAge("20");
    registerAction.setSex("男");
    registerAction.setProvince("重庆");
    registerAction.setBirth(new Date());
    registerAction.setMobile("12345678901");
    registerAction.setEmail("zs@com.zdsoft.com");
}
```

3．编写测试方法

在 RegisterActionTest 中创建成员方法 executeTest，并标注为@test，使用 JUnit 工具的断言类（Assert）的 assertTrue 方法来测试 registerAction 对象的 regist 方法试执行是否正确。关键代码如下：

```
@Test
public void executeTest() {
    // 使用 junit 工具的断言类（Assert）的 assertTrue 方法来测试执行是否正确。
    Assert.assertTrue("success".equals(registerAction.regist()));
}
```

4．执行 JUnit 测试

执行测试类 RegisterActionTest，测试通过如图 5.1-8 所示，测试失败如图 5.1-9 所示。

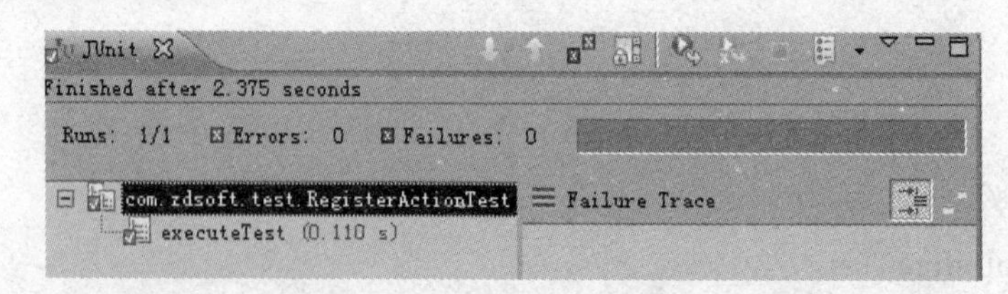

图 5.1-8　显示测试成功结果

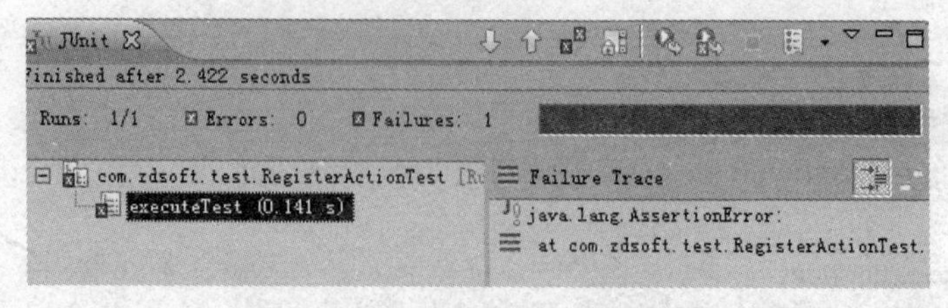

图 5.1-9　显示可能测试失败的结果

5.2 巩固与提高

一、选择题

1．软件测试是按照特定的规程（　　）的过程。

A．发现按软件错误　　B．说明程序正确

C．证明程序没有错误　　D．设计并运行测试用例

2．测试用例是专门为了发现软件错误而设计的一组或多组数据，它由（　　）组成。

A．测试输入数据　　B．预期的测试输入数据

C．测试输入和预期的输出数据　　D．按照测试用例设计方法设计出的数据

3．一个成功的测试是（　　）

A．发现错误　　B．发现了至今尚未发现的错误

C．没有发现错误　　D．证明发现不了错误

4．测试过程的活动几乎贯穿整个开发过程，它大体分为（　　）和系统测试阶段。

A．模块测试、集成测试、有效性测试　　B．模块测试、功能测试、回归测试

C．单元测试、功能测试、用户测试　　D．单元测试、集成测试、确认测试

5．测试过程的三个阶段分别以（　　）文档为指导。

A．需求规格说明书、概要、详细设计　　B．产品目标设计、产品设计、测试计划

C．产品需求分析、设计、测试计划　　D．测试计划、用例设计、测试报告

6．白盒法与黑盒法最大的不同在于（　　）。

A．测试用例设计方法不同　　B．测试的任务不同

C．应用的测试阶段不同　　D．基于的知识集不同

7．使用白盒测试方法时，确定测试数据应根据（　　）和指定的覆盖标准：黑盒测试方法是通过分析（　　）来设计测试用例的。

A．程序的内部逻辑　　B．程序的复杂程度

C．使用说明书　　C．程序的接口功能

二、填空题

1．单元测试是以________说明书为指导来测试源程序代码；集成测试以________说明书为指导来测试软件结构；确认测试以________说明书为指导。

2．代码复审属于________，不实际运行程序。

3．动态测试分为________即功能测试，和________即结构测试。

4．边界值分析法属于________。

5．软件是________、________、________的完整集合

6．硬件与软件的最大区别是：软件产品室________产品，硬件产品是物质产品。

7．逻辑覆盖属于________，包括________、分支覆盖、________、判断/条件覆盖、条件组合覆盖、路径覆盖。

第二部分

综合篇——简化进销存项目开发

6 项目的需求分析与设计

6.1 简化进销存需求分析

工作目标

知识目标

- 了解需求分析的概念及作用
- 理解需求分析的内容
- 掌握用例图的画法

技能目标

- 根据需求能够编写简要的需求说明书

素养目标

- 培养自学能力与动手能力

工作任务

项目名称：简化进销存系统（Simple Logistics Management System）。

需求描述：简化的进销存系统，主要有销售、进货、二个业务模块。销售是公司的销售人员将生产的商品卖给客户，生成销售订单。进货是公司的采购人员向供应商采购原材料，生成采购订单。与此同时，公司有管理人员能够对公司的员工、商品、供应商和客户进行统一管理维护。另外，要求系统采用 B/S 方式，要求界面简单清晰，业务简化，程序逻辑简洁，代码规范，性能良好，可维护性好。数据库设计遵照 3NF 规范，尽量简化，避免复杂。

任务：通过了解简化进销存系统的基本功能需求，尝试划分系统的功能，分析每个功能的具体细节要求，最后尝试编写需求分析说明书。

工作计划

任务分析之问题清单

1．需求分析在整个设计过程中的作用？

2．需求分析的内容是什么？

3．需求分析如何进行？

4．需求规格说明书要写些什么？

任务解析

1．了解需求分析及作用

软件需求是指用户对目标软件系统在功能、行为、性能、设计约束等方面的期望。通过对应问题及其环境的理解与分析，为问题涉及的信息、功能及系统行为建立模型，将用户需求精确化、完全化，最终形成需求规格说明，这一系列的活动即构成软件开发生命周期的需求分析阶段。

需求分析概念：需求分析是明确系统必须做什么的问题，不是分析怎么做，它是在问题定义及可行性分析之后进行。

需求分析是介于系统分析和软件设计阶段之间的桥梁。一方面，需求分析以系统规格说明和项目规划作为分析活动的基本出发点，并从软件角度对它们进行检查与调整；另一方面，需求规格说明又是软件设计、实现、测试直至维护的主要基础。良好的分析活动有助于避免或尽早剔除早期错误，从而提高软件生产率，降低开发成本，改进软件质量。

2．需求分析内容

1）确定对系统的综合需求。

①系统功能需求——划分出系统所有功能；

②系统性能需求——达到各项技术指标；

③系统运行需求——系统运行时所处的环境的需求（环境：系统软件数据库外存储器数据通讯接口）；

④将来可能提出的需求。

2）建立系统的逻辑模型。

模型的概念：为理解事物对事物做出的抽象，是对事物无歧义的书面描述，由一组图形符号和组成图形的规则组成。需求分析的模型包含：

①数据模型——E-R 图（实体－关系图）、数据字典（描述系统使用的数据对象）；

②功能模型——DFD 图（数据流图）；

③行为模型——用例图、状态图、活动图等。

随着面向对象编程思想的发展和面向对象的程序设计语言的流行，传统的结构化的需求分析已经不太适合目前使用面向对象语言的软件项目开发，逐渐被淘汰或改进；新的分析——面向对象分析（OOA）及孕育而生的图形工具 UML 走进了现代软件项目分析中。因此，本书将会对上述三个需求分析模型的内容进行取舍和调整。首先，数据模型的内容调整到项目的概要设计中；其次，功能模型的内容舍弃（已经不实用）；再次，行为模型中的用例图作为需求分析的主要内容，状态图及活动图等根据需要调整到项目的详细设计中。

3．需求分析如何进行

1）确定对系统的综合需求。

实际就是进行调查研究，如表 6.1-1 所示进行调查。

2）建立系统的逻辑模型。

根据前面需求分析内容所述，在这里建立用例图。

用例图：是一组由抽象符号组成的图形。它用来表示：系统有多少角色、系统有多少用例、每个角色可以使用哪些用例。

表 6.1-1 需求调研

编号	提出问题
1	您在哪个部门工作？
2	您工作的业务流程是什么？
3	您每日都处理哪些文件、数据、报表？
4	工作中手工处理特别麻烦的事情是什么？
5	工作中手工处理什么问题解决不了？影响效率的问题有哪些？
6	您认为提高工作效率，节省工作时间，减轻工作强度可采取哪些办法？

角色的概念：角色（actor）是与系统交互的人或事。所谓与“系统交互”指的是角色向系统发送消息，从系统中接收消息，或是在系统中交换信息。只要使用用例与系统互相交流的任何人或事都是角色。简言之，角色就是系统的使用者（参与者）。角色在图形中的表示如图 6.1-1 所示。

用例的概念：用例是对包括变量在内的一组动作序列的描述，系统执行这些动作，并产生传递特定参与者的价值的可观察结果。简言之，用例是参与者想要系统做的某件事情（功能）。用例在图形中表示如图 6.1-2 所示。

图 6.1-1 角色　　图 6.1-2 用例

角色“使用”某个用例：若系统中的某个角色有权限使用某个用例，那么表示角色有权限“使用”该用例。“使用”在图形中表示为从角色指向用例的一条箭头，如图 6.1-3 所示。

下面请看例 6.1-1，一个简单的自动售货机（系统）的用例图。

【例 6.1-1】自动售货机用例图，如图 6.1-4 所示。

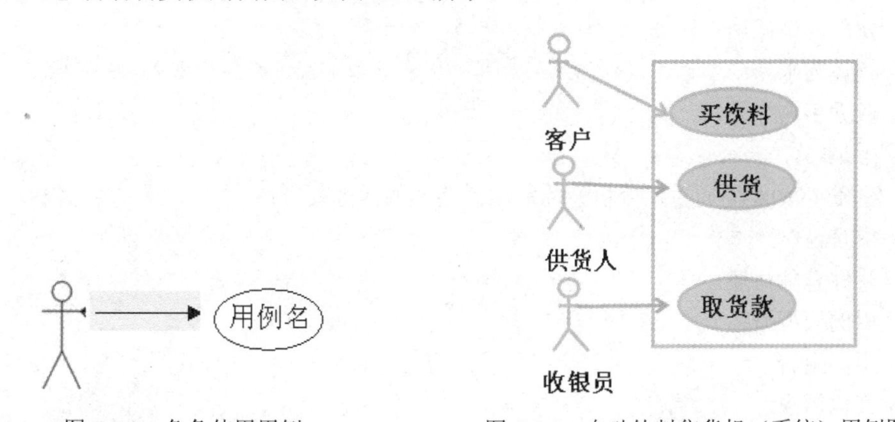

图 6.1-3 角色使用用例　　图 6.1-4 自动饮料售货机（系统）用例图

从该例子中我们能看出什么？首先，该系统给哪些用户使用？数一下例子中的“人”，可知供三种用户（角色）使用：客户、供货人、收银员；其次，该系统提供了哪些功能？数一数例子中的“椭圆圈”，可见有三个功能（用例）：买饮料、供货、取款；最后，各个功能分别给哪种用户使用？或者说每种用户能使用系统的哪些功能（权限）？看看例子中的“箭头”，可得出客户能使用买饮料的功能，供货人能使用供货功能，收银员能使用收款的功能。

3）细化每个用例的详细说明。

光有用例图是不够的，用例只是程序的功能界定，需求概述也仅仅对每个功能提了个名字，我们要想实现系统的功能还必须知道每个功能的详细内容，深入了解用户在完成系统的某个功能时需要做些什么事儿。下面就让我们来看看例 1-6 中的用例可能的详细说明。

买饮料：首先，用户投币到售货机的投币口，售货机需要识别投币是真钞还是假钞或者不是钞票，对假钞或非钞票的东西吐出到出币口；其次，要提供用户进行点选商品的操作面板，让用户能够自主卖哪样商品、买多少；再次，售货机要有计算功能，能计算用户投币的总额、用户买商品的金额、数量以及余额，余额不足或商品数量不足的时候要给出提示并阻止用户交易；最后，用户交易完成时从吐物口吐出用户买的商品，从吐币口吐出用户消费之后的余额。可能附加的功能：用户在 1 分钟之内若没有取走商品或余额（钞票），则售货机自动吞掉；提供打印交易记录的凭条或者发票。

供货：售货机提供进货口让供货人放入商品到指定的地方，同时，售货机要能统计各种商品的存货数量。

取货款：收银员从售货机的取款口取出货款。可能附加的功能，收银员要存留一定的零钞在售货机中供售货机找零使用。

4）复查与存档。

复查：修正开发计划。

存档：形成需求规则说明书，形成初步用户手册。

4．需求规格说明书要写些什么

需求说明书的内容并没有一个统一的标准，对于不同的软件工程开发模型，其内容是不一样的，下面给出几个典型的需求说明书供参考：

瀑布模型（传统结构化分析）的需求说明书的内容要点：

- 引言
- 软件总体概述
- 具体需求
- 数据字典
- 附录

统一过程（OOA 面向对象分析）的需求说明书的内容要点：

- 引言
- 软件总体概述
- 用例模型概述
- 用例报告
- 其他需求
- 数据字典
- 附录
- 补充需求

本书改进的需求说明书的内容要点：

- 软件总体概述

- 用例图
- 功能界定
- 用例报告
- 开发环境
- 运行环境

工作实施

实施方案

1．编写系统总体介绍
2．制作用例图
3．进行功能界定
4．细化每个用例详细说明
5．确定开发环境
6．确定运行环境

详细步骤

1．编写系统总体介绍

总体介绍描述系统的一般情况，参考内容如下：

简化的供销存系统（SLMS），主要有销售、进货、二个业务模块，并相应有个辅助的基础模块，档案管理。系统采用B/S方式，要求界面简单清晰，业务简化，程序逻辑简洁，代码规范，性能良好，可维护性好。数据库设计遵照3NF规范，尽量简化，避免复杂。

2．制作用例图

分析角色：有采购员、销售员和管理员。

分析用例：有进货管理、订货管理和基础信息维护（员工档案、商品档案、客户档案维护）。

根据上述分析，给出用例图（参考）如图6.1-5所示。

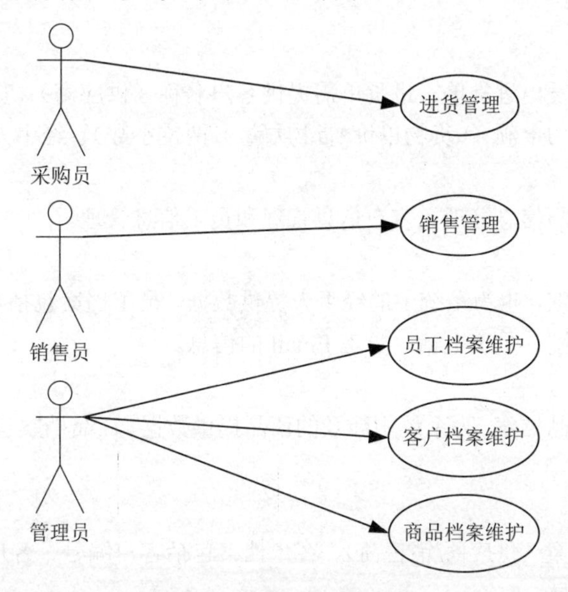

图6.1-5　简化进销存用例图

3．系统功能界定

对系统的功能模块进行划分，最好以功能结构图的形式，参考内容如图 6.1-6 所示。

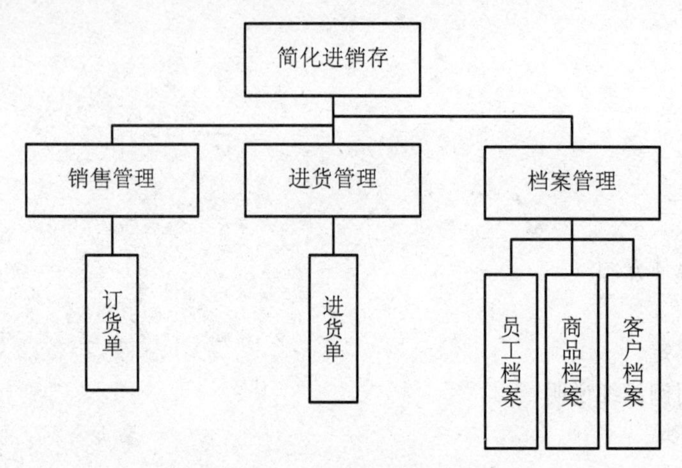

图 6.1-6　系统功能结构图

4．细化每个用例详细说明

对每个用例进行细化，理清用例的具体要求。内容要点参考如下：

4.1 销售管理

完成对商品销售情况的订货单管理。

4.1.1 订货单

由销售商向总公司提交定货单，订货单需提供客户名称（销售商）、货物名称、货物数量、订货日期、经手人的信息。

4.2 进货管理

主要是保证进货渠道顺畅，有效地控制购进商品数量、成本价格等，其为企业的良好运做起着重要的作用。

4.2.1 进货单

由总公司向供应商发出进货单，进货单需提供客户名称（供应商）、货物名称、进货数量、进货日期、货物单价、货物金额（(货物单价*货物数量）两位小数)、经手人的信息。

4.3 档案管理

完成对所经营的商品信息管理、客户信息管理和员工信息管理。

4.3.1 员工档案

建立公司的员工档案，也为系统中的经手人提供数据。员工档案包括员工编号、员工名称、员工出生年月日、员工性别、员工电话、员工 Email 的信息。

4.3.2 商品档案

建立公司所有的商品档案，为系统中涉及的商品提供数据。商品档案包括商品编号、商品名称、商品单价的信息。

4.3.3 客户档案

建立公司的客户档案（供应商/销售商），客户档案包括客户编号、客户名称、客户电话、客户地址、客户 Email 的信息。

5．确定开发环境

开发环境（参考）如表6.1-2所示。

表6.1-2　系统开发环境

操作系统	推荐 Windows XP SP2
浏览器	IE6.0.29
开发语言	Java
编译环境	JDK1.6
Web 服务器	Tomcat6.0
技术框架	Struts2+Spring2+Hibernate3
IDE 工具	MyEclipse6.x
数据库	SQL Server 2000 或 Oracle9i/10g 或 Mysql5.0
配置管理工具	无

6．确定运行环境

运行环境（参考）如表6.1-3所示。

表6.1-3　系统运行环境

操作系统	推荐 Windows XP SP2
浏览器	IE6.0.29
Web 服务器	Tomcat6.0
数据库	SQL Server 2000 或 Oracle9i/10g 或 Mysql5.0

6.2　项目的概要设计

工作目标

知识目标

- 理解概要设计的概念
- 理解概要设计的过程
- 理解模块概念和模块化原则，会进行模块化（综合应用）
- 理解数据库设计的内容
- E-R图的制作（综合应用）

技能目标

- 根据需求能够进行概要设计，会阅读和编写简要的概要设计说明书

素养目标

- 作图能力
- 动手能力

工作任务

根据简化供销存系统的需求说明书，进行概要设计，形成相应的概要设计说明书。

工作计划

任务分析之问题清单

1．概要设计是干什么的？

2．概要设计如何进行？

3．概要说明书要写些什么？

任务解析

1．了解概要设计

概要设计是软件项目在完成需求分析之后的首要步骤，其内容是制定系统的设计方案，确定软件的总体结构，在涉及大型数据处理的系统时，还需要进行数据库设计。

概要设计目的：①将软件系统需求转换为未来系统的设计；②逐步开发强壮的系统构架；③使设计适合于实施环境，为提高性能而进行设计；④结构应该被分解为模块和库。

概要设计的主要任务：制定规范——代码体系、接口规约、命名规则。这是项目小组今后共同作战的基础，有了开发规范和程序模块之间和项目成员彼此之间的接口规则、方式方法，大家就有了共同的工作语言、共同的工作平台，使整个软件开发工作可以协调有序地进行。

2．概要设计如何进行

1）根据需求分析提出方案。

首先，列出项目需求分析阶段及之前的相关文档：

- 需求规格说明书
- 成本、效益分析
- 进度计划
- 需求分析的图形工具（用例图、业务流程图等）

其次，根据列出的文档提出多个可能的项目实现方案（方案内容主要包括：采用的技术方法，如是采用 OO（面向对象）的方法、还是结构化的方法，是采用.net 还是 Java；总体的技术结构，如采用几层体系结构，每层的责任是什么；系统的网络结构，如系统的功能在网络上的部署分布；核心技术难点的解决方案，如系统的核心算法等）。

2）选取合理的方案。

从上一步得到的一系列供选择的方案中选取若干个合理的方案，通常至少选取低成本、中等成本和高成本的三种方案。根据系统分析确定的目标，来判断哪些方案是合理的。

3）推荐最佳方案。

综合分析对比各种合理方案的利弊，推荐一个最佳的方案。

4）功能分解。

对用例图、业务流程图等进一步细化，进行功能分解。这一步为下一步模块化做准备。

5）设计软件结构。

该步骤确定系统为实现用户要求的功能需要哪些模块；确定模块的层次结构；确定模块的相互调用关系：顶层模块调用它的下层模块以实现程序的完整功能，每个下层模块再调用更下层的模块，最下层的模块完成最具体的功能。当模块划分出来并具有层次关系后，软件结构也就确定了，一般通过图形工具——层次图或结构图来描绘软件结构。

此步骤实质就是确定模块及模块间的层次关系。

关于模块——模块等于用户提出的功能么？

模块的定义：具有四种属性的一组程序语句称为一个模块。四种属性是：

- 输入/输出：一个模块的输入/输出都是指同一个调用者。
- 逻辑功能：指模块能够做什么事，表达了模块把输入转换成输出的功能，可以是单纯的输入/输出功能。
- 运行程序：指模块如何用程序实现其逻辑功能。
- 内部数据：指属于模块自己的数据。

可见，模块并不等于功能。

关于模块的属性——模块有什么属性呢？

外部属性：输入/输出、逻辑功能。内部属性：运行程序、内部数据。

在结构化系统设计中，人们主要关心的是模块的外部属性，至于内部属性，将在系统实施工作中完成。

关于模块的大小——它是固定大小的么？

模块有大有小，它可以是一个程序，也可以是程序中的一个程序段或者一个子程序。

关于理想模块（黑箱模块）——是什么样子的呢？

理想模块的特点：①每个理想模块只解决一个问题；②每个理想模块的功能都应该明确，使人容易理解；③理想模块之间的联结关系简单，具有独立性；④由理想模块构成的系统，容易使人理解，易于编程，易于测试，易于修改和维护。

对程序员来说，理想模块是追求的目标，在实际软件项目开发的过程中应该尽量向理想模块靠拢。对用户来说，其感兴趣是模块的功能，而不必去理解模块内部的结构和原理。

关于模块化——这个是本步骤的实质。

模块化的含义：把系统分解成若干个能完成独立功能的模块。一般按功能分解，分解到成为一个小的功能对应单一的模块为止。一般一个模块内包含的语句在 30～50 条左右较好（指高级语言）。

模块化原则：降低系统中模块之间的耦合（联结）程度，提高每个模块的独立性、聚合度。模块的耦合度：就是某模块（类）与其他模块（类）之间的关联、感知和依赖的程度。

耦合度的强弱依赖于4个因素：

- 一个模块对另一个模块的调用
- 一个模块向另一个模块传递的数据量
- 一个模块施加到另一个模块的控制的多少
- 模块之间接口的复杂程度

模块的耦合度理解：耦合度简单来说就是模块之间的联系紧密程度，有低耦合与高耦合之分，联系越紧密就是高耦合度，反之则是低耦合度；从软件的维护来看，低耦合度的代码容易维护修改，高耦合的代码是不好的，不容易维护。

6）数据库设计。

数据库设计概念：主要是数据库结构设计，设计在数据库中要创建的相关表、视图等数据库实体。

数据库的设计主要是使用图形工具——E-R 图来进行，在经典的结构化的程序设计方法中分为以下三个模型：

（1）E-R 图概念模型。

以用户的角度来描述数据库结构，一般在需求分析时完成。

概念模型：描述从用户角度看到的数据。

E-R 图：实体－联系图（Entity - Relationship Diagram）。E-R 概念模型的图形表示如下：

实体：是生活中的万事万物，也就是对象，用矩形框来表示，矩形框内标明实体的名称。如图 6.2-1 所示，学生、老师、班级分别都是独立的实体。

实体 Entities 例：学生，教师，班级

图 6.2-1 实体的图形表示

关系：指实体与实体之间的联系。用一个菱形框来表示，菱形框内标明关系的名称。如图 6.2-2 所示，属于（学生属于某个班级）、教（老师教学生）都是关系。

图 6.2-2 关系的图形表示

实体属性：指实体具有的特征。比如人（实体）的身高体重，或者长方形（实体）的长和宽都是实体的属性。实体属性用椭圆来表示，椭圆内标明属性的名称。如图 6.2-3 所示，姓名和学号都是实体（学生）的属性。

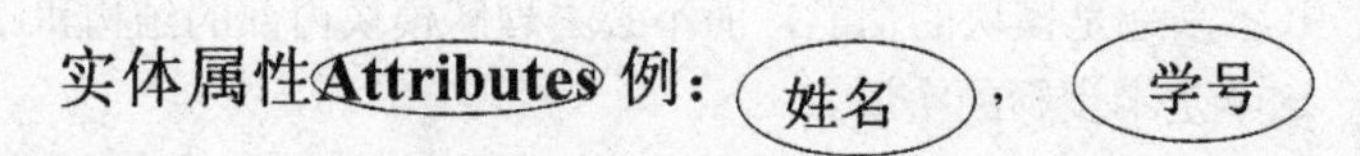

图 6.2-3 实体属性的表示

了解了实体、实体属性、实体间关系的表示后，用折线或直接将三者有机连接起来就构成了 E-R 图的概念模型，如图 6.2-4 所示，学生、老师、班级三个实体的概念模型。

E-R 图的概念模型在项目开发过程中并非是必须的，它在设计复杂的数据库的时候比较适用，或者在项目没有确定使用何种数据库的时候比较适用，或者对于有一定编程经验的用户深入讨论需求的时候比较适用，或者对于没有进行过数据库设计的初学者来说，培养他们的 E-R 图设计入门是相当不错的主意。随着目前 OOD（面向对象设计）思想的运用，E-R 图的概念模型已经用得不多，本书的项目省略该模型。

（2）E-R 图逻辑模型。

E-R 图的逻辑模型：描述从程序员角度看到的数据，一般在概要设计时完成。E-R 图的逻辑模型表示如下：

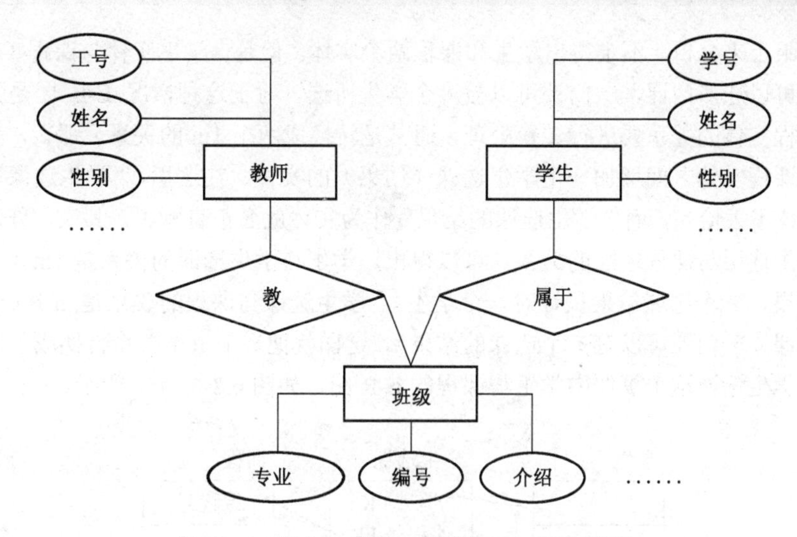

图 6.2-4　学生、老师、班级的 E-R 概念模型

实体与实体属性：其图形表示如图 6.2-5（a）所示，用一个矩形框表示实体，矩形框顶部外面标注实体名称，矩形框内部分成上下两栏，上栏里边填写主键属性（PK），下栏里边填写非主键属性。

一个学生实体图如图 6.2-5（b）所示，该学生实体有主键属性学号，非主键属性姓名等。

图 6.2-5（a）　实体与实体属性的表示　　图 6.2-5（b）　学生实体图（含学生实体属性）表示

实体之间的关系：使用外键关系来表示，只能表示 1:1 或 1:n（1 对多）的关系，对于 n:n（多对多）的关系要转换成两个 1:n 的关系。如图 6.2-6（a）所示，用一条带箭头的直线来连接两个实体，箭头所指的一方（实体 2 的主键属性）是 1，另一方（实体 1 的非主键属性）是 n（多），那么实体 1 与实体 2 的关系就是 n:1（多对一）的关系。

两个实体 1:n 关系的 E-R 图举例：如图 6.2-6（b）所示，学生与班级的 E-R 图，学生与班级的关系是多个学生属于同一个班级，学生实体的外键属性引出一根箭头指向班级实体的主键属性，可见是多对一的关系（n:1）。

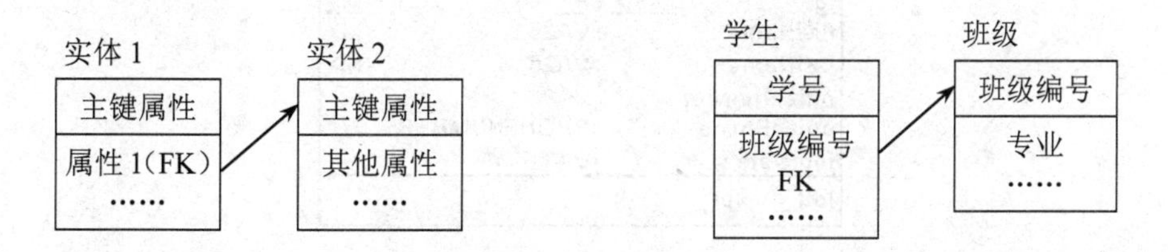

图 6.2-6（a）　E-R 图逻辑模型的实体之间的关系表示　　图 6.2-6（b）　学生与班级的 E-R 图——n:1 关系的例子

两个实体 n:n 关系的转换举例：完成学生选课事件中涉及的各个实体 E-R 图。一般地，就学生

选课事件从字眼上来分析，不难得出学生和课程两个实体。但是，学生实体与课程实体是 n:n 的关系：一个学生可以选多门课，一门课可以被多个学生所选。对于这种情况 E-R 图是无法表示的，因而学生和课程实体的关系要进行转换处理，通常是转换成两个 1:n 的关系。那么，如何转换呢？首先在学生和课程实体之间增加一个学生选课（结果）的实体。在这里，“学生选课”应该是一个事件，作为实体不大恰当，而“学生选课的结果”作为实体就名正言顺了。其次，分别确定学生与学生选课、学生选课与课程之间的关系。可以得出，学生与学生选课的关系是 1:n（一个学生可以有多个选课结果，一个选课结果只针对一个学生），学生选课与课程的关系是 n:1（一个选课的结果只针对一门课，一门课可以有多个选课的结果）。这样就把一个 n:n 关系转换成了两个 1:n 的关系，从而实现学生选课这个事件中学生与课程的 E-R 图，如图 6.2-6（c）所示。

图 6.2-6（c） 学生选课事件中涉及到的各个实体 E-R 图

注意

对于 E-R 图的制作可以使用专门的作图软件：ERWin、PowerDesigner 等，其图形的关系表示可能与本文的图形表示不一样，不过含义都相同。另外，在面向对象设计（OOD）中通常建立静态模型（类图或对象图），该模型相与 E-R 图的逻辑模型类似。

（3）E-R 图物理模型。

以数据库系统的角度来描述数据库结构，一般在详细设计时完成。

E-R 图的物理模型的图形表示与逻辑模型类似，只不过把中文的文字转换成数据库建表（SQL 语句）可以识别的名字（一般是英文）；给每个实体属性（字段）定义数据类型，是否主键、是否为空等等。一个 E-R 图物理模型的例子：员工（Employee）信息表（使用 PowerDesigner 制作，其他工具可能不一样），如图 6.2-7 所示。

Employee			
id	<pi>	PK	<M>
firstName		VA25	<M>
lastName		VA25	<M>
officeNumber		VA3	
officePhone		PHONENUMBER	
joinDate		DATE	
ldtf_1 <pi>			

图 6.2-7 员工（Employee）信息表 E-R 图物理模型

另外，传统的数据库设计工具——数据字典与 E-R 图是等价的，但它不是以图的形式，通常使用表格的形式来表达数据库的表结构。例如：员工（Employee）信息表，如表 6.2-1 所示。

表 6.2-1　数据字典——员工（Employee）信息表

表名	员工档案(Employee)			
列名	数据类型及长度	空/非空	约束	字段说明
id	int	Not null	Primary key	序号（自动增长）
code	char(3)	Not null	unique	员工编号
name	Varchar(10)	Not null		姓名
birthdate	Varchar(10)	Not null		出生日期
sex	bit	Not null		性别(0-女，1-男)
telephone	Varchar(30)	Not null		电话
email	Varchar(30)			电子邮件

由于本书的简化进销存项目使用了 Hibernate 框架，对于数据库的 E-R 图物理模型的建立采用了另外一种方式：根据类图（对象图）按照 Hibernate 框架的规范编写与数据相关的实体类及数据库映射配置文件，就等于设计好了 E-R 图物理模型。因为利用 Hibernate 框架就可以根据实体类及映射配置文件生成数据库。

7）系统接口设计。

接口：系统内部之间、系统与系统之间的通信渠道。

接口设计包括：内部接口、外部接口、用户接口。

8）制定测试计划。

概要设计阶段制定功能测试（黑盒测试）计划，详细设计阶段制定结构测试（白盒测试）计划。

9）复审、存档。

复审内容：技术审核与管理审核。

存档：形成一系列文档，包括：

- 概要设计说明书
- 数据库设计说明书
- 用户手册
- 测试计划

概要说明书要写些什么？

一份经典的瀑布模型的概要设计说明书的编写要点参考如下：

- 引言
- 范围
- 软件系统结构设计
- 数据设计
- 接口设计
- 系统性能设计
- 技术路线与关键技术
- 人工处理过程

- 开发人员角色划分
- 出错处理设计
- 系统维护设计
- 安全保密设计
- 尚未解决的问题列表

从上面列出的要点可见，结构化的概要设计内容相当多，但实际项目的设计并不一定有所有的内容要点，如今随着面向对象设计（OOD）方法的发展，有些内容更显得不合适或者多余。根据本书涉及的项目——简化进销存的特点，本书改进概要设计说明书的内容要点如下：

- 软件系统的结构设计（模块化）
- 技术路线与关键技术
- 数据设计（数据库设计）

工作实施

实施方案

1. 软件系统模块化
2. 制定本系统的体系结构
3. 进行数据设计

详细步骤

1. 软件系统模块化

根据需求分析中的功能界定，结合本节任务解析中模块化的相关内容进行简化进销存系统的模块化如图 6.2-8 所示。

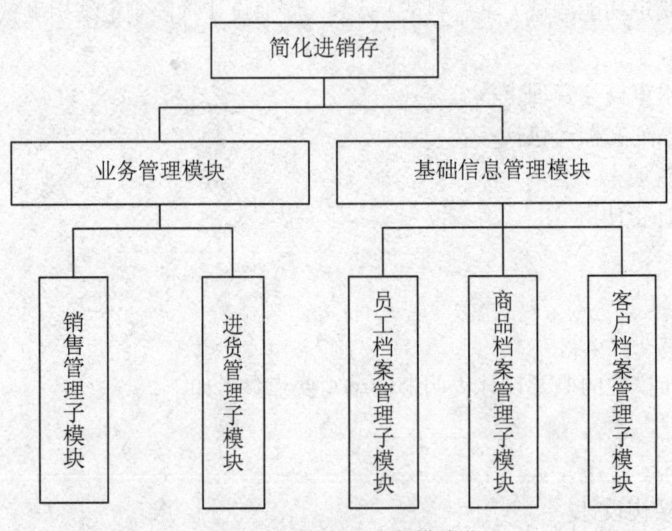

图 6.2-8　简化进销存模块化

2. 制定本系统的体系结构

使用 SSH 框架的体系结构如图 6.2-9 所示。

3. 进行数据设计

首先，按照任务解析的相关内容设计本系统 E-R 图的概念模型，如图 6.2-10 所示，本书这里采用了静态模型的类图来描述简化进销存系统的 E-R 图，作图软件使用的是微软的 Visio2007。

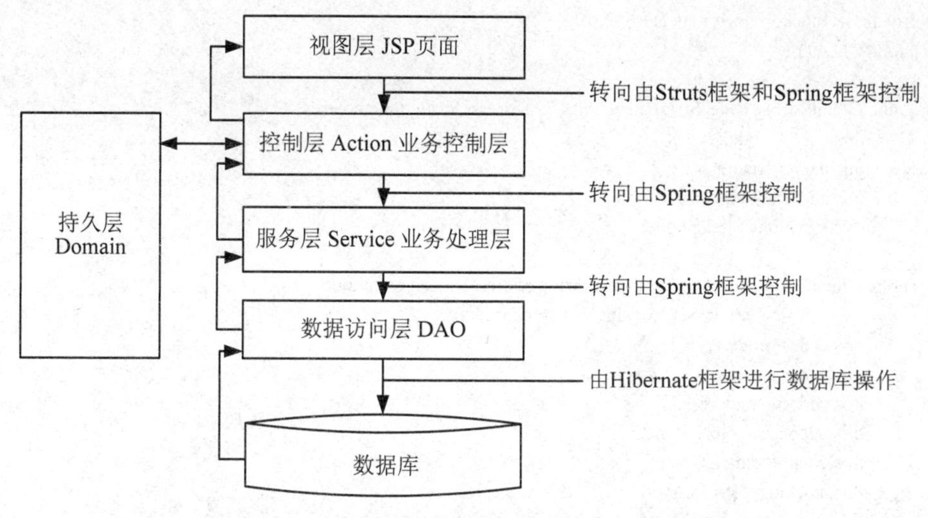

图 6.2-9　系统的体系结构

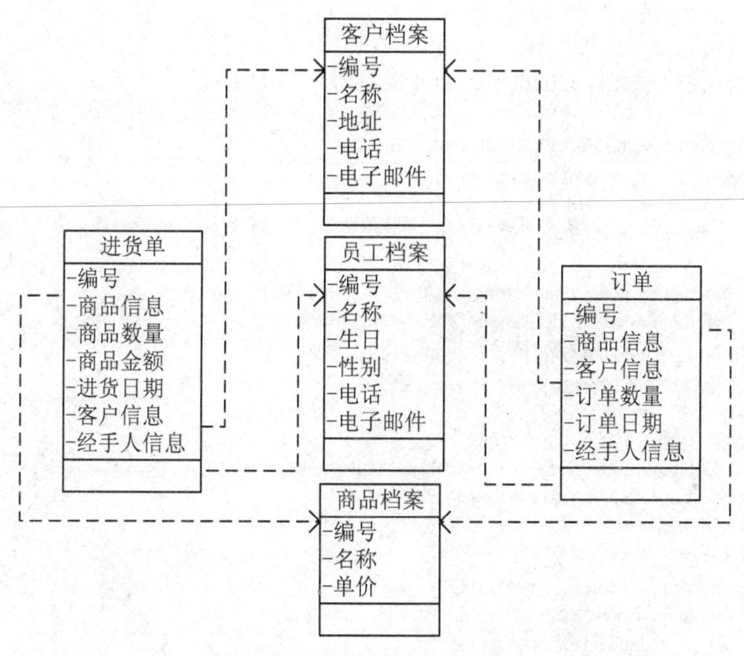

图 6.2-10　E-R 图的概念模型

其次，按照图 6.2-10 并根据 Hibernate 框架的实体类设计规范编写实体类和对应的映射文件。分别如下：（本书将所有实体类和映射文件存放在 com.zds.slms.domain 包下）

客户档案：实体类 Client.java 关键代码如下：

```
public class Client implements java.io.Serializable {
        private Integer id;
        private String code;
        private String name;
        private String address;
        private String telephone;
```

```
        private String email;
        private Set stockins = new HashSet(0);
        private Set stockorders = new HashSet(0);
        public Client() {
        }
        public Client(String code, String name, String address, String telephone) {
                this.code = code;
                this.name = name;
                this.address = address;
                this.telephone = telephone;
        }
        public Client(String code, String name, String address, String telephone,
                        String email, Set stockins, Set stockorders) {
                this.code = code;
                this.name = name;
                this.address = address;
                this.telephone = telephone;
                this.email = email;
                this.stockins = stockins;
                this.stockorders = stockorders;
        }
//成员变量的 GET/SET 方法这里略
}
```

客户档案：实体类映射文件 Client.hbm.xml 关键源代码如下：

```
<hibernate-mapping>
        <class name="com.zds.slms.domain.Client" table="client">
                <id name="id" type="java.lang.Integer">
                        <column name="id" />
                        <generator class="identity" />
                </id>
                <property name="code" type="string">
                        <column name="code" length="3" not-null="true">
                                <comment>客户编号</comment>
                        </column>
                </property>
                <property name="name" type="string">
                        <column name="name" length="50" not-null="true">
                                <comment>客户名称</comment>
                        </column>
                </property>
                <property name="address" type="string">
                        <column name="address" length="50" not-null="true">
                                <comment>地址</comment>
                        </column>
                </property>
                <property name="telephone" type="string">
                        <column name="telephone" length="30" not-null="true">
                                <comment>电话</comment>
                        </column>
                </property>
                <property name="email" type="string">
                        <column name="email" length="30">
                                <comment>电子邮件</comment>
                        </column>
```

```
            </property>
            <set name="stockins" table="stockin" inverse="true" lazy="true"
                    fetch="select" cascade="all-delete-orphan">
                    <key>
                            <column name="clientid" not-null="true">
                                    <comment>进货单</comment>
                            </column>
                    </key>
                    <one-to-many class="com.zds.slms.domain.Stockin" />
            </set>
            <set name="stockorders" table="stockorder" inverse="true" lazy="true"
                    fetch="select" cascade="all-delete-orphan">
                    <key>
                            <column name="clientid" not-null="true">
                                    <comment>订货单</comment>
                            </column>
                    </key>
                    <one-to-many class="com.zds.slms.domain.Stockorder" />
            </set>
    </class>
</hibernate-mapping>
```

员工档案：实体类 Employee.java 关键代码如下：

```
public class Employee implements java.io.Serializable {
        private Integer id;
        private String code;
        private String name;
        private String birthday;
        private boolean sex;
        private String telephone;
        private String email;
        private Set stockins = new HashSet(0);
        private Set stockorders = new HashSet(0);
        public Employee() {
        }
        public Employee(String code, String name, String birthday, boolean sex,
                        String telephone) {
                this.code = code;
                this.name = name;
                this.birthday = birthday;
                this.sex = sex;
                this.telephone = telephone;
        }
        public Employee(String code, String name, String birthday, boolean sex,
                        String telephone, String email, Set stockins, Set stockorders) {
                this.code = code;
                this.name = name;
                this.birthday = birthday;
                this.sex = sex;
                this.telephone = telephone;
                this.email = email;
                this.stockins = stockins;
                this.stockorders = stockorders;
        }
        public void setBirthday(String birthday) {
```

```
        if (null != birthday && birthday.length() >= 10) {
            birthday = birthday.substring(0, 10);
        }
        this.birthday = birthday;
    }
    //通常的成员变量的 get/set 方法这里略
}
```

员工档案：实体类映射文件 Employee.hbm.xml 关键代码如下：

```
<hibernate-mapping>
    <class name="com.zds.slms.domain.Employee" table="employee" >
        <id name="id" type="java.lang.Integer">
          <column name="id" />
          <generator class="identity" />
        </id>
        <property name="code" type="string">
          <column name="code" length="3" not-null="true">
          <comment>员工编号</comment>
          </column>
        </property>
        <property name="name" type="string">
          <column name="name" length="10" not-null="true">
          <comment>姓名</comment>
          </column>
        </property>
        <property name="birthday" type="string">
          <column name="birthday" length="10" not-null="true">
          <comment>出生日期</comment>
          </column>
        </property>
        <property name="sex" type="boolean">
          <column name="sex" not-null="true">
          <comment>性别(0-女，1-男)</comment>
          </column>
        </property>
        <property name="telephone" type="string">
          <column name="telephone" length="30" not-null="true">
          <comment>电话</comment>
          </column>
        </property>
        <property name="email" type="string">
          <column name="email" length="30">
          <comment>电子邮件</comment>
          </column>
        </property>
        <set name="stockins" table="stockin" inverse="true" lazy="true" fetch="select" cascade="all-delete-orphan">
          <key>
          <column name="employeeid" not-null="true" />
          </key>
          <one-to-many class="com.zds.slms.domain.Stockin" />
        </set>
        <set name="stockorders" table="stockorder" inverse="true" lazy="true" fetch="select" cascade="all-delete-orphan">
          <key>
          <column name="handleoperatorid" not-null="true">
          <comment>订货单</comment>
```

```
            </column>
            </key>
            <one-to-many class="com.zds.slms.domain.Stockorder" />
        </set>
    </class>
</hibernate-mapping>
```

商品档案：实体类 Merchandise.java 的关键代码如下：

```
public class Merchandise implements java.io.Serializable {
        private Integer id;
        private String code;
        private String name;
        private float price;
        private Set stockins = new HashSet(0);
        private Set stockorders = new HashSet(0);
        public Merchandise() {
        }
        public Merchandise(String code, String name, float price) {
                this.code = code;
                this.name = name;
                this.price = price;
        }
        public Merchandise(String code, String name, float price, Set stockins,
                        Set stockorders) {
                this.code = code;
                this.name = name;
                this.price = price;
                this.stockins = stockins;
                this.stockorders = stockorders;
        }
        //通常的成员变量的 get/set 方法这里省略
}
```

商品档案：实体类映射文件 Merchandise.hbm.xml 的关键代码如下：

```
<hibernate-mapping>
    <class name="com.zds.slms.domain.Merchandise" table="merchandise" >
        <id name="id" type="java.lang.Integer">
            <column name="id" />
            <generator class="identity" />
        </id>
        <property name="code" type="string">
            <column name="code" length="3" not-null="true">
            <comment>商品编号</comment>
            </column>
        </property>
        <property name="name" type="string">
            <column name="name" length="50" not-null="true">
            <comment>商品名称</comment>
            </column>
        </property>
        <property name="price" type="float">
            <column name="price" precision="5" scale="2" not-null="true" >
            <comment>单价</comment>
            </column>
        </property>
        <set name="stockins" table="stockin" inverse="true" lazy="true" fetch="select" cascade="all-delete-orphan">
```

```
            <key>
            <column name="merchandiseid" not-null="true">
            <comment>进货单</comment>
            </column>
            </key>
            <one-to-many class="com.zds.slms.domain.Stockin" />
        </set>
        <set name="stockorders" table="stockorder" inverse="true" lazy="true" fetch="select" cascade="all-delete-orphan">
            <key>
            <column name="merchandiseid" not-null="true">
            <comment>订货单</comment>
            </column>
            </key>
            <one-to-many class="com.zds.slms.domain.Stockorder" />
        </set>
    </class>
</hibernate-mapping>
```

订单：实体类 Stockorder.java 的关键代码如下：

```
public class Stockorder implements java.io.Serializable {
        private Integer id;
        private Employee employee;
        private Merchandise merchandise;
        private Client client;
        private String code;
        private int merchandisenumber;
        private String orderdate;
        public Stockorder() {
        }
        public Stockorder(Employee employee, Merchandise merchandise,
                    Client client, String code, int merchandisenumber, String orderdate) {
                this.employee = employee;
                this.merchandise = merchandise;
                this.client = client;
                this.code = code;
                this.merchandisenumber = merchandisenumber;
                this.orderdate = orderdate;
        }
        public void setOrderdate(String orderdate) {
                if (null != orderdate && orderdate.length() >= 10) {
                        orderdate = orderdate.substring(0, 10);
                }
                this.orderdate = orderdate;
        }
        //通常的成员变量 get/set 方法这里省略
}
```

订单：实体类映射文件 Stockorder.hbm.xml 的关键代码如下：

```
<hibernate-mapping>
        <class name="com.zds.slms.domain.Stockorder" table="stockorder">
                <id name="id" type="java.lang.Integer">
                        <column name="id" />
                        <generator class="identity" />
                </id>
                <many-to-one name="employee" class="com.zds.slms.domain.Employee"
                        fetch="select"    >
```

```
                <column name="handleoperatorid" not-null="true">
                    <comment>员工编号</comment>
                </column>
            </many-to-one>
            <many-to-one name="merchandise" class="com.zds.slms.domain.Merchandise"
                fetch="select"   >
                <column name="merchandiseid" not-null="true">
                    <comment>商品编号</comment>
                </column>
            </many-to-one>
            <many-to-one name="client" class="com.zds.slms.domain.Client"
                fetch="select"   >
                <column name="clientid" not-null="true">
                    <comment>客户编号</comment>
                </column>
            </many-to-one>
            <property name="code" type="string">
                <column name="code" length="11" not-null="true">
                    <comment>订单编号</comment>
                </column>
            </property>
            <property name="merchandisenumber" type="int">
                <column name="merchandisenumber" not-null="true">
                    <comment>订货数量</comment>
                </column>
            </property>
            <property name="orderdate" type="string">
                <column name="orderdate" length="10" not-null="true">
                    <comment>订货日期</comment>
                </column>
            </property>
        </class>
</hibernate-mapping>
```

进货单：实体类 Stockin.java 的关键代码如下：

```
public class Stockin implements java.io.Serializable {
        private Integer id;
        private Merchandise merchandise;
        private Client client;
        private Employee employee;
        private String code;
        private int amount;
        private float price;
        private float money;
        private String stockindate;
        public Stockin() {
        }
        public Stockin(Merchandise merchandise, Client client, Employee employee,
                    String code, int amount, float price, float money,
                    String stockindate) {
                this.merchandise = merchandise;
                this.client = client;
                this.employee = employee;
                this.code = code;
                this.amount = amount;
                this.price = price;
                this.money = money;
                this.stockindate = stockindate;
```

```
    }
    public void setStockindate(String stockindate) {
        if (null != stockindate && stockindate.length() >= 10) {
            stockindate = stockindate.substring(0, 10);
        }
        this.stockindate = stockindate;
    }
    //通常的成员变量 get/set 方法这里省略
}
```

进货单：实体类映射文件 Stockin.hbm.xml 的关键代码如下：

```
<hibernate-mapping>
    <class name="com.zds.slms.domain.Stockin" table="stockin">
        <id name="id" type="java.lang.Integer">
            <column name="id" />
            <generator class="identity" />
        </id>
        <many-to-one name="merchandise" class="com.zds.slms.domain.Merchandise"
            fetch="select">
            <column name="merchandiseid" not-null="true">
                <comment>商品编号</comment>
            </column>
        </many-to-one>
        <many-to-one name="client" class="com.zds.slms.domain.Client"
            fetch="select">
            <column name="clientid" not-null="true">
                <comment>客户编号</comment>
            </column>
        </many-to-one>
        <many-to-one name="employee" class="com.zds.slms.domain.Employee"
            fetch="select">
            <column name="employeeid" not-null="true" />
        </many-to-one>
        <property name="code" type="string">
            <column name="code" length="11" not-null="true">
                <comment>进货单编号</comment>
            </column>
        </property>
        <property name="amount" type="int">
            <column name="amount" not-null="true">
                <comment>进货数量</comment>
            </column>
        </property>
        <property name="price" type="float">
            <column name="price" precision="5" scale="2" not-null="true">
                <comment>进货单价</comment>
            </column>
        </property>
        <property name="money" type="float">
            <column name="money" precision="10" scale="2" not-null="true">
                <comment>进货总额</comment>
            </column>
        </property>
        <property name="stockindate" type="string">
            <column name="stockindate" length="10" not-null="true">
                <comment>进货日期</comment>
            </column>
        </property>
    </class>
</hibernate-mapping>
```

到此为止，项目简化进销存的概要设计就算基本完成了。

6.3 项目的详细设计

工作目标

知识目标

- 理解概要设计的概念和作用
- 理解概要设计的内容

技能目标

- 会阅读和编写详细设计说明书

素养目标

- 作图能力
- 动手能力

工作任务

根据简化供销存系统的需求说明书和概要设计，理解详细设计说明书的编写要点，分别编写系统的每个功能模块的详细设计说明书。

工作计划

任务分析之问题清单

1．详细设计是干什么的？

2．详细设计如何进行？

任务解析

1．详细设计是干什么的？

详细设计概念：详细设计又可称程序设计，它旨在说明一个软件系统各个层次中的每一个程序（每个模块或子程序）是如何实现的。换言之，详细设计的目的就是指导编码，它的效果是：将你的详细设计拿给不同的人去写编码，写出来的程序的功能和处理流程相同。

通俗的说，详细设计就是软件项目的“另一种”编码实现，“另一种”编码是指人类语言（比如汉语、英语、日语等），而程序员进行编码实现，就是将详细设计中的人类语言翻译成计算机编程语言而已。

详细设计目的：详细设计目的是说明一个软件系统各个层次中的每一个程序（每个模块或子程序）的设计考虑，如果一个软件系统比较简单，层次很少，本文件可以不单独编写，有关内容合并入概要设计。

详细设计的任务：

（1）为每个模块进行详细的算法设计。用某种图形、表格、语言等工具将每个模块处理过程的详细算法描述出来。

（2）为模块内的数据结构进行设计。对于需求分析、概要设计确定的概念性的数据类型进行确切的定义。

（3）对数据结构进行物理设计，即确定数据库的物理结构。物理结构主要指数据库的存储记录格式、存储记录安排和存储方法，这些都依赖于具体所使用的数据库系统。

（4）其他设计：根据软件系统的类型，还可能进行代码设计、输入/输出格式设计、人机对话设计等。

2．详细设计如何进行？

详细设计主要是根据需求分析和概要设计的文档进行每个功能的详细设计，形成详细设计说明书。详细设计说明书与需求说明书一样，其内容并没有一个统一的标准，对于不同的软件工程开发模型，其内容是不一样的，下面给出几个典型的详细说明书供参考：

瀑布模型的详细设计说明书内容要点：

- 引言
- 系统综合描述
- 本软件系统各程序（模块）的设计说明
- 模块相互关系表
- 待定问题列表

统一过程（RUP）的详细设计说明书内容要点：

- 简介
- 设计模型（包图、类图、时序图、状态图）
- 领域对象

对日外包的详细设计说明书内容要点：

- 用例图
- 时序图
- 视图 UI 设计（UI 原型、UI 校验）
- web 层设计
- service 层设计
- dao 层设计
- 实体对象设计（数据库设计）
- 相关配置

本书综合多个详细设计说明书的优点得出详细说明书内容要点：

- 每个功能模块的业务流程
- 每个功能模块的程序流程
- 每个功能模块的视图 UI 设计、UI 原型、UI 校验
- 每个功能模块的控制器设计
- 每个功能模块的模型设计
- 每个功能模块的相关配置

下面以常见的注册功能为例对本书的详细设计内容要点进行说明。

1．每个功能模块的业务流程

此步骤一般用流程图的形式描述每个功能模块的业务流程，一个功能模块一张图，多个模块多张图。业务流程是针对用户来说的，是用户（人工系统）实际操作的流程。注册功能的业务流程如图 6.3-1 所示。

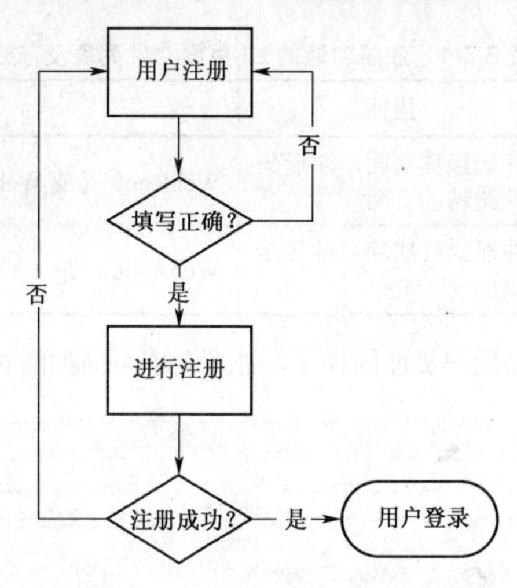

图 6.3-1　注册功能的业务流程

2．每个功能模块的程序流程

此步骤一般用流程图的形式描述每个功能模块的程序流程，一个功能模块一张图，多个模块多张图。程序流程是针对程序员（软件系统）来说的，是程序（软件系统）实际运行的流程。注册功能的程序流程如图 6.3-2 所示，在程序流程中除了要描述清楚本功能模块内部的各个分支流程，还应标注清楚每个源代码文件的名字。

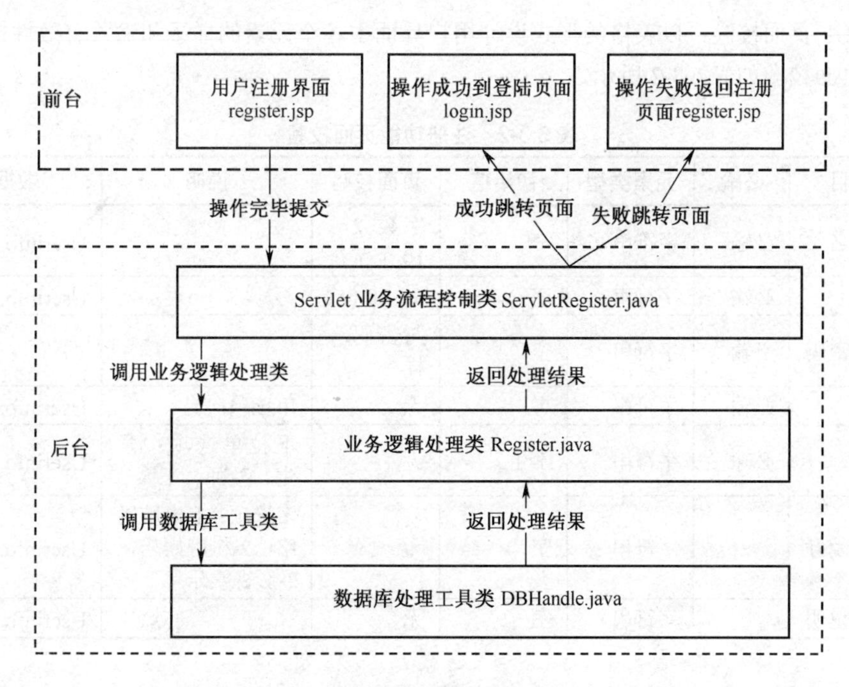

图 6.3-2　注册功能的程序流程

3．每个功能模块的 UI 设计

此步骤有三个内容要点。首先，以表格的形式设计用户界面（UI）页面文件列表及存放地址，注册功能如表 6.3-1 所示。

表 6.3-1　注册功能的 UI 页面文件列表及存放地址

序号	项目	描述	存放路径
1	register.jsp	注册操作页面，注册失败跳转的页面	WebRoot （或 WebContent）\reg\
2	login.jsp	注册执行成功后的显示页面	WebRoot （或 WebContent）\login\

其次，UI 页面原型：即是用户界面的样子。注册功能页面如图 6.3-3 所示。

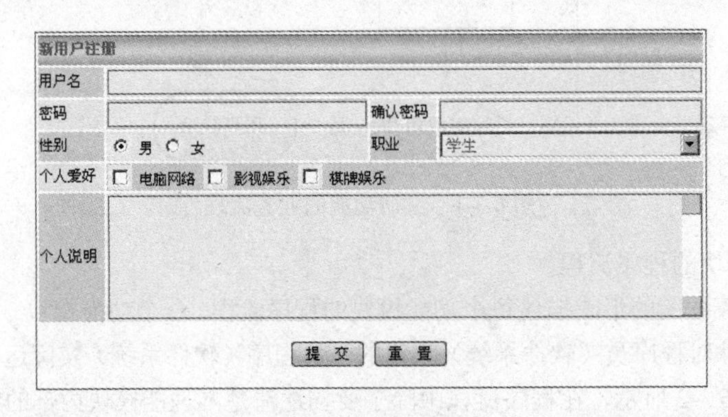

图 6.3-3　注册页面原型

最后，UI 页面校验：以表格的形式设计用户界面中各个元素的样子和输入有效性校验。注册功能的 UI 页面校验如表 6.3-2 所示。

表 6.3-2　注册功能页面校验

No.	项目	必输	元素类型	初始值	页面校验	说明	数据对象
1	用户名	必输	字符串	空	字数 2～10 个字符		Userinfo.username
2	密码	必输	字符串	空	6～18 位		Userinfo.password
3	确认密码	必输	字符串	空	与密码一样		无
4	性别	必输	字符串	男	无	单选项：男，女	Userinfo.sex
5	职业	必输	字符串	学生	无	下拉单选项：学生、教师、工人	Userinfo.profession
6	个人爱好		字符串	空	无	多选项：1-电脑网络，2-棋牌娱乐，3-影视娱乐	Userinfo.favourite
7	个人说明		字符串	空	无		Userinfo.note

注意

表 6.3-2 中的“说明”一栏填写页面组件使用的样式、取值范围、页面校验、服务器端有效性校验（非逻辑校验）等有必要进行说明的信息；“数据对象”一栏填写页面组件对应的实体类的哪个属性或者数据库的哪个字段，这里 Userinfo.username 中的 Userinfo 是注册功能对应的实体类，username 是实体类的属性。

4．每个功能模块的控制层设计

以表格的形式列出控制层需要的类、类中的方法列表，并描述每个方法的业务逻辑。注册功能的控制层设计如表6.3-3所示。

表6.3-3　注册功能的控制层设计

类名	存放地址	方法名	描述
ServletRegister.java	reg	dopost()	Servlet的默认方法，用于调用业务逻辑类和进行页面跳转

5．每个功能模块的模型层设计

以表格的形式列出模型层需要的类、类中的方法列表，并描述每个方法的业务逻辑。注册功能的模型层设计如表6.3-4所示。

表6.3-4　员工档案管理查询功能的模型层设计

类名	存放地址	方法名	描述
Register.java	reg	excute(HttpServletRequest request)	进行注册的业务处理
DbHandle.java	common	excuteUpdate(String sql)	执行数据库表记录增加操作

6．每个功能模块的相关配置

以表格的形式列出每个功能模块所需要的配置，包含配置文件路径、配置的关键源代码。注册功能的配置如表6.3-5所示。

表6.3-5　注册功能的相关配置

项目	描述
路径	工程下\WebRoot （或WebContent）\ WEB-INF\web.xml
内容	<servlet> <servlet-name>register</servlet-name> <servlet-class>reg.ServletRegister</servlet-class> </servlet> <servlet-mapping> <servlet-name>register</servlet-name> <url-pattern>/reg</url-pattern> </servlet-mapping>

到此，详细设计的文档就算完成了。

工作实施

实施方案

1．编写每个功能模块的业务流程

2．编写每个功能模块的程序流程

3. 编写每个功能模块的视图 UI 设计、UI 原型、UI 校验

4. 编写每个功能模块的控制器设计

5. 编写每个功能模块的模型设计

6. 编写每个功能模块的相关配置

详细步骤

1. 编写每个功能模块的业务流程

按照本节任务解析的相关内容编写每个功能模块的业务流程。在本书后续章节中的各个功能模块中可以看到对应的每个功能模块的业务流程图。

注意 业务流程的确立原则上应该在需求分析阶段完成的，但鉴于它对详细设计有重要的指导意义，本书将它放到详细设计里边来，为下一步——程序流程设计做铺垫。

2. 编写每个功能模块的程序流程

按照本节任务解析的相关内容编写每个功能模块的程序流程。在本书后续章节中的各个功能模块中可以看到对应的每个功能模块的程序流程图。

3. 编写每个功能模块的视图 UI 设计、UI 原型、UI 校验

按照本节任务解析的相关内容编写每个功能模块的视图 UI 设计、UI 原型、UI 校验。在本书后续章节中的各个功能模块中可以看到对应的每个功能模块的视图 UI 设计、UI 原型、UI 校验。

4. 编写每个功能模块的控制器设计

按照本节任务解析的相关内容编写每个功能模块的控制器设计。控制器在本项目中就是 action 层。在本书后续章节中的各个功能模块中可以看到对应的每个功能模块的控制器设计。

5. 编写每个功能模块的模型设计

按照本节任务解析的相关内容编写每个功能模块的模型设计。模型在本项目中就是 service（业务）层和 dao（数据访问层）。在本书后续章节中的各个功能模块中可以看到对应的每个功能模块的模型设计。

6. 编写每个功能模块的相关配置

按照本节任务解析的相关内容编写每个功能模块的相关配置。在本书的简化进销存项目中，一个功能模块的配置一般有 Struts、Spring 和 Hibernate 的相关配置。在本书后续章节中的各个功能模块中可以看到对应的每个功能模块的相关配置。

6.4 巩固与提高

一、选择题

1. 软件需求分析的任务不应包括（　　）。

A. 问题分析　　B. 结构化程序设计

C. 信息域分析　　D. 确定逻辑结构

2. 在需求分析中，开发人员要从用户那里解决的最重要的问题是（　　）。

A. 软件应当做什么　　B. 要给软件提供哪些信息

C．要求软件工作效率怎样　　D．软件具有何种结构

3．需求规格说明书的内容不应包括（　　）。

A．对软件功能的描述　　B．软件确认的准则

C．对算法的详细描述　　D．软件性能

4．需求规格说明书的作用不应包括（　　）。

A．软件设计依据　　B．用户和设计人员对软件需求达成一致

C．软件验收的标准　　D．软件可行性分析依据

5．项目开发计划是什么类型的文档（　　）。

A．需求分析　　B．设计性　　C．管理性　　D．进度表示

6．以下软件生命周期的活动中，要进行软件结构设计的是（　　）。

A．需求分析　　B．概要设计　　C．详细设计　　D．程序设计

7．开发一个软件工程的第一步是（　　）。

A．可行性研究　　B．组织开发人员

C．购买开发工具　　D．指定开发任务

8．需求分析最终结果是产生（　　）。

A．项目开发计划　　B．需求规格说明书

C．可行性分析报告　　D．设计说明书

9．软件生命周期中所花费用最多的阶段是（　　）。

A．需求分析　　B．编码　　C．测试　　D．维护

10．需求分析的研究对象是（　　）。

A．大型软件的开发过程　　B．软件产品的用户需求

C．可行性分析报告　　D．软件开发计划

11．在软件生命周期中，能准确地确定软件系统必须做什么和必须具备哪些功能的阶段是（　　）。

A．概要设计　　B．详细设计　　C．可行性研究　　D．需求分析

12．软件生命周期中所花费用最多的阶段是（　　）。

A．详细设计　　B．软件编码　　C．软件测试　　D．软件维护

13．在软件开发过程中，应该在（　　）阶段设计软件的界面，在（　　）阶段确定系统的功能点，（　　）贯穿整个开发过程。

A．需求分析　　B．概要设计　　C．详细设计　　D．软件测试

14．用户界面设计在工作流程上分为（　　）、（　　）、（　　）三个部分。

A．结构设计　　B．交互设计　　C．功能设计　　D．视觉设计

15．在数据库设计中，用 E-R 图来描述信息结构但不涉及信息在计算机中的表示，它是数据库设计的（　　）阶段。

A．需求分析　　B．概念设计　　C．逻辑设计　　D．物理设计

16．关系数据库规范化是为解决关系数据库中（　　）问题而引入的。

A．插入、删除和数据冗余　　B．提高查询速度

C．减少数据操作的复杂性　　D．保证数据的安全性和完整性

17．下面对关系数据模型描述正确的是（　　）。

A．只能表示实体间的 1:1 联系　　　B．只能表示实体间的 1:n 联系
C．只能表示实体间的 m:n 联系　　　D．可以表示实体间的上述三种联系

18．物理设计的物理存储结构包括（　　）。
A．文件类型　　　B．索引结构和数据的存放次序
C．位逻辑　　　D．内存地址

19．视觉设计的原则下面说法错误的是（　　）。
A．完善视觉的清晰度，条理清晰；图片、文字的布局和隐喻不要让用户去猜
B．界面的协调一致，如手机界面按钮排放，左键肯定；右键否定；或按内容摆放
C．同样功能用同样的图形
D．界面清晰明了，但是不允许用户定制界面

二、填空题

1．软件工程的内容包括：需求分析、概要设计、________、________、________、发布与维护。

2．需求分析是由分析员了解用户的要求，认真细致地调研分析，最终应建立目标系统的逻辑模型并写出________。需求分析阶段的任务是确定________。

3．软件需求分析阶段是软件生命周期中最关键的阶段。软件需求分析是进行________、实现和质量度量的基础。________是需求分析的结果，是软件开发、软件验收和软件管理的依据。

4．用例图用于描述________和用例或________与用例之间的关系，着重展示系统必须实现的功能，用于在需求分析阶段分析客户需求。________是与系统交互的人或事。________是对包括变量在内的一组动作序列的描述，系统执行这些动作，并产生传递特定参与者的价值的可观察结果。

5．软件项目设计可分为________和________两个阶段。概要设计是对程序的总体设计，它关注的是程序的________而不是细节实现。详细设计的目的是________，其两大内容要点是________与________。

6．结构设计也称________，是界面设计的骨架。通过对用户研究和任务分析，制定出产品的________。逻辑设计主要工作是将现实世界的________设计成数据库的一种逻辑模式。共享的数据结构设计包括________、________和________。

7．数据库设计（Database Design）是指根据用户的________，在某一具体的数据库管理系统上，设计数据库的________和建立数据库的过程。数据库设计过程的 5 个步骤________、________、________、________、________。数据库设计的三大模型是________、________、________。数据字典由数据元素、________、数据存储和数据处理组成。验证设计是收集数据并具体建立一个数据库，运行一些典型的应用任务来验证数据库设计的________和________。

8．程序系统的结构用一系列的________列出本程序系统内的每个程序的名称、标识符和它们之间的________。

7 项目编码

7.1 员工档案管理模块查询功能实现

工作目标

知识目标

- 掌握条件查询（Criteria）
- 理解员工档案管理模块查询功能的业务流程
- 理解员工档案管理模块查询功能的程序流程
- 理解 SSH 的框架组件及运行流程

技能目标

- 根据需求分析和设计用 SSH 框架实现员工档案管理模块查询功能

素养目标

- 培养学生的动手能力

工作任务

根据需求分析和设计并利用 SSH 框架实现员工档案管理模块查询功能。用户输入员工编号和员工名称并提交查询信息（如图 7.1-1 所示），经过后台程序处理，查询成功则显示查询的员工档案信息（如图 7.1-2（a）所示），查询失败则返回系统异常界面（如图 7.1-2（b）所示）。（注：员工名称能进行模糊查询）。

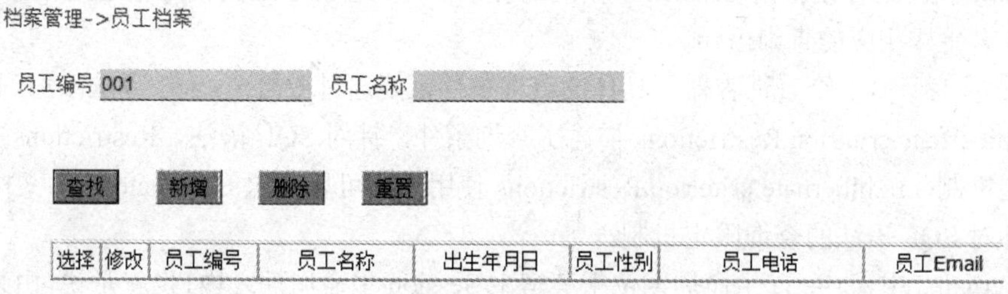

档案管理->员工档案

员工编号 001　　员工名称

查找　新增　删除　重置

选择	修改	员工编号	员工名称	出生年月日	员工性别	员工电话	员工Email

图 7.1-1　员工档案查询页面

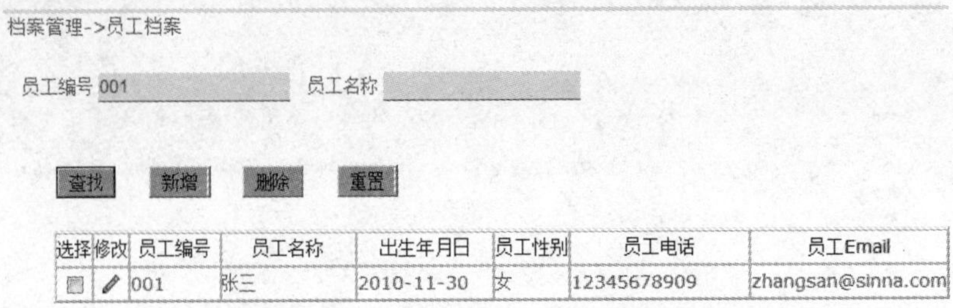

档案管理->员工档案

员工编号 001　　员工名称

查找　新增　删除　重置

选择	修改	员工编号	员工名称	出生年月日	员工性别	员工电话	员工Email
		001	张三	2010-11-30	女	12345678909	zhangsan@sinna.com

图 7.1-2（a）　员工档案查询结果页面

系统异常请联系管理员!点击返回

图 7.1-2（b）　系统异常页面

工作计划

任务分析之问题清单

1．如何进行条件查询（Criteria Query）

2．员工档案管理查询功能的业务流程

3．员工档案管理查询功能的程序流程

4．员工档案管理查询功能的 UI 设计

5．员工档案管理查询功能的控制层设计

6．员工档案管理查询功能的模型层设计

7．员工档案管理查询功能的相关配置

任务解析

1．如何进行条件查询（Criteria Query）

Criteria Query 通过面向面向对象化的设计，将查询条件封装为一个对象。简单来讲，Criteria Query 可以看做是传统 SQL 的对象化表示。请看例 7.1-1。

【例 7.1-1】根据用户名和年龄对用户信息表进行条件查询。用户信息表与前面章节注册功能用到的表结构一致，故这里省略。例子中条件查询的关键代码如下：（User.class 是用户信息表映射实体类）

```
Criteria criteria= session.createCriteria(User.class);
criteria.add( Restrictions.like("name", "zhang%") );
criteria.add( Restrictions.between("age", new Integer(10), new Interger(20)));
criteria.list();
```

Hibernate 会在运行期根据 Criteria 中指定的查询条件（也就是上面代码中通过 add 方法添加到查询表达式）生成相应的查询语句。

Criteria 本身只是一个查询容器，具体的查询条件需要通过 Criteria.add 方法添加到 Criteria 实例中。org.hibernate.criterion.Restrictions 描述了查询条件，针对 SQL 语法，Restrictions 提供了对应的查询限定机制（org.hibernate.criterion.Restrictions 使用方法可以参照 Hibernate 帮助文档）。表 7.1-1 是常用的针对 SQL 语法的查询限定机制。

在 Hibernate2 中，Criteria 生命周期位于其宿主 Session 生命周期之内，也就是说，由某个 Session 创建的 Criteria 实例，一旦 Session 销毁，那么此 Criteria 实例也随之失效。在 Hibernate3 中，提供个一个新 Criteria 的实现：org.hibernate.criterion.DetachedCriteria，该类使你在一个 session 范围之外创建一个查询，并且可以使用任意的 Session 来执行它。对于例 7.1-1，为了实现 Criteria 的重用，我们可以将其修改为：

表 7.1-1 Restrictions 的常用条件查询的使用方法

方法	描述
Restrictions.eq	对应 SQL“field = value”表达式 如 Restrictions.eq("name", "张三")
Restrictions.like	对应 SQL“field like value”表达式
Restrictions.between	对应 SQL“between”表达式 如年龄（age）在 10 到 20 之间，Restrictions. between ("age", new Integer(10), new Integer(20))

```
DetachedCriteria detachedCriteria = DetachedCriteria.forClass(Cat.class);
detachedCriteria.add( Restrictions.like("name", "zhang%") );
detachedCriteria.add(Restrictions.between("age", new Integer(10), new Interger(20)));
Criteria criteria= detachedCriteria.getExecutableCriteria(session);
criteria.list();
```

在使用了 Spring 框架并整合 SSH 之后，上述代码还可以再次改进。可以使用 Spring 框架的 HibernateDaoSupport 类的 getHibernateTemplate 方法获得一个数据库操作对象，通过该对象的 findByCriteria 方法来完成查询，改进后的代码如下：

```
DetachedCriteria detachedCriteria = DetachedCriteria.forClass(Cat.class);
detachedCriteria.add( Restrictions.like("name", "zhang%") );
detachedCriteria.add(Restrictions.between("age", new Integer(10), new Interger(20)));
Criteria criteria= detachedCriteria.getExecutableCriteria(session);
criteria.list();
```

注意 上述代码所在的类需要继承类 HibernateDaoSupport 才能够实现。

2．员工档案管理查询功能的业务流程

员工档案查询的流程如图 7.1-3 所示。

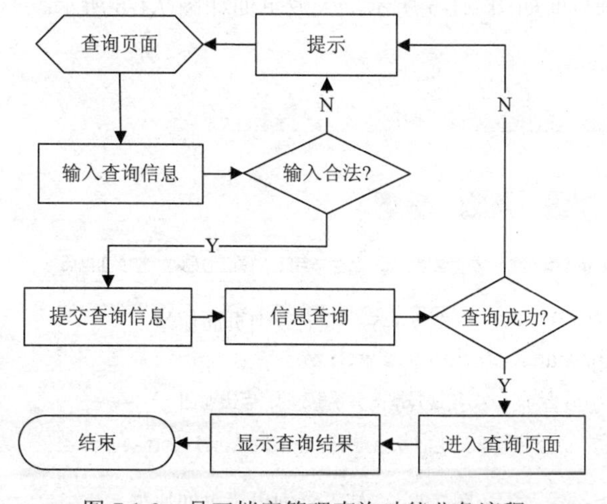

图 7.1-3 员工档案管理查询功能业务流程

3．员工档案管理查询功能的程序流程？

员工档案管理查询功能的程序流程如图 7.1-4 所示。

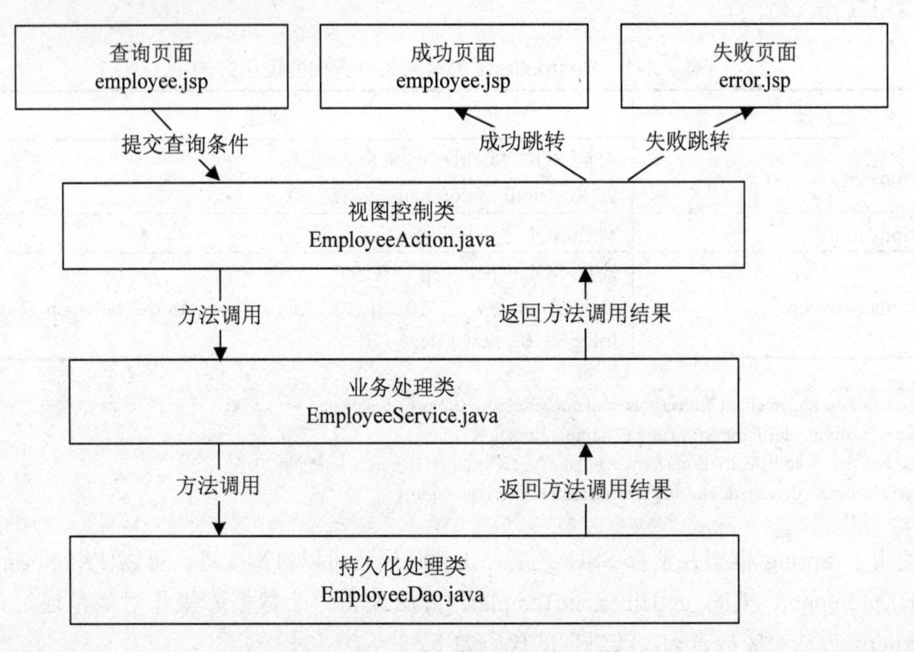

图 7.1-4　员工档案管理查询功能的程序流程

4．员工档案管理查询功能的 UI 设计

UI 页面文件列表及存放地址，如表 7.1-2 所示。

表 7.1-2　查询功能的 UI 页面文件列表及存放地址

序号	项目	描述	存放路径
1	employee.jsp	查询页面	WebRoot （或 WebContent）\moduls\archive\
2	error.jsp	异常、失败页面	WebRoot （或 WebContent）\

UI 页面原型：查询页面如图 7.1-5 所示，失败页面如图 7.1-6 所示。

档案管理->员工档案

员工编号　　　员工名称

查找　新增　删除　重置

选择	修改	员工编号	员工名称	出生年月日	员工性别	员工电话	员工Email

图 7.1-5　员工查询页面原型

系统异常请联系管理员!点击返回

- Invalid field value for field "merchandise.price".

图 7.1-6　员工查询出错页面原型

UI 页面校验：查询页面如表 7.1-3 所示，查询出错页面无。

表 7.1-3　员工查询页面校验

No.	项目	必输	元素类型	初始值	页面校验	说明	数据对象
1	员工编号	否	字符串	空	无	为空表示查询所有	Employee.code
2	员工名称	否	字符串	空	无	为空表示查询所有	Employee.name

5．员工档案管理查询功能的控制层设计

员工档案管理查询功能的控制层设计内容如表 7.1-4 所示。

表 7.1-4　员工档案管理查询功能的控制层设计

类名	存放地址	方法名	描述
EmployeeAction.java	com.zds.slms.action	findEmployee	员工档案查询

6．员工档案管理查询功能的模型层设计

员工档案管理查询功能的模型层设计内容如表 7.1-5 所示。

表 7.1-5　员工档案管理查询功能的模型层设计

类名	存放地址	方法名	描述
EmployeeService.java	com.zds.slms.service	findEmployee	员工档案查询
EmployeeDao.java	com.zds.slms.dao	findEmployee	员工档案查询

7．员工档案管理查询功能的相关配置

员工档案管理查询功能的相关配置内容如表 7.1-6 所示。

表 7.1-6　员工档案管理查询功能的相关配置

项目	描述
路径	工程下 src/applicationContext_beans.xml
内容	<!-- 员工档案配置 --> <bean name="employeeDao" class="com.zds.slms.dao.EmployeeDao"> <property name="sessionFactory" ref="sessionFactory"></property> </bean> <bean name="employeeService" class="com.zds.slms.service.EmployeeService"> <property name="employeeDao" ref="employeeDao"></property> </bean> <bean name="employeeAction" class="com.zds.slms.action.EmployeeAction" scope="prototype"> <property name="employeeService" ref="employeeService"></property> </bean>
路径	工程下 src/struts.xml
内容	<!-- 全局转向 --> <global-results> <result name="error">/error.jsp</result> <result name="finish">/finish.jsp</result> </global-results>

续表

项目	描述
内容	<!-- 全局导常转向 --> <global-exception-mappings> <exception-mapping result="error" exception="java.lang.Exception"></exception-mapping> </global-exception-mappings> <!-- 员工管理 Action 配置 --> <action name="employeeAction" class="employeeAction"> <result name="findEmployee">/moduls/archive/employee.jsp</result> <result name="updateEmployee">/moduls/archive/updateEmployee.jsp</result> </action>

工作实施

实施方案

1．员工表映射文件 Employee.hbm.xml 编写

2．员工实体映射类 Employee 编写

3．前台员工档案查询页面 employee.jsp 编写

4．前台系统异常界面 error.jsp 编写

5．后台业务控制器（action 类）EmployeeAction 中员工档案查询编写

6．员工档案查询 Struts 文件的配置

7．后台业务处理层接口 IEmployeeService 的编写

8．后台业务处理层实现类 EmployeeService 的编写

9．后台持久化层接口 IEmployeeDao 的编写

10．后台持久化层实现类 EmployeeDao 的编写

11．在 Spring 配置文件 applicationContext_beans.xml 中进行配置

详细步骤

1．员工表映射文件 Employee.hbm.xml 编写

根据简化进销存数据库设计编写员工表映射文件 Employee.hbm.xml。员工与进货单和订货单的关系都为一对多的关系，在 Hibernate 表映射文件中使用 one-to-many 来表示。删除员工档案的同时应删除此员工所经手的订货单和进货单，所以应该在相应的映射中加上级联属性 cascade 并设置为 all-delete-orphan。Employee.hbm.xml 的关键代码如下：

```
<hibernate-mapping>
    <class name="com.zds.slms.domain.Employee" table="employee" >
        <id name="id" type="java.lang.Integer">
            <column name="id" />
            <generator class="identity" />
        </id>
        <property name="code" type="string">
            <column name="code" length="3" not-null="true">
            <comment>员工编号</comment>
            </column>
        </property>
        <property name="name" type="string">
```

```
            <column name="name" length="10" not-null="true">
            <comment>姓名</comment>
            </column>
        </property>
        <property name="birthday" type="string">
            <column name="birthday" length="10" not-null="true">
            <comment>出生日期</comment>
            </column>
        </property>
        <property name="sex" type="boolean">
            <column name="sex" not-null="true">
            <comment>性别(0-女，1-男)</comment>
            </column>
        </property>
        <property name="telephone" type="string">
            <column name="telephone" length="30" not-null="true">
            <comment>电话</comment>
            </column>
        </property>
        <property name="email" type="string">
            <column name="email" length="30">
            <comment>电子邮件</comment>
            </column>
        </property>
        <set name="stockins" table="stockin" inverse="true" lazy="true" fetch="select" cascade="all-delete-orphan">
            <key>
            <column name="employeeid" not-null="true" />
            </key>
            <one-to-many class="com.zds.slms.domain.Stockin" />
        </set>
        <set name="stockorders" table="stockorder" inverse="true" lazy="true" fetch="select" cascade="all-delete-orphan">
            <key>
            <column name="handleoperatorid" not-null="true">
            <comment>订货单</comment>
            </column>
            </key>
            <one-to-many class="com.zds.slms.domain.Stockorder" />
        </set>
    </class>
</hibernate-mapping>
```

2．员工实体映射类 Employee 编写

与表 employee 对应，关键代码如下：

```
public class Employee implements java.io.Serializable {
        private Integer id;
        private String code;
        private String name;
        private String birthday;
        private boolean sex;
        private String telephone;
        private String email;
        private Set stockins = new HashSet(0);
        private Set stockorders = new HashSet(0);
        //此处省略三个构造方法......
        //此处省略多个成员变量的 get/set 方法......
        /**
```

```
         * @param birthday
         *              生日的 set 方法（需单独处理）
         */
        public void setBirthday(String birthday) {
                if (null != birthday && birthday.length() >= 10) {
                        birthday = birthday.substring(0, 10);
                }
                this.birthday = birthday;
        }
}
```

3．前台员工档案查询页面 employee.jsp 编写

注意查询条件中 Struts 标签的名称的处理，在相应的 action 中定义类型为 Employee 的对象 employee，并添加该对象相应的 get 和 set 方法，在工档案查询页面 employee.jsp 查询条件的标签上使用对象名称加属性的方式将查询条件的值传递到后台，这种方式可以减少在 action 当中变量的定义。其页面的关键代码如下：

```
<s:form action="employeeAction" method="post" theme="simple">
        <table border="0" cellpadding="1" cellspacing="1" width="95%">
                <tr>
                        <td align="right" width="10%" nowrap="true">员工编号</td>
                        <td width="20%"><s:textfield name="employee.code"
                                cssClass="TextInput"></s:textfield></td>
                        <td align="right" width="10%" nowrap="true">员工名称</td>
                        <td width="20%"><s:textfield name="employee.name"
                                cssClass="TextInput"></s:textfield></td>
                        <td width="40%"> </td>
                </tr>
                <tr>
                        <td align="right" width="10%" nowrap="true"> </td>
                        <td width="20%"> </td>
                        <td width="70%" colspan="5"> </td>
                </tr>
        </table>
        <p></p>
        <div style="margin-left: 30px; margin-right: 0px">
        <table border="0" cellpadding="0" cellspacing="0" width="95%">
                <tr>
                        <td width="10%"><s:submit value="查找" cssClass="BtnAction" method="findEmployee"></s:submit>
                        </td>
                        <td width="10%"><input type="button" class="BtnAction"
                                value="新增" onClick="replaceModulUrl('<%=basePath%>moduls/archive/addEmployee.jsp');">
</td>
                        <td width="10%">
            <input type="button"
        onClick="deleteRecords('employeeAction!deleteEmployee.action')"
                                value="删除" class="BtnAction" />
                </td>
                <td width="10%"><input type="reset" value="重置" class="BtnAction" /></td>
                        <td width="60%"> </td>
                </tr>
        </table>
        </div>
        <p></p>
        <div style="margin-left: 30px; margin-right: 0px">
```

```
		<table width="90%" border="1" cellpadding="0" cellspacing="0">
			<tr>
				<td width="5%" class="td_title">选择</td>
				<td width="5%" class="td_title">修改</td>
				<td width="10%" class="td_title">员工编号</td>
				<td width="15%" class="td_title">员工名称</td>
				<td width="15%" class="td_title">出生年月日</td>
				<td width="8%" class="td_title">员工性别</td>
				<td width="19%" class="td_title">员工电话</td>
				<td width="15%" class="td_title">员工 Email</td>
			</tr>
			<s:iterator var="employee" value="employees">
			<tr>
				<td align="center" class="td_border"><input name="employeeId"
					type="checkbox" title="选中后可进行删除操作"  value='<s:property value="#employee.id" />'
></td>
				<td align="center" class="td_border"><a
		href='employeeAction!preUpdateEmployee.action?employee.id=<s:property value="#employee.id" />'><img
					src="image/edit.gif" border="0"></a></td>
				<td class="td_border"><s:property value="#employee.code"/></td>
				<td class="td_border"><s:property value="#employee.name"/></td>
				<td class="td_border"><s:property value="#employee.birthday"/></td>
				<td class="td_border">
				<s:if test = "#employee.sex== true">
				男
				</s:if>
				<s:if test = "#employee.sex== false">
				女
				</s:if>
				</td>
				<td class="td_border"><s:property value="#employee.telephone"/></td>
				<td class="td_border"><s:property value="#employee.email"/></td>
			</tr>
			</s:iterator>
		</table>
		</div>
	</s:form>
```

另外，该页面还用到了一些 js（JavaScript）代码，比如其中的 replaceModulUrl 函数和 deleteRecords 函数，为了便于管理，这些 js 代码被统一放到了 main.js 文件中。main.js 的内容参考如下。（main.js 的内容是供整个项目使用的通用代码，不仅仅在本节使用，在后面的章节中也可能会用到）

```
	function openModulUrl(modulUrl) {
		parent.mainFrame.location = modulUrl;
	}
	function replaceModulUrl(modulUrl) {
		document.location = modulUrl;
	}
	function deleteRecords(url) {
		// 取得第一个 form 表单
		var actionForm = document.forms[0];
		var cbs = actionForm.elements;
		var i;
		for (i = 0; i < cbs.length; i++) {
```

```
                if (cbs[i].type == "checkbox" && cbs[i].checked) {
                    if (!window.confirm("\u786e\u5b9a\u8981\u5220\u9664\u9009\u4e2d\u7684\u8bb0\u5f55\u5417\uff1f"))
{
                        return;
                    } else {
                        break;
                    }
                }
            }
            if (i == cbs.length) {
                alert("\u8bf7\u9009\u4e2d\u8981\u5220\u9664\u7684\u8bb0\u5f55!");
                return;
            }
            actionForm.action = url;
            actionForm.submit();
        }
        // 重置查询页面控件的值
        function resetForm() {
            // 取得第一个 form 表单
            var actionForm = document.forms[0];
            var cbs = actionForm.elements;
            var i;
            for (i = 0; i < cbs.length; i++) {
                // alert(cbs[i].type);
                if (cbs[i].type == "checkbox" && cbs[i].checked) {
                    cbs[i].checked = false;
                } else {
                    if (cbs[i].type == "text") {
                        cbs[i].value = "";
                    } else {
                    // alert(cbs[i].type);
                    }
                }
            }
        }
        // 显示信息 flg=0:错误信息 flg=1:正确信息 flg=2:提示信息
        function show_message(objName, flg, message) {
            var preText = "";
            var obj = document.getElementById(objName);
            if (flg == 0) {
                obj.className = "box_div_wrong";
                preText = "<img src='image/wrong.gif' style='margin-right:5px;' />";
            } else {
                if (flg == 1) {
                    obj.className = "box_div_right";
                    preText = "<img src='image/right.gif' style='margin-right:5px;' />";
                } else {
                    obj.className = "box_div_right";
                }
            }
            obj.innerHTML = preText + message;
        }
        // 去除边空格
        function trimString(str) {
            var i, j;
```

```
        if (str == "") {
            return "";
        }
        for (i = 0; i < str.length; i++) {
            if (str.charAt(i) != " ") {
                break;
            }
        }
        if (i >= str.length) {
            return "";
        }
        for (j = str.length - 1; j >= 0; j--) {
            if (str.charAt(j) != " ") {
                break;
            }
        }
        return str.substring(i, j + 1);
}
function out_chkEmpty(chkObjName, msg_labelName, errMessage) {
        var chk = false;
        var obj = document.getElementById(chkObjName);
        if (trimString(obj.value) != "") {
            show_message(msg_labelName, "1", "\u8f93\u5165\u6b63\u786e!");
            chk = true;
        } else {
            show_message(msg_labelName, "0", errMessage);
        }
        return chk;
}
function out_chkMaxLength(chkObjName, msg_labelName, errMessage, length) {
        var chk = false;
        var obj = document.getElementById(chkObjName);
        if ((trimString(obj.value).length > 0) && (trimString(obj.value).length < length)) {
            show_message(msg_labelName, "1", "\u8f93\u5165\u6b63\u786e!");
            chk = true;
        } else {
            show_message(msg_labelName, "0", errMessage);
        }
        return chk;
}
function out_chkEmail(chkObjName, msg_labelName, errMessage, length) {
        var chk = false;
        var exp = /^[\w\.\-]+@([\w\-]+\.)+[a-z]{2,4}$/ig;
        var obj = document.getElementById(chkObjName);
        if (!out_chkMaxLength(chkObjName, msg_labelName, errMessage, length)) {
            return chk;
        }
        if (trimString(obj.value).match(exp)) {
            show_message(msg_labelName, "1", "\u8f93\u5165\u6b63\u786e!");
            chk = true;
        } else {
            show_message(msg_labelName, "0", errMessage);
        }
        return chk;
}
```

```
function out_chkPhone(chkObjName, msg_labelName, errMessage) {
        var exp = /^\d{11,12}$/ig;
        var chk = false;
        var obj = document.getElementById(chkObjName);
        if ((trimString(obj.value).length > 0) && (trimString(obj.value).match(exp))) {
                show_message(msg_labelName, "1", "\u8f93\u5165\u6b63\u786e!");
                chk = true;
        } else {
                show_message(msg_labelName, "0", errMessage);
        }
        return chk;
}
function out_pickerDate(chkObjName, msg_labelName, errMessage) {
        var chk = false;
        var obj = dojo.widget.byId(chkObjName);
        if (trimString(obj.getValue()) != "") {
                show_message(msg_labelName, "1", "\u8f93\u5165\u6b63\u786e!");
                chk = true;
        } else {
                show_message(msg_labelName, "0", errMessage);
        }
        return chk;
}
```

4．前台系统异常界面 error.jsp 编写

系统异常界面 error.jsp 是发生异常以后转向的界面，所以只需要在 Struts 配置文件当中配置全局转向，以后不管是哪个模块发生错误之后，都转向系统异常界面 error.jsp。error.jsp 页面的关键代码如下：

```
<div align="center"><font color="red"> 系统异常请联系管理员!<span
        onClick="history.back();" style="cursor: hand; COLOR: #0000a0;">点击返回</span>
<s:fielderror /> <s:actionerror /> <s:actionmessage /> </font></div>
```

struts 配置文件中错误页面的全局转向配置参见任务解析相关内容。

5．后台业务控制器（action 类）EmployeeAction 中员工档案查询 findEmployee 编写

首先创建 EmployeeAction 并继承 ActionSupport。在 EmployeeAction 中定义类型为 IEmployeeService 的员工档案业务处理接口 employeeService，添加其 get 和 set 方法，其中 employeeService 的 set 方法用于 spring 的依赖注入。并定义 employee 对象用于接收前台页面提交的查询信息（也可以用于接收接收新增员工信息和修改员工信息），定义类型为 List<employee>的结果集 employees 用于将查询结果返回员工的档案查询页面。EmployeeAction 中员工查询的关键代码如下：

```
public String findEmployee() {
        employees = employeeService.findEmployee(employee);
        return "findEmployee";
}
```

6．员工档案查询 Struts 文件的配置

Struts 配置文件中员工档案查询的 action 配置参见任务解析相关内容。

7．后台业务处理层接口 IEmployeeService 的编写

创建 IEmployeeService 接口。在接口中添加员工档案查询方法，关键代码如下：

```
/**
        * 员工档案查询
```

```
         *
         * @param employee
         * @return
         */
        public List<Employee> findEmployee(Employee employee);
```

8．后台业务处理层实现类 EmployeeService 的编写

首先创建 EmployeeService 类并实现 IEmployeeService 接口，在 EmployeeService 中定义类型为 IEmployeeDao 的员工档案持久层接口 employeeDao，并添加其 get 和 set 方法，其中 employeeDao 的 set 方法用于 spring 的依赖注入。关键代码如下：

```
public List<Employee> findEmployee(Employee employee) {
        return employeeDao.findEmployee(employee);
}
```

9．后台持久化层接口 IEmployeeDao 的编写

创建 IEmployeeDao 接口，在接口中添加员工档案查询方法：

```
/**
         * 员工档案查询
         *
         * @param employee
         * @return
         */
        public List<Employee> findEmployee(Employee employee);
```

10．后台持久化层实现类 EmployeeDao 的编写

创建 EmployeeDao 类并继承 HibernateDaoSupport 并实现 IEmployeeDao 接口，在其中添加员工档案查询代码：

```
public List<Employee> findEmployee(Employee employee) {
        // 对象查询条件
        DetachedCriteria criteria = DetachedCriteria.forClass(Employee.class);
        if (null != employee) {
                if (null!=employee.getId() && String.valueOf(employee.getId()).trim().length() >0) {
                        criteria.add(Restrictions.eq("id", employee.getId()));
                }
                if (null!=employee.getCode() && String.valueOf(employee.getCode()).trim().length() >0) {
                        criteria.add(Restrictions.eq("code", employee.getCode()));
                }
                if (null!=employee.getName() && String.valueOf(employee.getName()).trim().length() >0) {
                        criteria.add(Restrictions.like("name", employee.getName(),     MatchMode.ANYWHERE));
                }
        }
        return this.getHibernateTemplate().findByCriteria(criteria);
}
```

11．在 Spring 配置文件 applicationContext_beans.xml 中员工档案查询的配置

注意在 Spring 配置文件中 action 的作用域为 prototype。prototype 作用域的 bean 会导致在每次对该 bean 请求（将其注入到另一个 bean 中，或者以程序的方式调用容器的 getBean()方法）时都会创建一个新的 bean 实例。根据经验，对有状态的 bean 应该使用 prototype 作用域，而对无状态的 bean 则应该使用 singleton 作用域。图 7.1-7 演示了 Spring 的 prototype 作用域。

注意 通常情况下，dao 层的类不会被配置成 prototype，因为它们通常不会持有任何会话状态，默认使用 singleton 作用域。

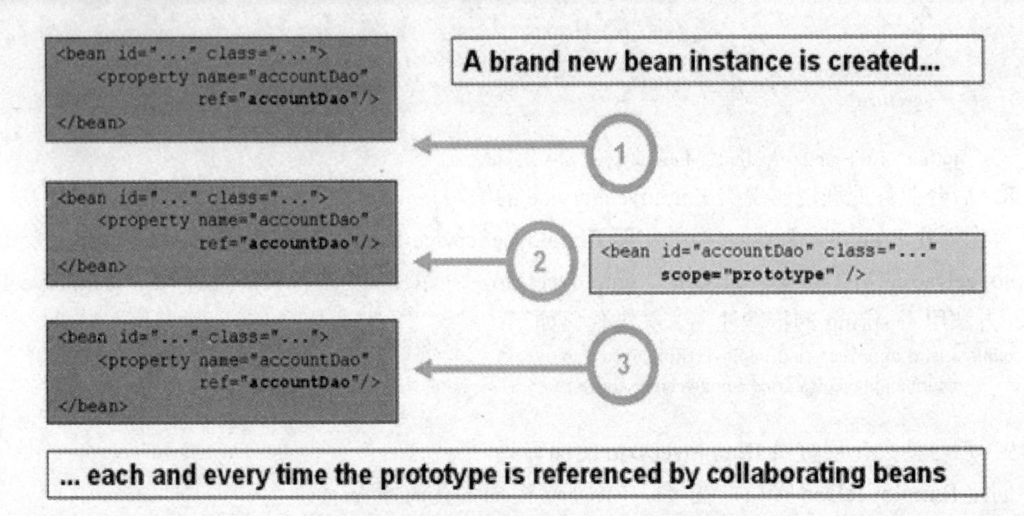

图 7.1-7　Spring 的 prototype 作用域

配置文件的关键代码请参见任务解析部分相关内容。

7.2　员工档案管理模块增加功能实现

工作目标

知识目标

- 理解员工档案管理模块增加功能的业务流程
- 理解员工档案管理模块增加功能的程序流程
- 理解 SSH 的框架组件及运行流程

技能目标

- 根据需求分析和设计用 SSH 框架实现员工档案管理模块增加功能

素养目标

- 培养学生的动手能力

工作任务

根据需求分析和设计并利用 SSH 框架实现员工档案管理模块增加功能。用户单击“新增”按钮，进入新增员工信息页面（如图 7.2-1 所示），经过后台程序处理，新增成功则显示操作完成页面（如图 7.2-2（a）所示），新增失败则返回系统异常界面（如图 7.2-2（b）所示）。

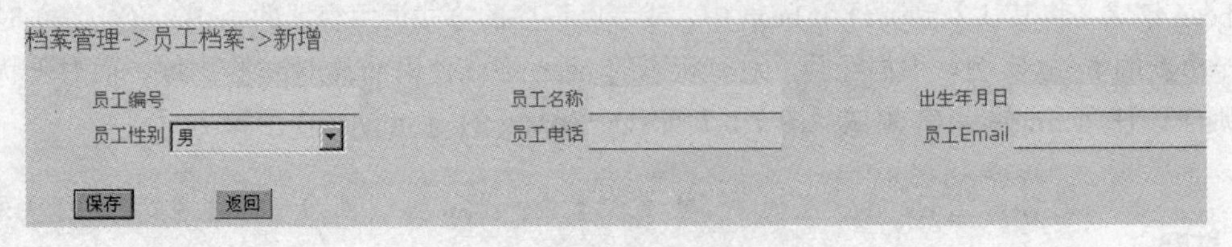

图 7.2-1　员工档案新增页面

操作完成！10秒后自动返回到查询页面或点此立即返回.

（a）员工档案新增成功页面

系统异常请联系管理员！点击返回

（b）员工档案新增失败页面

图 7.2-2

工作计划

任务分析之问题清单

1．员工档案管理增加功能的业务流程
2．员工档案管理增加功能的程序流程
3．员工档案管理增加功能的 UI 设计
4．员工档案管理增加功能的控制层设计
5．员工档案管理增加功能的模型层设计
6．员工档案管理增加功能的相关配置

任务解析

1．员工档案管理增加功能的业务流程

业务流程如图 7.2-3 所示。

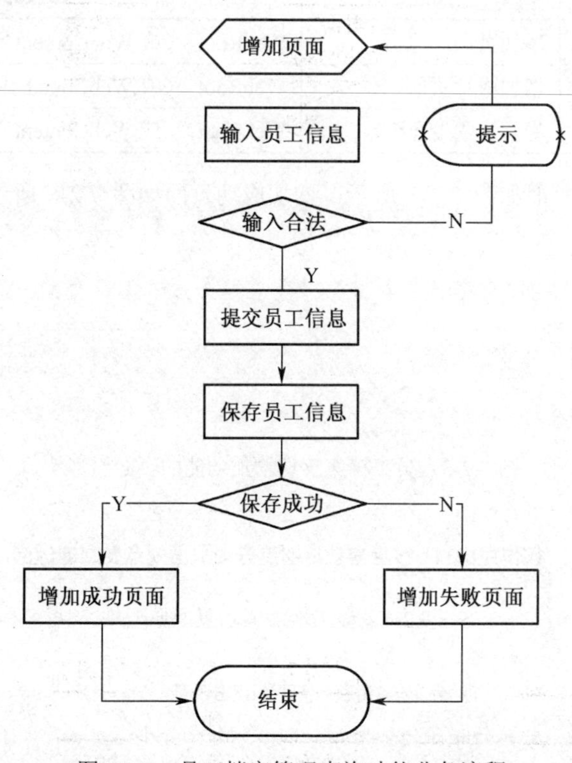

图 7.2-3　员工档案管理查询功能业务流程

2．员工档案管理增加功能程序流程

程序流程如图 7.2-4 所示。

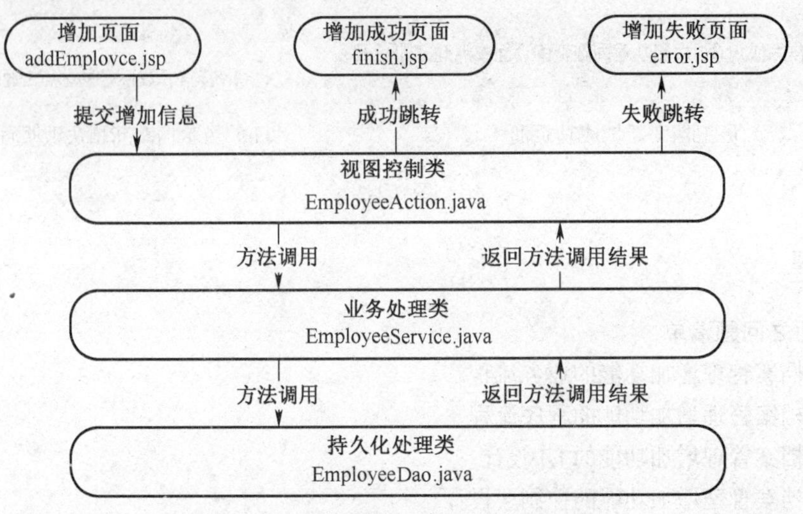

图 7.2-4　员工档案管理增加功能的程序流程

3．员工档案管理增加功能的 UI 设计

UI 页面文件列表及存放地址，如表 7.2-1 所示。

表 7.2-1　增加功能的 UI 页面文件列表及存放地址

序号	项目	描述	存放路径
1	addEmployee.jsp	增加页面	WebRoot （或 WebContent）\moduls\archive\
2	finish.jsp	增加成功页面	WebRoot （或 WebContent）\
3	error.jsp	异常、失败页面	WebRoot （或 WebContent）\

UI 页面原型：增加页面如图 7.2-5 所示，增加成功页面如图 7.2-6 所示，失败页面如图 7.2-7 所示。

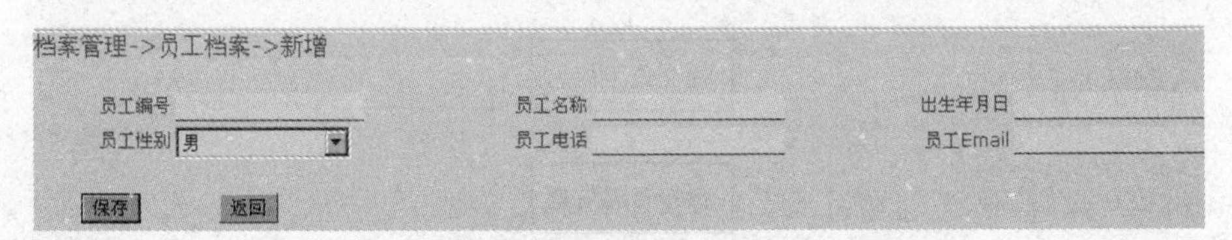

图 7.2-5　员工档案管理增加功能的页面原型

操作完成!10秒后自动返回到查询页面或点此立即返回.

图 7.2-6　员工增加成功页面原型

系统异常请联系管理员!点击返回

- Invalid field value for field "merchandise.price".

图 7.2-7　员工增加出错页面原型

UI 页面校验：增加页面如表 7.2-2 所示，增加成功页面无、增加出错页面无。

表 7.2-2 员工增加页面校验

No.	项目	必输	元素类型	初始值	页面校验	说明	数据对象
1	员工编号	是	字符串	空	有	长度不能超过 3 位	Employee.code
2	员工名称	是	字符串	空	有	长度小于 10 位	Employee.name
3	出生年月日	否	日期	空	有	从日期主键选取	Employee.birthday
4	员工性别	是	字符串	空	有	从下拉列表中选取	Employee.sex
5	员工电话	是	字符串	空	有	11 位或 12 位数字	Employee.telephone
6	员工 Email	是	字符串	空	有	只能输入 email	Employee.email

4．员工档案管理增加功能的控制层设计

设计内容如表 7.2-3 所示。

表 7.2-3 员工档案管理增加功能的控制层设计

类名	存放地址	方法名	描述
EmployeeAction.java	com.zds.slms.action	saveEmployee	员工档案保存

5．员工档案管理增加功能的模型层设计

设计内容如表 7.2-4 所示。

表 7.2-4 员工档案管理增加功能的模型层设计

类名	存放地址	方法名	描述
EmployeeService.java	com.zds.slms.service	saveEmployee	员工档案保存
EmployeeDao.java	com.zds.slms.dao	saveEmployee	员工档案保存

6．员工档案管理增加功能的相关配置

设计内容如表 7.2-5 所示。

表 7.2-5 员工档案管理增加功能的相关配置

项目	描述
路径	工程下 src/applicationContext_beans.xml
内容	<!-- 员工档案配置 --> <bean name="employeeDao" class="com.zds.slms.dao.EmployeeDao"> <property name="sessionFactory" ref="sessionFactory"></property> </bean> <bean name="employeeService" class="com.zds.slms.service.EmployeeService"> <property name="employeeDao" ref="employeeDao"></property> </bean> <bean name="employeeAction" class="com.zds.slms.action.EmployeeAction" scope="prototype"> <property name="employeeService" ref="employeeService"></property> </bean>

续表

项目	描述
路径	工程下 src/struts.xml
内容	<!-- 全局转向 --> <global-results> <result name="*error*">/error.jsp</result> <result name="*finish*">/finish.jsp</result> </global-results> <!-- 全局导常转向 --> <global-exception-mappings> <exception-mapping result="*error*" exception="*java.lang.Exception*"></exception-mapping> </global-exception-mappings> <!-- 员工管理 Action 配置 --> <action name="*employeeAction*" class="*employeeAction*"> <result name="*findEmployee*">/moduls/archive/employee.jsp</result> <result name="*updateEmployee*">/moduls/archive/updateEmployee.jsp</result> </action>

工作实施

实施方案

1．员工表映射文件 Employee.hbm.xml 编写

2．员工实体映射类 Employee 编写

3．前台员工档案增加页面 addEmployee.jsp 编写

4．前台系统操作完成页面 finish.jsp 编写

5．前台系统异常界面 error.jsp 编写

6．后台业务控制器（action 类）EmployeeAction 中员工档案保存编写

7．员工档案保存 Struts 文件的配置

8．后台业务处理层接口 IEmployeeService 的编写

9．后台业务处理层实现类 EmployeeService 的编写

10．后台持久化层接口 IEmployeeDao 的编写

11．后台持久化层实现类 EmployeeDao 的编写

12．在 Spring 配置文件 applicationContext_beans.xml 中进行配置

详细步骤

1．员工表映射文件 Employee.hbm.xml 编写

7.1 节已经完成。

2．员工实体映射类 Employee 编写

7.1 节已经完成。

3．前台员工档案增加页面 addEmployee.jsp 编写

注意添加属性中 Struts 标签的名称的处理，在相应的 action 中定义类型为 Employee 的对象 employee，并添加该对象相应的 get 和 set 方法，在员工档案增加页面 addEmployee.jsp 增加属性的标签上使用对象名称加属性的方式将属性的值传递到后台，这种方式可以减少在 action 当中变量的

定义。同时，完成页面输入的简单验证。其页面关键代码如下：

```
<html>
<head>
<base href="<%=basePath%>" />
<title>员工档案新增</title>
<sx:head extraLocales="en-us" />
<link rel="stylesheet" href="css/main.css" type="text/css" />
<script language="javascript" src="script/main.js"></script>
<script type='text/javascript' src='dwr/interface/employeeAction.js'></script>
<script type='text/javascript' src='dwr/engine.js'></script>
<script type='text/javascript' src='dwr/util.js'></script>
<script type="text/javascript">
    var textCode;
    var codeChk = false;
    function init() {
        textCode = document.getElementById("code");
        textCode.focus();
    }
    function out_code() {
        codeChk = false;
        if (trimString(textCode.value).length > 0 && trimString(textCode.value).length < 4) {
            employeeAction.findEmployeeByCode(textCode.value, function(ret) {
                if (ret > 0) {
                    show_message("msg_code", "0", '输入的编号[' + textCode.value + ']重复请重新输入!');
                    codeChk = false;
                } else {
                    show_message("msg_code", "1", '输入正确!');
                    codeChk = true;
                }
            });
        } else {
            show_message('msg_code', '0', '编号不能为空且不能超过 3 位长度!');
            codeChk = false;
        }
    }
    function formSubmit() {
        var chk = false;
        var chkRetName = out_chkMaxLength('name', 'msg_name', '名称小于 10 位且不能为空!','10');
        var chkRetDate = out_pickerDate('p_date', 'msg_date', '日期不能为空!');
        var chkRetPhone = out_chkPhone('phone', 'msg_phone', '电话只能输入 11 位或 12 位数字!');
        var chkRetEmail = out_chkEmail('email', 'msg_email', 'EMAIL 小于 30 位且不能为空!', 30);
        var chkRetSex = out_chkEmpty('sex', 'msg_sex', '性别不能为空!')
        if (codeChk && chkRetName && chkRetPhone && chkRetEmail && chkRetSex && chkRetDate) {
            chk = true;
        }
        return chk;
    }
    dojo.event.topic.subscribe("/value", function(textEntered, date, widget) {
        out_pickerDate('p_date', 'msg_date', '日期不能为空!');
    });
    window.onload = init;
</script>
</head>
<body>
```

```
<p></p><s:form action="employeeAction" method="post" theme="simple" onsubmit="return formSubmit();">
        <p><font style="font-size: 10pt;">档案管理->员工档案->新增</font></p>
        <p></p>
        <table border="0" cellpadding="1" cellspacing="1" width="95%">
                <tr>
                        <td align="right" width="10%" nowrap="true">员工编号</td>
                        <td width="20%"><s:textfield name="employee.code" cssClass="TextInput" id="code" onFocus=
"show_message('msg_code','2','请输入编号');" onBlur="out_code()"></s:textfield> <DIV style="DISPLAY: show" id="msg_code"
class="box_div_right"> </DIV></td>
                        <td align="right" width="10%" nowrap="true">员工名称</td>
                        <td width="20%"><s:textfield name="employee.name" cssClass="TextInput" id="name" onFocus=
"show_message('msg_name','2','请输入名称');" onBlur="out_chkMaxLength('name', 'msg_name', '名称小于 10 位且不能为空!',
10)"></s:textfield> <DIV style="DISPLAY: show" id="msg_name" class="box_div_right"> </DIV></td>
                        <td align="right" width="10%">出生年月日</td>
                        <td width="20%"><sx:datetimepicker label=""  name="employee.birthday"
displayFormat="yyyy-MM-dd" language="en-us" type="date" id="p_date" required="true" valueNotifyTopics="/value" />
        <DIV style="DISPLAY: show" id="msg_date" class="box_div_right"> </DIV></td>
                        <td width="10%"> </td>
                </tr>
                <tr>
                        <td align="right" width="10%" nowrap="true">员工性别</td>
                        <td width="20%"><s:select label="员工性别" name="employee.sex" list="#{true:'男',false:'女'}" theme=
"simple" emptyOption="true" id="sex" onFocus="show_message('msg_sex','2','请选择供性别!')" onBlur="out_chkEmpty
('sex','msg_sex','性别不能为空!')"></s:select> <DIV style="DISPLAY: show" id="msg_sex" class="box_div_right"> 
</DIV></td>
                        <td align="right" width="10%" nowrap="true">员工电话</td>
                        <td width="20%"><s:textfield name="employee.telephone" cssClass="TextInput" id="phone" onFocus=
"show_message('msg_phone','2','请输入电话 11 位或 12 位数字.');" onBlur="out_chkPhone('phone', 'msg_phone', '电话只能输入
11 位或 12 位数字!')"></s:textfield> <DIV style="DISPLAY: show" id="msg_phone" class="box_div_right">  </DIV></td>
                        <td align="right" width="10%" nowrap="true">员工 Email</td>
                        <td width="20%"><s:textfield name="employee.email" cssClass="TextInput" id="email" onFocus=
"show_message('msg_email','2','请输入 EMAIL');" onBlur="out_chkEmail('email', 'msg_email', 'EMAIL 小于 30 位且不能为空!',
30)"></s:textfield> <DIV style="DISPLAY: show" id="msg_email" class="box_div_right"> </DIV></td>
                        <td colspan="3"> </td>
                </tr>
        </table>
        <p></p>
        <div style="margin-left: 30px; margin-right: 0px">
        <table border="0" cellpadding="0" cellspacing="0" width="95%">
                <tr>
                        <td width="10%"><s:submit value="保存" cssClass="BtnAction" method="saveEmployee"></s:submit>
</td>
                        <td width="10%"><input type="button" class="BtnAction" value="返回" onClick="history.go(-1);">
</td>
                        <td width="80%"> </td>
                </tr>
        </table>
        </div>
</s:form>
</body>
</html>
```

注意

上述页面中用到的一些用于输入有效性验证的 js（JavaScript）函数的源代码放在 main.js 文件中，请参考 7.1 节中关于 main.js 文件的内容。

4．前台系统操作完成页面 finish.jsp 编写

系统操作完成页面 finish.jsp 是完成一个操作后转向的界面，所以只需要在 Struts 配置文件当中配置全局转向，以后不管是哪个模块操作完成之后，都转向系统完成界面 finish.jsp。finish.jsp 页面的关键代码如下：

```
<div align="center" ><font color="#f70075"><a href='<s:property  value="finish_Url"/>' >操作完成!10 秒后自动返回到查询页面或点此立即返回.</a></font></div>
```

Struts 配置文件中错误页面的全局转向配置如下：

```
<!-- 全局转向 -->
<global-results>
    <result name="finish">/finish.jsp</result>
</global-results>
```

5．前台系统异常界面 error.jsp 编写

7.1 节已经完成。

6．后台业务控制器（action 类）EmployeeAction 中员工档案保存 saveEmployee 编写

由于在第一节中已经写好 EmployeeAction 相关信息，此处只需要 saveEmployee 方法即可，关键代码如下：

```
public String saveEmployee() {
    employeeService.saveEmployee(employee);
    //此处是添加成功页面显示完后跳转的页面，显示 Employee 表中所有信息
    finish_Url = "employeeAction!findEmployee.action";
    return "finish";
}
```

7．员工档案保存 Struts 文件的配置

7.1 节已经完成。

8．后台业务处理层接口 IEmployeeService 的编写

创建 IEmployeeService 接口。在接口中添加员工档案查询方法，关键代码如下：

```
/**
    * 员工档案保存
    *
    * @param employee
    * @return
    */
public void saveEmployee(Employee employee);
```

9．后台业务处理层实现类 EmployeeService 的编写

首先创建 EmployeeService 类并实现 IEmployeeService 接口，然后在 EmployeeService 中定义类型为 IEmployeeDao 的员工档案持久层接口 employeeDao，并添加其 get 和 set 方法，其中 employeeDao 的 set 方法用于 Spring 的依赖注入。关键代码如下：

```
public void saveEmployee(Employee employee) {
    employeeDao.saveEmployee(employee);
}
```

10．后台持久化层接口 IEmployeeDao 的编写

创建 IEmployeeDao 接口，在接口中添加员工档案查询方法：

```
/**
    * 员工档案保存
```

```
	 *
	 * @param employee
	 * @return
	 */
public void saveEmployee(Employee employee);
```

11．后台持久化层实现类 EmployeeDao 的编写

创建 EmployeeDao 类并继承 HibernateDaoSupport 并实现 IEmployeeDao 接口，在其中添加员工档案查询代码：

```
public void saveEmployee(Employee employee) {
	save(employee);
}
```

12．Spring 配置文件 applicationContext_beans.xml 中配置

7.1 节已经完成。

7.3 员工档案管理模块修改功能实现

工作目标

知识目标

- 理解员工档案管理模块修改功能的业务流程
- 理解员工档案管理模块修改功能的程序流程
- 通过练习理解 SSH 的框架组件及运行流程

技能目标

- 根据需求分析和设计实现 SSH 框架实现员工档案管理模块修改功能

素养目标

- 培养学生的动手能力

工作任务

根据需求分析和设计利用 SSH 框架实现员工档案管理修改功能。在员工查询界面选择一个员工信息进行修改，跳转到员工档案修改页面（如图 7.3-1 所示）。用户修改员工名称、出生年月日、员工性别、员工电话、员工 Email，在提交先验证输入信息的合法性（注：员工编号不能修改）。成功则提交员工信息，经过后台程序处理，修改成功则显示，修改失败则返回系统异常界面。

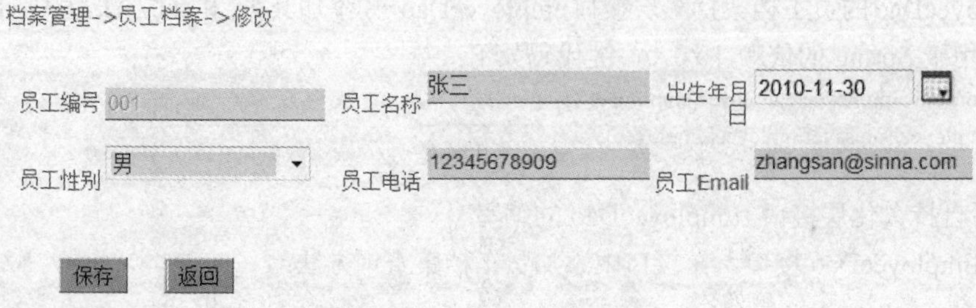

档案管理->员工档案->修改

员工编号 001　员工名称 张三　出生年月日 2010-11-30

员工性别 男　员工电话 12345678909　员工Email zhangsan@sinna.com

保存　返回

图 7.3-1　员工档案修改界面

工作计划

任务分析之问题清单

1．员工档案管理修改功能的业务流程
2．员工档案管理修改功能的程序流程
3．员工档案管理修改功能的 UI 设计
4．员工档案管理修改功能的控制层设计
5．员工档案管理修改功能的模型层设计

任务解析

1．员工档案管理修改功能的业务流程

员工档案管理模块修改功能的业务流程，如图 7.3-2 所示。

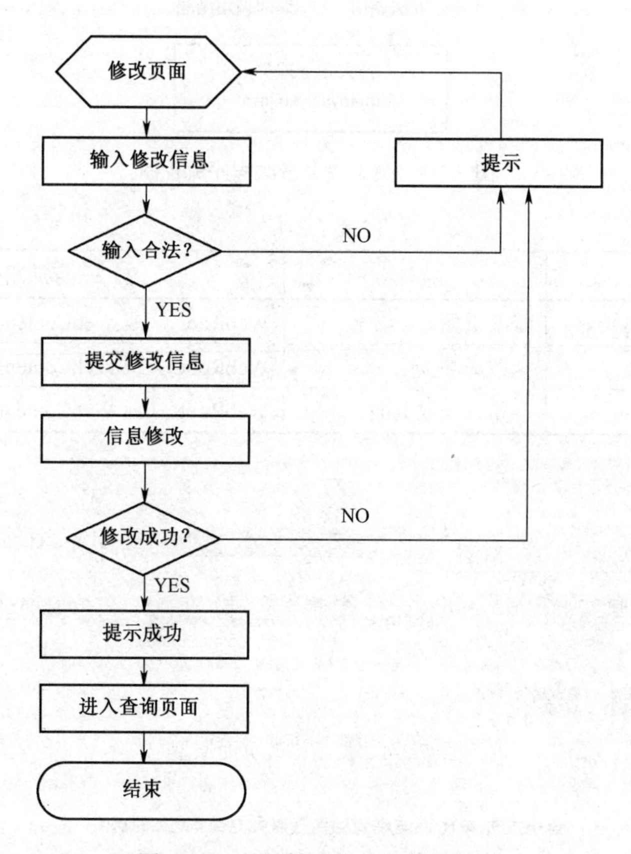

图 7.3-2　员工档案修改业务流程图

2．员工档案管理修改功能的程序流程

员工档案管理模块修改功能的程序流程，如图 7.3-3 所示。

3．员工档案管理修改功能的 UI 设计

UI 页面文件列表及存放地址，如表 7.3-1 所示。

UI 页面原型：修改页面如图 7.3-4 所示，修改成功页面如图 7.3-5 所示，修改失败页面如图 7.3-6 所示。

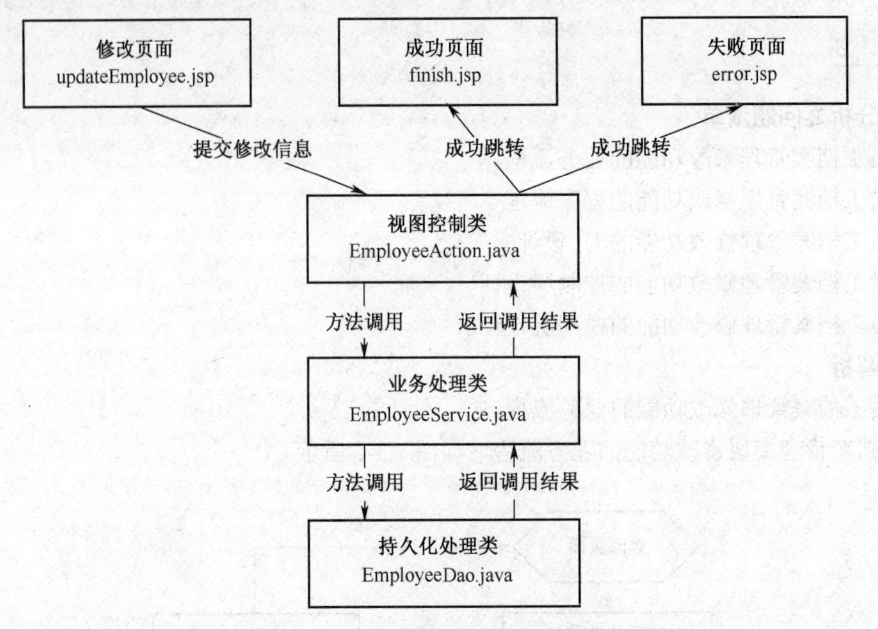

图 7.3-3　员工档案修改程序流程图

表 7.3-1

序号	项目	描述	存放路径
1	updateEmployee.jsp	修改页面	WebRoot （或 WebContent）\moduls\archive\
2	finish.jsp	修改成功页面	WebRoot （或 WebContent）\
3	error.jsp	异常、失败页面	WebRoot （或 WebContent）\

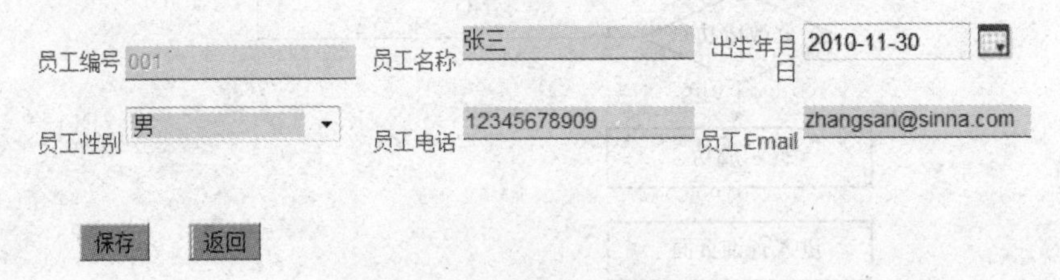

图 7.3-4　员工修改页面原型

操作完成!10秒后自动返回到查询页面或点此立即返回.

图 7.3-5　员工修改成功页面原型

系统异常请联系管理员!点击返回

• Invalid field value for field "merchandise.price".

图 7.3-6　员工修改出错页面原型

UI 页面校验：修改页面如表 7.3-2 所示，修改成功页面无、修改出错页面无。

表 7.3-2　员工修改页面校验

No.	项目	必输	元素类型	初始值	页面校验	说明	数据对象
1	员工名称	是	字符串	空	有	长度小于 10 位	Employee.name
2	出生年月日	否	日期	空	有	从日期主键选取	Employee.birthday
3	员工性别	是	字符串	空	有	从下拉列表中选取	Employee.sex
4	员工电话	是	字符串	空	有	11 位或 12 位数字	Employee.telephone
5	员工 Email	是	字符串	空	有	只能输入 email	Employee.email

4．员工档案管理修改功能的控制层设计

员工档案管理修改功能的控制层设计内容如表 7.3-3 所示。

表 7.3-3　员工档案管理修改功能的控制层设计

类名	存放地址	方法名	描述
EmployeeAction.java	com.zds.slms.action	preUpdateEmployee	根据 id 查询员工档案
EmployeeAction.java	com.zds.slms.action	updateEmployee	修改员工档案

5．员工档案管理修改功能的模型层设计

员工档案管理修改功能的模型层设计内容如表 7.3-4 所示。

表 7.3-4　员工档案管理修改功能的模型层设计

类名	存放地址	方法名	描述
EmployeeService.java	com.zds.slms.service	findEmployee	根据 id 查询员工档案
EmployeeService.java	com.zds.slms.service	updateEmployee	修改员工档案
EmployeeDao.java	com.zds.slms.dao	findEmployee	根据 id 查询员工档案
EmployeeDao.java	com.zds.slms.dao	updateEmployee	修改员工档案

工作实施

实施方案

1．前台员工档案查询页面 employee.jsp 编写

2．前台员工档案修改页面 updateEmployee.jsp 编写

3．后台业务控制器（action 类）EmployeeAction 员工档案修改功能相关代码编写

4．后台业务处理层接口 IEmployeeService 的编写

5．后台业务处理层实现类 EmployeeService 的编写

6．后台持久化层接口 IEmployeeDao 的编写

7．后台持久化层实现类 EmployeeDao 的编写

详细步骤

1．前台员工档案查询页面 employee.jsp 编写

在员工档案查询页面 employee.jsp 中点击修改图标跳转到修改页面的代码：

```
<a  href='employeeAction!preUpdateEmployee.action?employee.id=<s:property  value="#employee.id"  />'><img  src=
"image/edit.gif" border="0"></a>
```

2．前台员工档案修改页面 updateEmployee.jsp 编写

员工档案修改员工编号不能修改，所以将员工编号修改页面上的员工编号的属性设置为 disabled="true"，其 updateEmployee.jsp 的代码参考如下：

```
<html>
<head>
<base href="<%=basePath%>" />
<sx:head extraLocales="en-us" />
<title>员工档案修改</title>
<link rel="stylesheet" href="css/main.css" type="text/css" />
<script language="javascript" src="script/main.js"></script>
<script type='text/javascript' src='dwr/interface/employeeAction.js'></script>
<script type='text/javascript' src='dwr/engine.js'></script>
<script type='text/javascript' src='dwr/util.js'></script>
<script type="text/javascript">
    var codeChk = false;
    function formSubmit() {
        var chk = false;
        var chkRetName = out_chkMaxLength('name', 'msg_name', '名称小于 10 位且不能为空!', '10');
        var chkRetDate = out_pickerDate('p_date', 'msg_date', '日期不能为空!');
        var chkRetPhone = out_chkPhone('phone', 'msg_phone', '电话只能输入 11 位或 12 位数字!');
        var chkRetEmail = out_chkEmail('email', 'msg_email','EMAIL 小于 30 位且不能为空!', 30);
        var chkRetSex = out_chkEmpty('sex', 'msg_sex', '性别不能为空!')
        if (chkRetName && chkRetPhone && chkRetEmail && chkRetSex && chkRetDate) {chk = true;    }
        return chk;
    }
    dojo.event.topic.subscribe("/value", function(textEntered, date, widget) {out_pickerDate('p_date', 'msg_date', '日期不能
为空!');});
    window.onload = init;
</script>
</head>
<body>
<p></p>
<s:form action="employeeAction" method="post" theme="simple" onsubmit="return formSubmit();">
    <s:hidden name="employee.id"></s:hidden>
    <s:hidden name="employee.code"></s:hidden>
    <p><font style="font-size: 10pt;">档案管理->员工档案->修改</font></p>
    <p></p>
    <table border="0" cellpadding="1" cellspacing="1" width="95%">
        <tr>
            <td align="right" width="10%" nowrap="true">员工编号</td>
            <td width="20%"><s:textfield name="employee.code" cssClass="TextInput" disabled="true" ></s:textfield>
</td>
            <td align="right" width="10%" nowrap="true">员工名称</td>
            <td width="20%"><s:textfield name="employee.name" cssClass="TextInput" id="name" onFocus=
"show_message('msg_name','2','请输入名称);" onBlur="out_chkMaxLength('name', 'msg_name', '名称小于 10 位且不能为空!',
10)"></s:textfield> <DIV style="DISPLAY: show" id="msg_name" class="box_div_right"> </DIV></td>
            <td align="right" width="10%">出生年月日</td>
            <td width="20%"><sx:datetimepicker label="" name="employee.birthday" displayFormat="yyyy-MM-dd"
language="en-us" type="date" id="p_date" required="true" valueNotifyTopics="/value" /> <DIV style="DISPLAY: show"
id="msg_date" class="box_div_right"> </DIV></td>
            <td width="10%"> </td>
        </tr>
        <tr>
            <td align="right" width="10%" nowrap="true">员工性别</td>
```

```
                    <td width="20%"><s:select label="员工性别" name="employee.sex"
                        list="#{true:'男',false:'女'}" emptyOption="true" id="sex" onFocus="show_message('msg_sex','2','请选择
供性别!')" onBlur="out_chkEmpty('sex','msg_sex','性别不能为空!')"></s:select> <DIV style="DISPLAY: show" id="msg_sex"
class="box_div_right"> </DIV></td>
                    <td align="right" width="10%" nowrap="true">员工电话</td>
                    <td width="20%"><s:textfield name="employee.telephone" cssClass="TextInput" id="phone" onFocus=
"show_message('msg_phone','2','请输入电话 11 位或 12 位数字.');" onBlur="out_chkPhone('phone', 'msg_phone', '电话只能输入
11 位或 12 位数字!')"></s:textfield> <DIV style="DISPLAY: show" id="msg_phone" class="box_div_right"> </DIV></td>
                    <td width="10%" align="right" nowrap="true">员工 Email</td>
                    <td width="20%"><s:textfield name="employee.email" cssClass="TextInput" id="email" onFocus=
"show_message('msg_email','2','请输入 EMAIL');" onBlur="out_chkEmail('email', 'msg_email', 'EMAIL 小于 30 位且不能为空!',
30)"></s:textfield> <DIV style="DISPLAY: show" id="msg_email" class="box_div_right"> </DIV></td>
                    <td colspan="3"> </td>
                </tr>
            </table>
            <p></p>
            <div style="margin-left: 30px; margin-right: 0px">
            <table border="0" cellpadding="0" cellspacing="0" width="95%">
                <tr>
                    <td width="10%"><s:submit value="保存" method="updateEmployee" cssClass="BtnAction"> </s:submit>
</td>
                    <td width="10%"><input type="button" class="BtnAction" value="返回" onClick="history.go(-1);"></td>
                    <td width="80%"> </td>
                </tr>
            </table>
            </div>
        </s:form>
        </body>
        </html>
```

3．后台业务控制器（action 类）EmployeeAction 员工档案修改功能相关代码编写

①EmployeeAction 中根据员工 id 查询员工信息编写：

```
/**
 * 员工档案更新前查询
 *
 * @return
 */
public String preUpdateEmployee() {
    employee = employeeService.findEmployee(employee).get(0);
    return "updateEmployee";
}
```

②EmployeeAction 中员工档案修改代码：

```
/**
 * 员工档案更新
 *
 * @return
 */
public String updateEmployee() {
      employeeService.updateEmployee(employee);
      finish_Url = "employeeAction!findEmployee.action";
      return "finish";
}
```

4．后台业务处理层接口 IEmployeeService 的编写

在 IEmployeeService 中加入员工档案修改方法：

```
/**
 * 员工档案更新
 *
 * @param employee
 */
public void updateEmployee(Employee employee);
```

5．后台业务处理层实现类 EmployeeService 的编写

在 EmployeeService 中加入员工档案修改代码：

```
/**
 * 员工档案更新
 *
 * @param employee
 */
public void updateEmployee(Employee employee) {
        employeeDao.updateEmployee(employee);

}
```

6．后台持久化层接口 IEmployeeDao 的编写

在 IEmployeeDao 中加入员工档案修改方法：

```
/**
 * 员工档案更新
 *
 * @param employee
 */
public void updateEmployee(Employee employee);
```

7．后台持久化层实现类 EmployeeDao 的编写

在 IEmployeeDao 中加入员工档案修改代码：

```
public void updateEmployee(Employee employee) {
        Integer eid = employee.getId();
        HibernateTemplate hibernateTemplate=this.getHibernateTemplate();
        // 载入已经被持久化了的对象然后再进行修改
        Employee perstEmployee = (Employee) hibernateTemplate.load(Employee.class,Integer.valueOf(eid));
        perstEmployee.setBirthday(employee.getBirthday());
        perstEmployee.setCode(employee.getCode());
        perstEmployee.setEmail(employee.getEmail());
        perstEmployee.setName(employee.getName());
        perstEmployee.setSex(employee.isSex());
        perstEmployee.setTelephone(employee.getTelephone());
        hibernateTemplate.update(perstEmployee);
}
```

7.4　员工档案管理模块删除功能实现

工作目标

知识目标

- 理解员工档案管理模块删除功能的业务流程
- 理解员工档案管理模块删除功能的程序流程
- 通过练习理解 SSH 的框架组件及运行流程

技能目标

- 根据需求分析和设计实现SSH框架实现员工档案管理模块删除功能

素养目标

- 培养学生的动手能力

工作任务

根据需求分析和设计利用SSH框架实现员工档案管理删除功能。用户在员工查询页面选择要删除的员工信息（如图7.4-1所示）。成功则提交要删除的员工信息，经过后台程序处理，删除成功则返回操作成功页面，删除失败则返回系统异常界面。

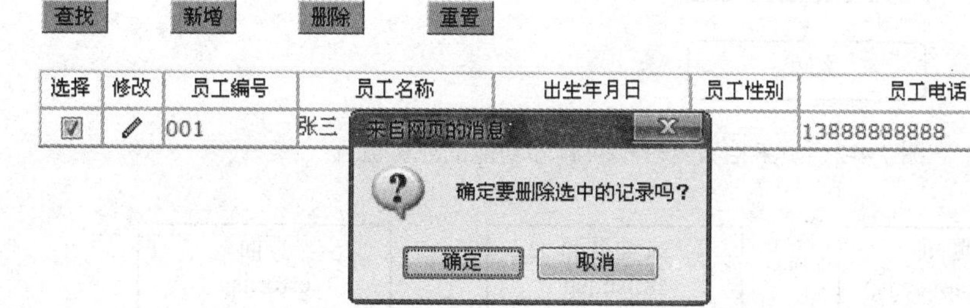

图7.4-1 员工档案修改界面

工作计划

任务分析之问题清单

1．员工档案管理模块删除功能的业务流程
2．员工档案管理模块删除功能的程序流程
3．员工档案管理删除功能的UI设计
4．员工档案管理删除功能的控制层设计
5．员工档案管理删除功能的模型层设计

任务解析

1．员工档案管理模块删除功能的业务流程

员工档案管理模块删除功能的业务流程，如图7.4-2所示。

2．员工档案管理模块删除功能的程序流程

员工档案管理模块删除功能的程序流程，如图7.4-3所示。

3．员工档案管理删除功能的UI设计？

UI页面文件列表及存放地址，如表7.4-1所示。

UI页面原型：查询页面（删除功能）如图7.4-4所示，删除成功页面如图7.4-5所示，失败页面如图7.4-6所示。

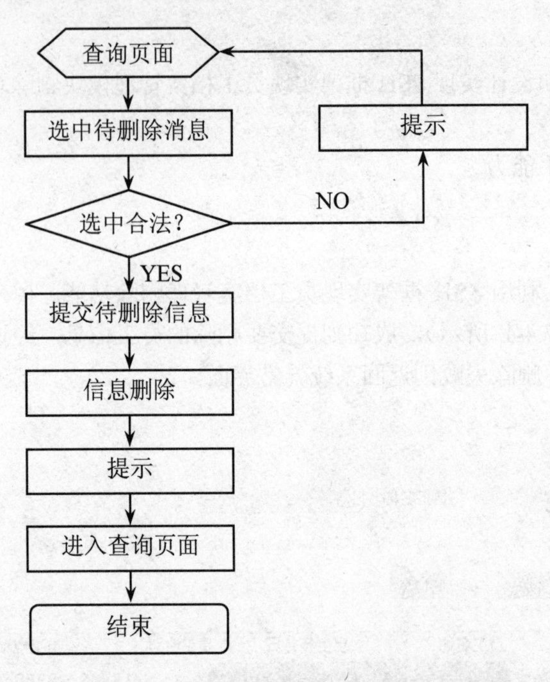

图 7.4-2　员工档案管理模块删除功能的业务流程

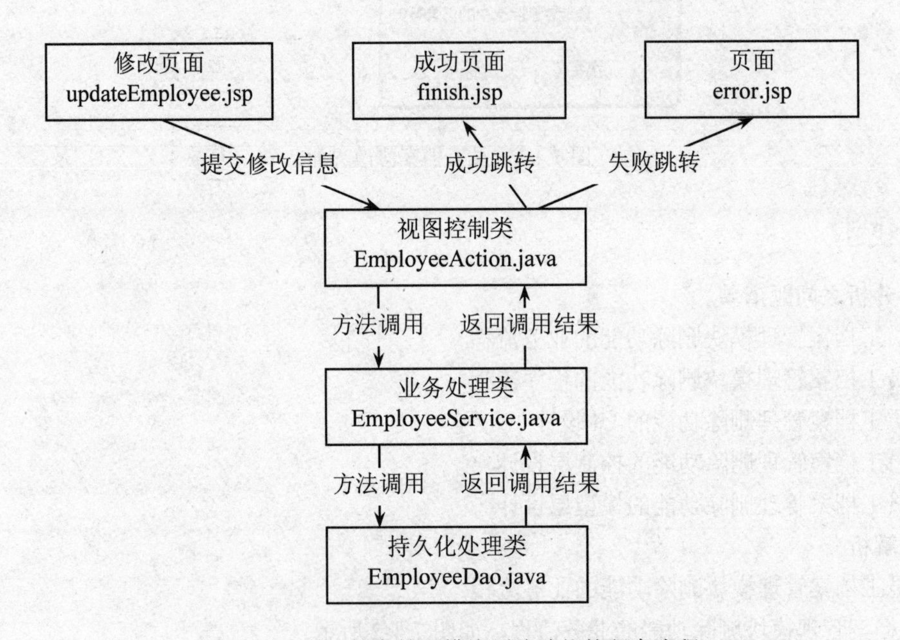

图 7.4-3　员工档案管理模块删除功能的程序流程

表 7.4-1　删除功能的 UI 页面文件列表及存放地址

序号	项目	描述	存放路径
1	employee.jsp	查询员工页面（删除功能）	WebRoot （或 WebContent）\moduls\archive\
2	finish.jsp	删除成功页面	WebRoot （或 WebContent）\
3	error.jsp	异常、失败页面	WebRoot （或 WebContent）\

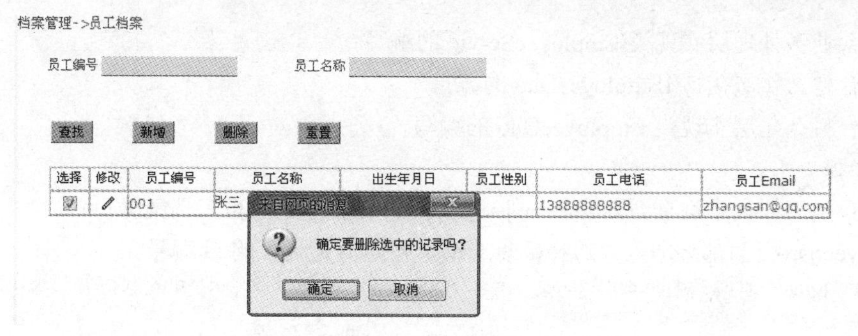

图 7.4-4　员工档案管理删除功能的页面原型

操作完成!10秒后自动返回到查询页面或点此立即返回.

图 7.4-5　员工删除成功页面原型

系统异常请联系管理员!点击返回

• Invalid field value for field "merchandise.price".

图 7.4-6　员工删除出错页面原型

UI 页面校验：删除页面如表 7.4-2 所示，删除成功页面无、删除出错页面无。

表 7.4-2　员工删除页面校验

No.	项目	必输	元素类型	初始值	页面校验	说明	数据对象
1	选择（复选框）	否	字符串	employee.id	有	点击删除按钮时至少有一个“选择”复选框被选中	EmployeeId

4．员工档案管理删除功能的控制层设计

员工档案管理删除功能的控制层设计内容如表 7.4-3 所示。

表 7.4-3　员工档案管理删除功能的控制层设计

类名	存放地址	方法名	描述
EmployeeAction.java	com.zds.slms.action	deleteEmployee	删除员工档案

5．员工档案管理删除功能的模型层设计

员工档案管理删除功能的模型层设计内容如表 7.4-4 所示。

表 7.4-4　员工档案管理删除功能的模型层设计

类名	存放地址	方法名	描述
EmployeeService.java	com.zds.slms.service	deleteEmployee	删除员工档案
EmployeeDao.java	com.zds.slms.dao	deleteEmployee	删除员工档案

工作实施

实施方案

1．前台员工档案查询页面 employee.jsp 及 JavaScript 中删除员工档案编写

2．后台业务控制器（action 类）EmployeeAction 中删除员工档案编写

3．后台业务处理层接口 IEmployeeService 的编写

4．后台业务处理层实现类 EmployeeServic 的编写

5．后台持久化层接口 IEmployeeDao 的编写

6．后台持久化层实现类 EmployeeDao 的编写

详细步骤

1．前台员工档案查询页面 employee.jsp 及 JavaScript 中删除员工档案编写

employee.jsp 页面部分加入“选择”复选框，初始值是员工的 id 编号。

```
<td align="center" class="td_border"><input name="employeeId" type="checkbox" title="选中后可进行删除操作" val
ue='<s:property value="#employee.id" />'></td>
```

使用 JavaScript 代码完成页面校验，即单击“删除”按钮时至少有一个“选择”复选框被选中，否则弹出警告框，提示用户“请选中要删除的记录!”，关键代码如下：

```
function deleteRecords(url) {
    // 取得第一个 form 表单
    var actionForm = document.forms[0];
    var cbs = actionForm.elements;
    var i;
    for (i = 0; i < cbs.length; i++) {
        if (cbs[i].type == "checkbox" && cbs[i].checked) {
            if (!window.confirm("确定要删除选中的记录吗？")) {
                return;
            } else {
                break;
            }
        }
    }
    if (i == cbs.length) {
        alert('请选中要删除的记录!');
        return;
    }
    actionForm.action = url;
    actionForm.submit();
}
```

注意　上面 deleteRecords 函数来源于 7.1 节的 main.js 文件。

2．后台业务控制器（action 类）EmployeeAction 中删除员工档案编写

在 EmployeeAction 中字符串数组 employeeId 并添加其 get 和 set 方法，用来接收前台提交过来的要删除的员工 id，在 EmployeeAction 中添加删除员工档案代码：

```
public String deleteEmployee() {
    employeeService.deleteEmployee(employeeId);
    finish_Url = "employeeAction!findEmployee.action";
    return "finish";
}
```

3．后台业务处理层 IEmployeeService 删除员工档案编写

在 IEmployeeService 中添加删除员工档案方法：

```
public void deleteEmployee(String[] employeeId);
```

4．后台业务处理层 EmployeeService 删除员工档案编写

在 EmployeeService 中添加删除员工档案方法：

```
public void deleteEmployee(String[] employeeId) {
    employeeDao.deleteEmployee(employeeId);
}
```

5．后台持久化层 IEmployeeDao 删除员工档案编写

在 IEmployeeDao 中添加删除员工档案方法：

```
public void deleteEmployee(String[] employeeId);
```

6．后台持久化层 EmployeeDao 删除员工档案编写

在 EmployeeDao 中添加删除员工档案方法：

```
public void deleteEmployee(String[] employeeId) {
        List<Employee> entities = new ArrayList<Employee>();
        HibernateTemplate hibernateTemplate = this.getHibernateTemplate();
        for (String eid : employeeId) {
                entities.add((Employee) hibernateTemplate.load(Employee.class,
                                Integer.valueOf(eid)));
        }
        // 批量删除
        hibernateTemplate.deleteAll(entities);
}
```

7.5 商品档案管理模块的实现

工作目标

知识目标

- 理解商品档案管理模块商品档案增删改查功能的业务流程
- 理解商品档案管理模块商品档案增删改查功能的程序流程
- 通过练习理解 SSH 的框架组件及运行流程

技能目标

- 根据需求分析和设计使用 SSH 框架实现商品档案管理模块商品档案增删改查功能

素养目标

- 培养学生的动手能力

工作任务

根据需求分析和设计使用 SSH 框架实现商品档案管理模块商品档案增加、修改、查询、删除功能。

工作计划

任务分析之问题清单

1．商品档案管理模块增删查改功能的业务流程
2．商品档案管理模块增删查改功能的程序流程
3．商品档案管理模块增删查改功能的 UI 设计
4．商品档案管理模块增删查改功能的控制层设计
5．商品档案管理模块增删查改功能的模型层设计
6．商品档案管理模块增删查改功能的相关配置

任务解析

1．商品档案管理模块增删查改功能的业务流程

商品档案管理模块商品档案增加、修改、查询、删除功能的业务流程如图 7.5-1 至图 7.5-4 所示。

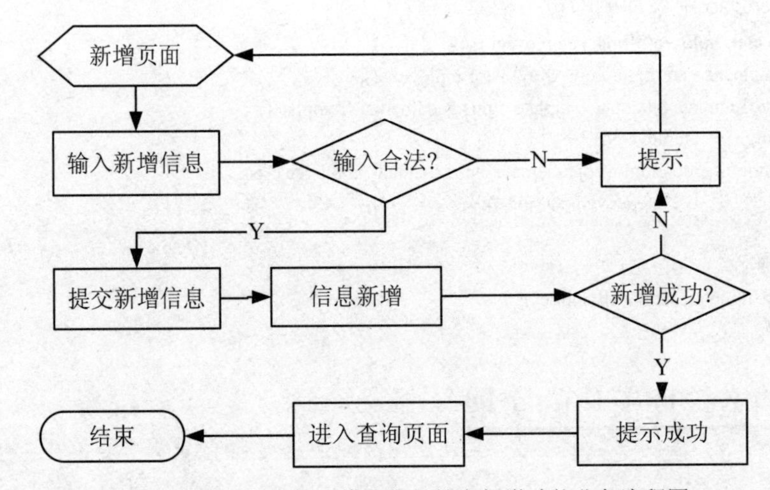

图 7.5-1　商品档案管理模块商品档案新增功能业务流程图

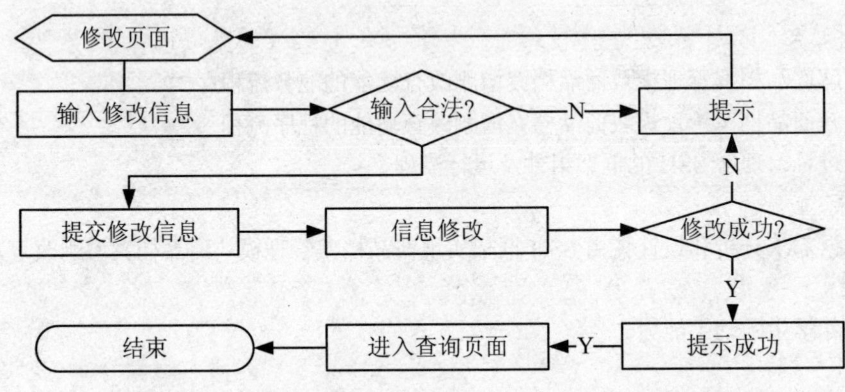

图 7.5-2　商品档案管理模块商品档案修改功能业务流程图

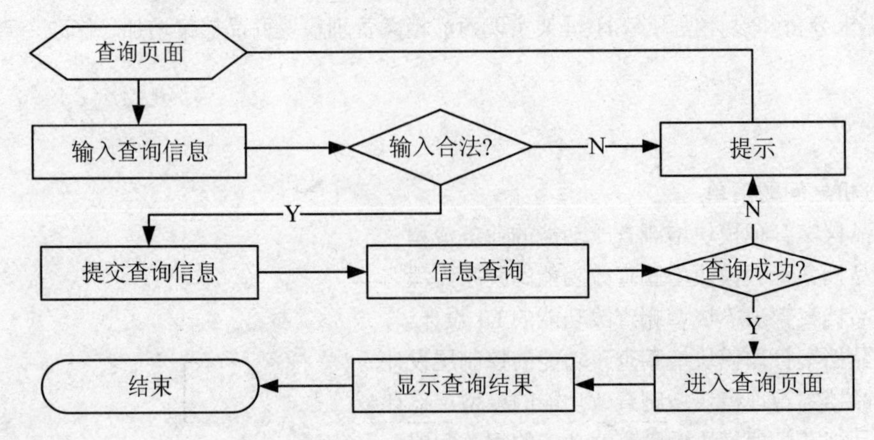

图 7.5-3　商品档案管理模块商品档案查询功能业务流程图

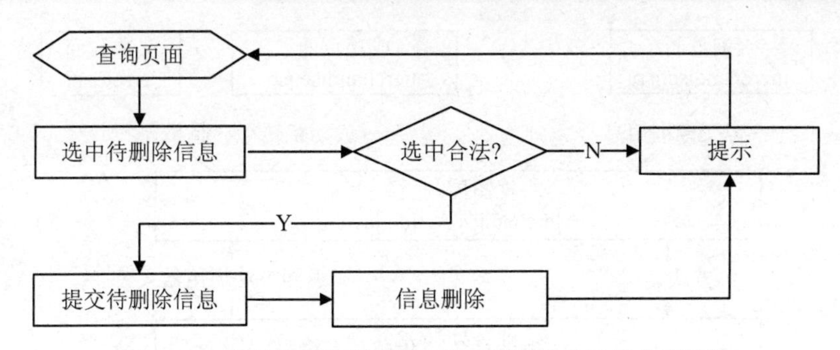

图 7.5-4　商品档案管理模块商品档案删除功能业务流程图

2．商品档案管理模块增删查改功能的程序流程

商品档案管理模块商品档案增加、修改、查询、删除功能的程序流程如图 7.5-5 至图 7.5-8 所示。

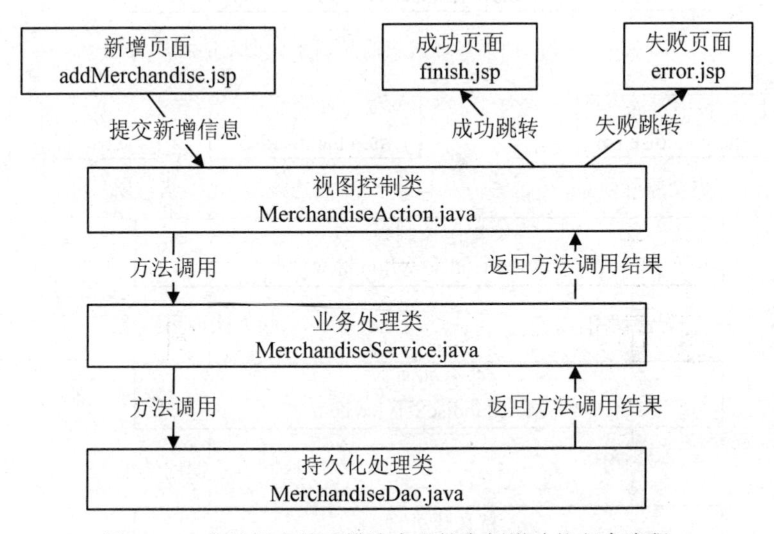

图 7.5-5　商品档案管理模块商品档案新增功能程序流程

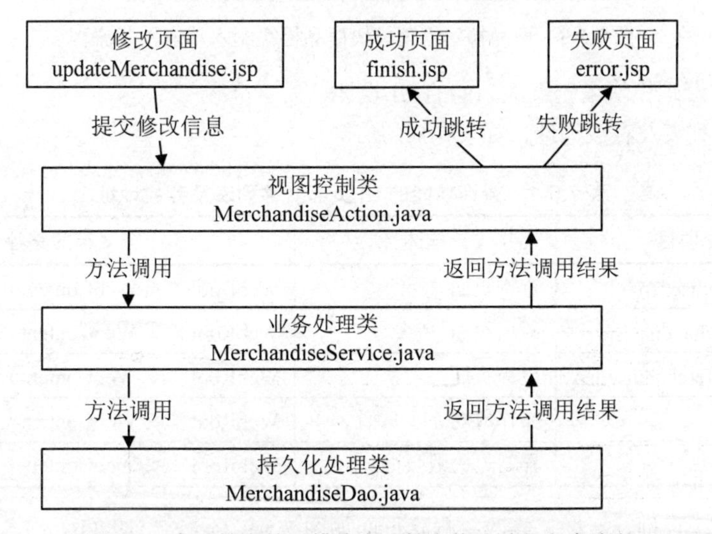

图 7.5-6　商品档案管理模块商品档案修改功能程序流程

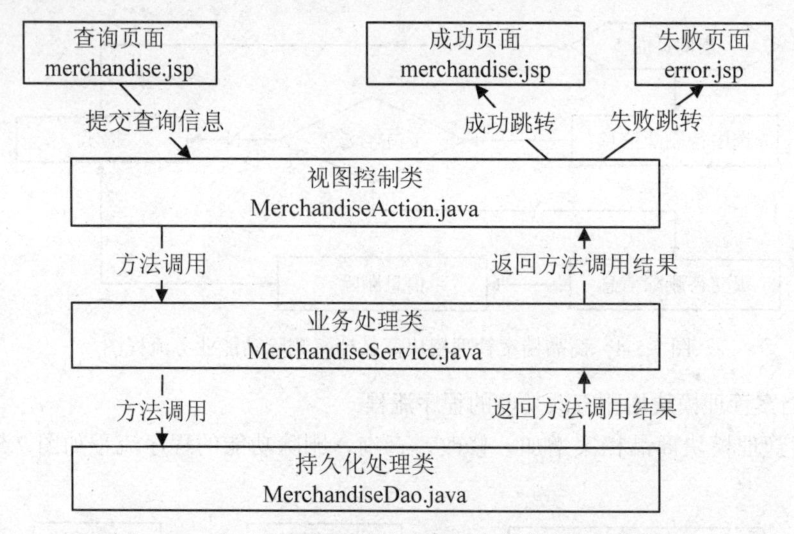

图 7.5-7　商品档案管理模块商品档案查询功能程序流程

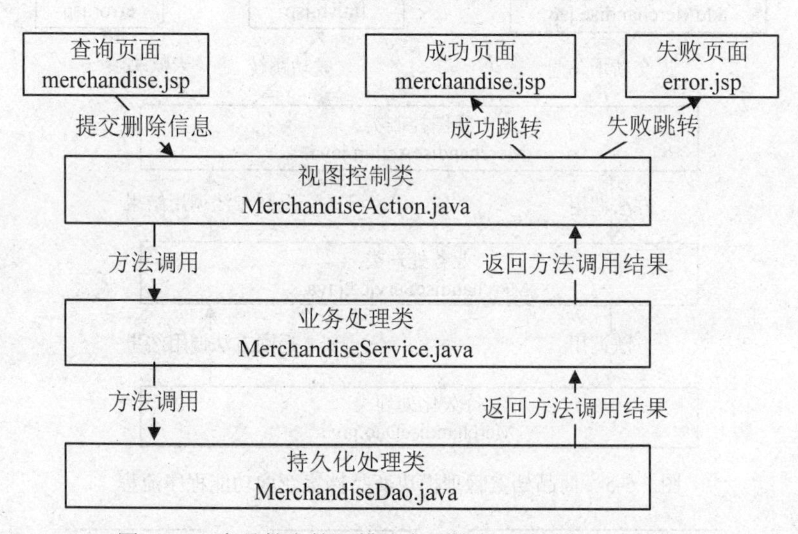

图 7.5-8　商品档案管理模块商品档案删除功能程序流程

3．商品档案管理模块增删查改功能的 UI 设计

UI 页面文件列表及存放地址，如表 7.5-1 所示。

表 7.5-1　查询功能的 UI 页面文件列表及存放地址

序号	项目	描述	存放路径
1	merchandise.jsp	查询页面	WebRoot（或 WebContent）\moduls\archive\
2	addMerchandise.jsp	新增页面	WebRoot（或 WebContent）\moduls\archive\
3	updateMerchandise.jsp	更新页面	WebRoot（或 WebContent）\moduls\archive\
4	finish.jsp	操作成功完了页面	WebRoot（或 WebContent）\
5	error.jsp	异常、失败页面	WebRoot（或 WebContent）\

UI 页面原型：查询、新增、修改、删除页面如图 7.5-9（a）、7.5-9（b）、7.5-9（c）、7.5-9（d）

所示、失败页面如图 7.5-9（e）所示。

档案管理->商品档案

商品编号 商品名称

查找 新增 删除 重置

选择	修改	商品编号	商品名称	商品价格（元）

图 7.5-9（a） 商品查询页面原型

档案管理->商品档案->新增

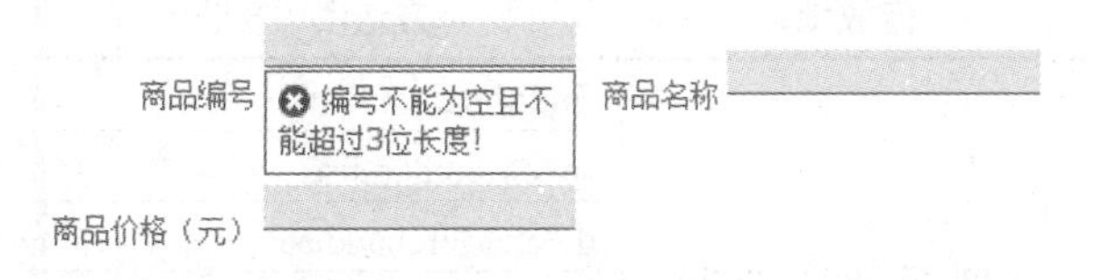

保存 返回

图 7.5-9（b） 商品新增页面原型

档案管理->商品档案->修改

商品编号 112512 商品名称 烟草
商品价格（元） 10

保存 返回

图 7.5-9（c） 商品修改页面原型

操作完成!10秒后自动返回到查询页面或点此立即返回.

图 7.5-9（d） 商品删除成功页面原型

系统异常请联系管理员!点击返回

- Invalid field value for field "merchandise.price".

图 7.5-9（e） 商品查询出错页面原型

UI 页面校验：查询、新增、修改页面如表 7.5-2（a）、7.5-2（b）、7.5-2（c）；删除、出错页面无。

表 7.5-2（a） 商品查询页面校验

No.	项目	必输	元素类型	初始值	页面校验	说明	数据对象
1	商品编号	否	字符串	空	无	为空表示查询所有	merchandise.code
2	商品名称	否	字符串	空	无	为空表示查询所有	merchandise.name

表 7.5-2（b） 商品新增页面校验

No.	项目	必输	元素类型	初始值	页面校验	说明	数据对象
1	商品编号	是	字符串	空	长度小于 3		merchandise.code
2	商品名称	是	字符串	空	长度小于 10		merchandise.name
3	商品价格	是	字符串	空	无		merchandise.price

表 7.5-2（c） 商品修改页面校验

No.	项目	必输	元素类型	初始值	页面校验	说明	数据对象
1	商品编号	否	字符串	修改前的值	不能为空	该值不能修改	merchandise.code
2	商品名称	否	字符串	修改前的值	不能为空		merchandise.name
3	商品价格	否	字符串	修改前的值	不能为空		merchandise.price

4．商品档案管理模块增删查改功能的控制层设计

商品档案管理模块增删查改功能的控制层设计内容如表 7.5-3 所示。

表 7.5-3 商品档案管理模块增删查改功能的控制层设计

类名	存放地址	方法名	描述
MerchandiseAction.java	com.zds.slms.action	findMerchandise	商品档案查询
		saveMerchandise	商品档案保存
		deleteMerchandise	商品档案删除
		updateMerchandise	商品档案更新
		preUpdateMerchandise	商品档案更新前查询
		findMerchandiseByCode	商品档案查询（通过编码差）

5．商品档案管理模块增删查改功能的模型层设计

商品档案管理模块增删查改功能的模型层设计内容如表 7.5-4 所示。

表 7.5-4 商品档案管理模块增删查改功能的模型层设计

类名	存放地址	方法名	描述
MerchandiseService.java	com.zds.slms.service	findMerchandise	商品信息查询
		saveMerchandise	商品档案保存
		deleteMerchandise	商品档案删除
		updateMerchandise	商品档案更新
MerchandiseDao.java	com.zds.slms.dao	findMerchandise	商品信息查询
		saveMerchandise	商品档案保存
		deleteMerchandise	商品档案删除
		updateMerchandise	商品档案更新

6．商品档案管理模块增删查改功能的相关配置

商品档案管理模块增删查改功能的相关配置内容如表 7.5-5 所示。

表 7.5-5 商品档案管理模块增删查改功能的相关配置

项目	描述
路径	工程下 src/applicationContext_beans.xml
内容	<!-- 商品档案配置 --> <bean name="merchandiseDao" class="com.zds.slms.dao.MerchandiseDao"> <property name="sessionFactory" ref="sessionFactory"></property> </bean>

续表

项目	描述
内容	<bean name="merchandiseService" class="com.zds.slms.service.MerchandiseService"> <property name="merchandiseDao" ref="merchandiseDao"></property> </bean> <bean name="merchandiseAction" class="com.zds.slms.action.MerchandiseAction" scope="prototype"> <property name="merchandiseService" ref="merchandiseService"></property> </bean>
路径	工程下 src/struts.xml
内容	<!-- 全局转向 --> <global-results> <result name="error">/error.jsp</result> <result name="finish">/finish.jsp</result> </global-results> <!-- 全局导常转向 --> <global-exception-mappings> <exception-mapping result="error" exception="java.lang.Exception"></exception-mapping> </global-exception-mappings> <!-- 商品管理 Action 配置 --> <action name="merchandiseAction" class="merchandiseAction"> <result name="findMerchandise">/moduls/archive/merchandise.jsp</result> <result name="updateMerchandise">/moduls/archive/updateMerchandise.jsp</result> </action>
路径	工程下 webContent/WEB-INF/dwr.xml
内容	<!-- 商品编码重复验证 --> <create creator="spring" javascript="merchandiseAction"> <param name="beanName" value="merchandiseAction" /> <include method="findMerchandiseByCode" /> </create>

工作实施

实施方案

1．商品档案表映射文件 Merchandise.hbm.xml 编写
2．商品档案实体映射类 Merchandise 编写
3．前台商品档案增删改查页面编写
4．后台业务控制器（action 类）MerchandiseAction 编写
5．商品档案 Struts 文件的配置
6．用 DWR 框架实现商品编号重复性验证的 dwr.xml 编写
7．后台业务处理层接口 IMerchandiseService 编写
8．后台业务处理层实现类 MerchandiseService 编写
9．后台持久化层接口 IMerchandiseDao 编写

10．后台持久化层实现类 MerchandiseDao 编写

11．Spring 配置文件 applicationContext_beans.xml 的配置

详细步骤

1．商品档案表映射文件 Merchandise.hbm.xml 编写

删除商品时应删除与此商品相关的所有的订货单和进货单信息，与订货单和进货单相关级联关系中 cascade 属性的配置应该是 all-delete-orphan。关键代码如下：

```
<hibernate-mapping>
    <class name="com.zds.slms.domain.Merchandise" table="merchandise" >
        <id name="id" type="java.lang.Integer">
            <column name="id" />
            <generator class="identity" />
        </id>
        <property name="code" type="string">
            <column name="code" length="3" not-null="true">
            <comment>商品编号</comment>
            </column>
        </property>
        <property name="name" type="string">
            <column name="name" length="50" not-null="true">
            <comment>商品名称</comment>
            </column>
        </property>
        <property name="price" type="float">
            <column name="price" precision="5" scale="2" not-null="true" >
            <comment>单价</comment>
            </column>
        </property>
        <set name="stockins" table="stockin" inverse="true" lazy="true" fetch="select" cascade="all-delete-orphan">
            <key>
            <column name="merchandiseid" not-null="true">
            <comment>进货单</comment>
            </column>
            </key>
            <one-to-many class="com.zds.slms.domain.Stockin" />
        </set>
        <set name="stockorders" table="stockorder" inverse="true" lazy="true" fetch="select" cascade="all-delete-orphan">
            <key>
            <column name="merchandiseid" not-null="true">
            <comment>订货单</comment>
            </column>
            </key>
            <one-to-many class="com.zds.slms.domain.Stockorder" />
        </set>
    </class>
</hibernate-mapping>
```

2．商品档案实体映射类 Merchandise 编写

```
public class Merchandise implements java.io.Serializable {
        private Integer id;
        private String code;
        private String name;
        private float price;
        private Set stockins = new HashSet(0);
```

```
        private Set stockorders = new HashSet(0);
        public Merchandise() {
        }
        public Merchandise(String code, String name, float price) {
                this.code = code;
                this.name = name;
                this.price = price;
        }
        public Merchandise(String code, String name, float price, Set stockins,
                        Set stockorders) {
                this.code = code;
                this.name = name;
                this.price = price;
                this.stockins = stockins;
                this.stockorders = stockorders;
        }
        //省略成员变量的 get/set 方法
}
```

3．前台商品档案增删改查页面编写

商品档案新增页面 addMerchandise.jsp 页面的关键代码如下：

```
<html>
<head>
<base href="<%=basePath%>" />
<title>商品档案</title>
<link rel="stylesheet" href="css/main.css" type="text/css" />
<script language="javascript" src="script/main.js"></script>
<script type='text/javascript' src='dwr/interface/merchandiseAction.js'></script>
<script type='text/javascript' src='dwr/engine.js'></script>
<script type='text/javascript' src='dwr/util.js'></script>
<script type="text/javascript">
        var textCode;
        var codeChk = false;
        var textAmount;
        function init() {
                textCode = document.getElementById("code");
                textAmount = document.getElementById("amount");
                textCode.focus();
        }
        function out_code() {
                codeChk = false;
                if (trimString(textCode.value).length>0 && trimString(textCode.value).length<4) {
                        merchandiseAction.findMerchandiseByCode(textCode.value,function(ret){
                                if (ret > 0) {
                                        show_message("msg_code","0",'输入的编号['+textCode.value+']重复请重新输入!');
                                        codeChk = false;
                                } else {
                                        show_message("msg_code", "1", '输入正确!');
                                        codeChk = true;
                                }
                        });
                } else {
                        show_message('msg_code', '0', '编号不能为空且不能超过 3 位长度!');
                        codeChk = false;
                }
```

```
        }
        function out_amount() {
            var chk = false;
            if ((!isNaN(textAmount.value)) && textAmount.value>0 && textAmount.value<999){
                show_message("msg_amount", "1", '输入正确!');
                chk = true;
            } else {
                show_message('msg_amount', '0', '价格必须输入大于零小于 999 的数字形式');
            }
            return chk;
        }
        function formSubmit() {
            var chk = false;
            var chkRetName=out_chkMaxLength('name','msg_name','名称小于 10 位且不能为空!','10');
            var chkRetAmount=out_amount();

            if (codeChk && chkRetName && chkRetAmount){
                chk = true;
            }
            return chk;
        }
        window.onload = init;
    </script>
    </head>
    <body>
    <p></p>
    <p><font style="font-size: 10pt;">档案管理->商品档案->新增</font></p>
    <p></p><s:form action="merchandiseAction" method="post" theme="simple" onsubmit="return formSubmit();">
        <table border="0" cellpadding="1" cellspacing="1" width="95%">
            <tr>
                <td align="right" width="10%" nowrap="true">商品编号</td>
                <td width="20%"><s:textfield name="merchandise.code" cssClass="TextInput" id="code" onFocus="s
how_message('msg_code','2','请输入编号');" onBlur="out_code()"></s:textfield> <DIV style="DISPLAY: show" id="msg_code
" class="box_div_right"> </DIV> </td>
                <td align="right" width="10%" nowrap="true">商品名称</td>
                <td><s:textfield name="merchandise.name" cssClass="TextInput" id="name" onFocus="show_messag
e('msg_name','2','请输入商品名称');" onBlur="out_chkMaxLength('name', 'msg_name', '名称小于 10 位且不能为空!','10')"></s:t
extfield> <DIV style="DISPLAY: show" id="msg_name" class="box_div_right"> </DIV> </td>
            </tr>
            <tr>
                <td align="right" width="10%" nowrap="true">商品价格（元）</td>
                <td width="20%"><s:textfield name="merchandise.price" cssClass="TextInput" id="amount" onFocus
="show_message('msg_amount','2','请输入商品价格')" onBlur="out_amount()"></s:textfield> <DIV style="DISPLAY: show" i
d="msg_amount" class="box_div_right"> </DIV> </td>
                <td align="right" width="10%" nowrap="true"> </td>
                <td colspan="2"> </td>
            </tr>
        </table>
        <p></p>
        <div style="margin-left: 30px; margin-right: 0px">
        <table border="0" cellpadding="0" cellspacing="0" width="95%">
            <tr>
                <td width="10%"><s:submit value="保存" cssClass="BtnAction" method="saveMerchandise"></s:sub
mit></td>
                <td width="10%"><input type="button" class="BtnAction" value="返回" onClick="history.go(-1);"></td>
```

```
                <td width="80%"> </td>
            </tr>
        </table>
        </div>
</s:form>
</body>
</html>
```

商品档案修改页面 updateMerchandise.jsp 页面的关键代码如下：

```
<html>
        <head>
        <base href="<%=basePath%>" />
        <title>商品档案</title>
        <link rel="stylesheet" href="css/main.css" type="text/css" />
        <script language="javascript" src="script/main.js"></script>
        <script type='text/javascript' src='dwr/interface/merchandiseAction.js'></script>
        <script type='text/javascript' src='dwr/engine.js'></script>
        <script type='text/javascript' src='dwr/util.js'></script>
        <script type="text/javascript">
                var textAmount;
                function init() {
                        textAmount = document.getElementById("amount");
                }
                function out_amount() {
                        var chk = false;
                        if ((!isNaN(textAmount.value)) && textAmount.value > 0 && textAmount.value < 999) {
                                show_message("msg_amount", "1", '输入正确!');
                                chk = true;
                        } else {
                                show_message('msg_amount', '0', '价格必须输入大于零小于 999 的数字形式');
                        }
                        return chk;
                }
                function formSubmit() {
                        var chk = false;
                        var chkRetName = out_chkMaxLength('name', 'msg_name', '名称小于 10 位且不能为空!','10');
                        var chkRetAmount = out_amount();
                        if (chkRetName && chkRetAmount) {
                                chk = true;
                        }
                        return chk;
                }
                window.onload = init;
        </script>
        </head>
        <body>
                <p></p><s:form action="merchandiseAction" method="post" theme="simple" onsubmit="return formSub
mit();">
        <s:hidden name="merchandise.id"></s:hidden>
        <s:hidden name="merchandise.code"></s:hidden>
        <p>
                <font style="font-size: 10pt;">档案管理->商品档案->新增</font>
        </p>
        <p></p>
        <table border="0" cellpadding="1" cellspacing="1" width="95%">
```

```
                <tr>
                    <td align="right" width="10%" nowrap="true">
                        商品编号
                    </td>
                    <td width="20%">
                        <s:textfield name="merchandise.code" cssClass="TextInput" disabled="true"></s:textfield>
                    </td>
                    <td align="right" width="10%" nowrap="true">
                        商品名称
                    </td>
                    <td>
                        <s:textfield name="merchandise.name" cssClass="TextInput" id="name" onFocus="show_messa
ge('msg_name','2','请输入名称');" onBlur="out_chkMaxLength('name', 'msg_name', '名称小于 10 位且不能为空!', 10)"></s:text
field> <DIV style="DISPLAY: show" id="msg_name" class="box_div_right">   </DIV> </td>
                </tr>
                <tr>
                    <td align="right" width="10%" nowrap="true">
                        商品价格（元）
                    </td>
                    <td width="20%">
                        <s:textfield name="merchandise.price" cssClass="TextInput" id="amount" onFocus="show_mes
sage('msg_amount','2','请输入商品价格')" onBlur="out_amount()"></s:textfield> <DIV style="DISPLAY: show" id="msg_amo
unt" class="box_div_right">   </DIV></td>
                    <td align="right" width="10%" nowrap="true">
                         
                    </td>
                    <td colspan="2">
                         
                    </td>
                </tr>
            </table>
            <p></p>
            <div style="margin-left: 30px; margin-right: 0px">
                <table border="0" cellpadding="0" cellspacing="0" width="95%">
                    <tr>
                        <td width="10%">
                            <s:submit value="保存" method="updateMerchandise" cssClass="BtnAction"></s:submit
> </td>
                        <td width="10%">
                            <input type="button" class="BtnAction" value="返回" onClick="history.go(-1);">
                        </td>
                        <td width="80%">
                             
                        </td>
                    </tr>
                </table>
            </div>
        </s:form>
        </body>
        </html>
```

商品档案查询页面 merchandise.jsp 页面的关键代码如下：

```
<s:form action="merchandiseAction" method="post" theme="simple">
        <p></p>
        <table border="0" cellpadding="1" cellspacing="1" width="95%">
```

```
                <tr>
                    <td align="right" width="10%" nowrap="true">商品编号</td>
                    <td width="20%">
                        <s:textfield name="merchandise.code" cssClass="TextInput"></s:textfield> </td>
                    <td align="right" width="10%" nowrap="true">商品名称</td>
                    <td width="20%">
                        <s:textfield name="merchandise.name" cssClass="TextInput"></s:textfield> </td>
                    <td align="right" width="15%"> </td>
                    <td width="20%"> </td>
                    <td width="10%"> </td>
                </tr>
                <tr>
                    <td align="right" width="10%" nowrap="true"> </td>
                    <td width="20%"> </td>
                    <td width="70%" colspan="5"> </td>
                </tr>
            </table>
            <p></p>
            <div style="margin-left: 30px; margin-right: 0px">
                <table border="0" cellpadding="0" cellspacing="0"  width="95%">
                    <tr>
                <td width="10%">
                    <s:submit value="查找" cssClass="BtnAction" method="findMerchandise"></s:submit>

                </td>
                <td width="10%">
                    <input type="button" class="BtnAction" value="新增" onClick="replaceModulUrl('<%=basePat
h%>moduls/archive/addMerchandise.jsp');"">
                </td>
                <td width="10%">
                    <input type="button" onClick="deleteRecords('merchandiseAction!deleteMerchandise.action')" v
alue="删除" class="BtnAction" /> </td>
                <td width="10%"><input type="reset" value="重置" class="BtnAction" /></td>
                <td width="60%"> </td>
                </tr>
                </table>
            </div>
            <p></p>
        <div style="margin-left: 30px; margin-right: 0px">
          <table width="90%" border="1" cellpadding="0" cellspacing="0">
           <tr>
              <td width="9%" class="td_title">选择</td>
              <td width="11%" class="td_title">修改</td>
              <td width="17%" class="td_title">商品编号</td>
              <td width="40%" class="td_title">商品名称</td>
              <td width="23%" class="td_title">商品价格（元）</td>
           </tr>
           <s:iterator var="merchandise" value="merchandises">
           <tr>
              <td align="center" class="td_border"><input name="merchandiseId" type="checkbox" title="选中后可进行
删除操作"  value='<s:property value="#merchandise.id" />'> </td>
              <td align="center" class="td_border"><a href='merchandiseAction!preUpdateMerchandise.action?merchandise.
id=<s:property value="#merchandise.id" />'><img src="image/edit.gif" border="0"></a> </td>
              <td class="td_border"><s:property value="#merchandise.code"/></td>
              <td class="td_border"><s:property value="#merchandise.name"/></td>
```

```
            <td class="td_border"><s:property value="#merchandise.price"/></td>
          </tr>
          </s:iterator>
        </table>
      </div>
</s:form>
```

4．后台业务控制器（action 类）MerchandiseAction 编写

```
public class MerchandiseAction extends ActionSupport {
    // 商品档案业务处理接口
    private IMerchandiseService merchandiseService;
    private Merchandise merchandise = new Merchandise();
    // 查询结果集
    private List<Merchandise> merchandises = new ArrayList<Merchandise>();
    // 操作结束后跳转的地址
    private String finish_Url;
    // 要删除的商品 ID
    private String[] merchandiseId;
    // 商品档案查询
    public String findMerchandise() {
        merchandises = merchandiseService.findMerchandise(merchandise);
        return "findMerchandise";
    }
    // 商品档案保存
    public String saveMerchandise() {
        merchandiseService.saveMerchandise(merchandise);
        finish_Url = "merchandiseAction!findMerchandise.action";
        return "finish";
    }
    //商品档案删除
    public String deleteMerchandise() {
        merchandiseService.deleteMerchandise(merchandiseId);
        finish_Url = "merchandiseAction!findMerchandise.action";
        return "finish";
    }
    //商品档案更新
    public String updateMerchandise() {
        merchandiseService.updateMerchandise(merchandise);
        finish_Url = "merchandiseAction!findMerchandise.action";
        return "finish";
    }
    //商品档案更新前查询
    public String preUpdateMerchandise() {
        merchandise = merchandiseService.findMerchandise(merchandise).get(0);
        return "updateMerchandise";
    }
    //商品档案查询
    public int findMerchandiseByCode(String code) {
        merchandise = new Merchandise();
        merchandise.setCode(code);
        merchandises = merchandiseService.findMerchandise(merchandise);
        return merchandises.size();
    }
    //以下省略成员变量的 get/set 方法
}
```

5．商品档案 Struts 文件的配置

在 struts.xml 配置文件中添加商品档案的相关配置请参考任务解析部分的相关内容。

6．用 DWR 框架实现商品编号重复性验证的 dwr.xml 编写

在 AJAX 验证配置文件 dwr.xml 中加入商品编号重复验证，请参考任务解析部分的相关内容。

7．后台业务处理层接口 IMerchandiseService 编写

```
public interface IMerchandiseService {
        public List<Merchandise> findMerchandise(Merchandise merchandise);
        public void saveMerchandise(Merchandise merchandise);
        public void deleteMerchandise(String[] merchandiseId);
        public void updateMerchandise(Merchandise merchandise);
}
```

8．后台业务处理层实现类 MerchandiseService 编写

```
public class MerchandiseService implements IMerchandiseService {
        // 商品档案持久化处理接口
        private IMerchandiseDao merchandiseDao;
        public List<Merchandise> findMerchandise(Merchandise merchandise) {
                return merchandiseDao.findMerchandise(merchandise);
        }
        public void saveMerchandise(Merchandise merchandise) {
                merchandiseDao.saveMerchandise(merchandise);
        }
        public void deleteMerchandise(String[] merchandiseId) {
                merchandiseDao.deleteMerchandise(merchandiseId);
        }
        public void updateMerchandise(Merchandise merchandise) {
                merchandiseDao.updateMerchandise(merchandise);
        }
        public IMerchandiseDao getMerchandiseDao() {
                return merchandiseDao;
        }
        public void setMerchandiseDao(IMerchandiseDao merchandiseDao) {
                this.merchandiseDao = merchandiseDao;
        }
}
```

9．后台持久化层接口 IMerchandiseDao 编写

```
public interface IMerchandiseDao {
        public List<Merchandise> findMerchandise(Merchandise merchandise);
        public void saveMerchandise(Merchandise merchandise);
        public void deleteMerchandise(String[] merchandiseId);
        public void updateMerchandise(Merchandise merchandise);
}
```

10．后台持久化层实现类 MerchandiseDao 编写

```
public class MerchandiseDao extends HibernateDaoSupport implements IMerchandiseDao {
        //商品档案查询
        public List<com.zds.slms.domain.Merchandise> findMerchandise(Merchandise merchandise) {
                // 对象查询条件
                DetachedCriteria criteria = DetachedCriteria.forClass(Merchandise.class);
                if (null != merchandise) {
                        if (null!=merchandise.getId() && String.valueOf(merchandise.getId()).trim().length() >0) {
                                criteria.add(Restrictions.eq("id", merchandise.getId()));
                        }
                        if (null!=merchandise.getCode() && String.valueOf(merchandise.getCode()).trim().length() >0) {
```

```
                criteria.add(Restrictions.eq("code", merchandise.getCode()));
            }
            if (null!=merchandise.getName() && String.valueOf(merchandise.getName()).trim().length() >0) {
                criteria.add(Restrictions.like("name", merchandise.getName(),MatchMode.ANYWHERE));
            }
        }
        return this.getHibernateTemplate().findByCriteria(criteria);
    }
    //商品档案保存
    public void saveMerchandise(Merchandise merchandise) {
        this.getHibernateTemplate().save(merchandise);

    }
    //商品档案删除
    public void deleteMerchandise(String[] merchandiseId) {
        List<Merchandise> entities = new ArrayList<Merchandise>();
        HibernateTemplate hibernateTemplate=this.getHibernateTemplate();
        for (String mid : merchandiseId) {
            entities.add((Merchandise)hibernateTemplate.load(Merchandise.class,Integer.valueOf(mid)));
        }
        // 批量删除
        this.getHibernateTemplate().deleteAll(entities);
    }
    //商品档案更新
    public void updateMerchandise(Merchandise merchandise) {
        Integer mid = merchandise.getId();
        HibernateTemplate hibernateTemplate=this.getHibernateTemplate();
        // 载入已经被持久化了的对象然后再进行修改
        Merchandise perstMerchandise = (Merchandise)hibernateTemplate.load(Merchandise.class,Integer.valueOf(mid));
        perstMerchandise.setCode(merchandise.getCode());
        perstMerchandise.setName(merchandise.getName());
        perstMerchandise.setPrice(merchandise.getPrice());
        hibernateTemplate.update(perstMerchandise);
    }
}
```

11．Spring 配置文件 applicationContext_beans.xml 中的配置

在 Spring 配置文件中加入商品档案管理的相关配置请参见任务解析部分的相关内容。

7.6 客户档案管理模块

工作目标

知识目标

- 理解客户档案管理模块客户档案增删改查功能的业务流程
- 理解客户档案管理模块客户档案增删改查功能的程序流程
- 通过练习理解 SSH 的框架组件及运行流程

技能目标

- 根据需求分析和设计使用 SSH 框架实现客户档案管理模块客户档案增删改查功能

素养目标

- 培养学生的动手能力

工作任务

根据需求分析和设计实现客户档案管理模块客户档案增加、修改、查询、删除功能。

工作计划

任务分析之问题清单

1．客户档案管理模块增删查改功能的业务流程
2．客户档案管理模块增删查改功能的程序流程
3．客户档案管理模块增删查改功能的 UI 设计
4．客户档案管理模块增删查改功能的控制层设计
5．客户档案管理模块增删查改功能的模型层设计
6．客户档案管理模块增删查改功能的相关配置

任务解析

1．客户档案管理模块增删查改功能的业务流程

客户档案管理模块客户档案增加、修改、查询、删除功能的业务流程如图 7.6-1 至图 7.6-4 所示。

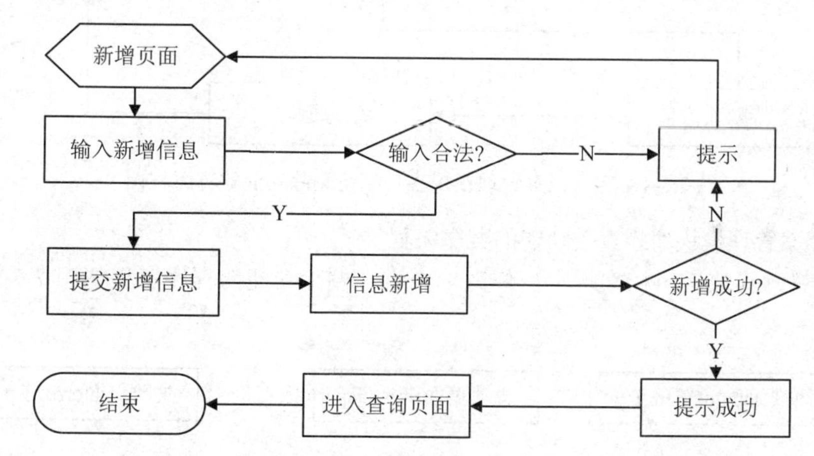

图 7.6-1　客户档案管理模块客户档案新增功能业务流程图

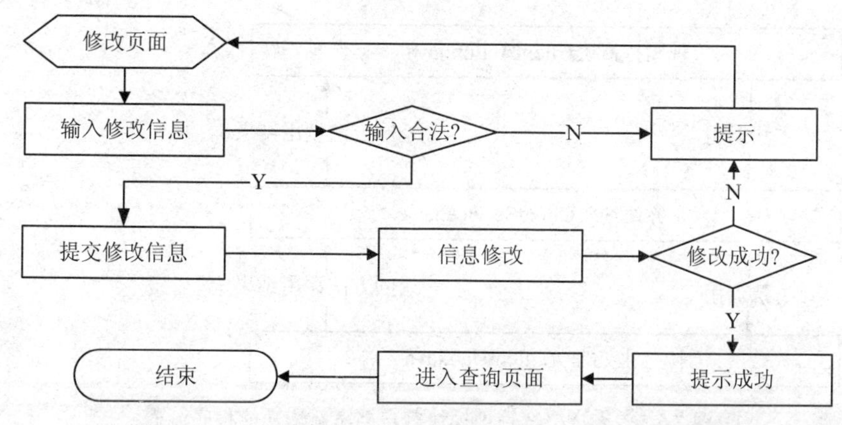

图 7.6-2　客户档案管理模块客户档案修改功能业务流程图

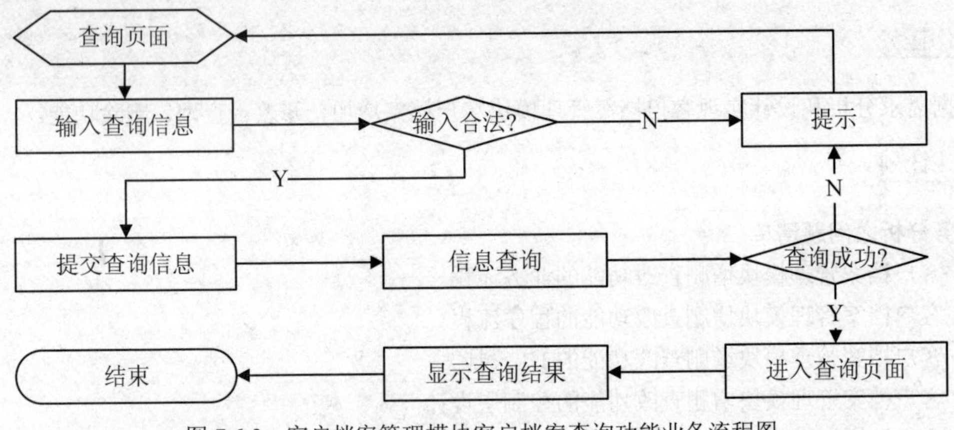

图 7.6-3　客户档案管理模块客户档案查询功能业务流程图

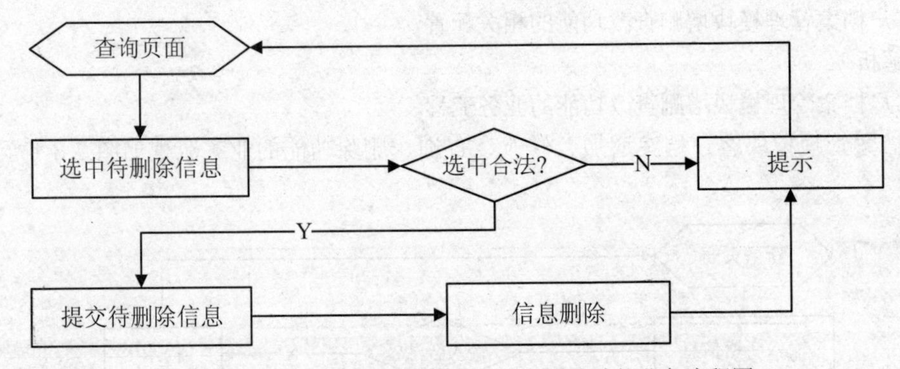

图 7.6-4　客户档案管理模块客户档案删除功能业务流程图

2．客户档案管理模块增删查改功能的程序流程

客户档案管理模块客户档案增加、修改、查询、删除功能的程序流程如图 7.6-5 至图 7.6-8 所示。

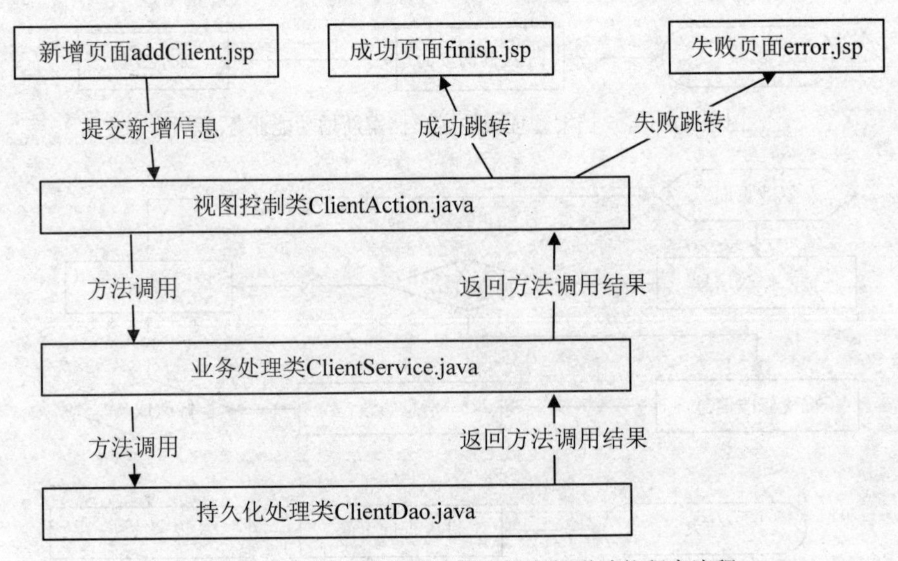

图 7.6-5　客户档案管理模块客户档案新增功能程序流程

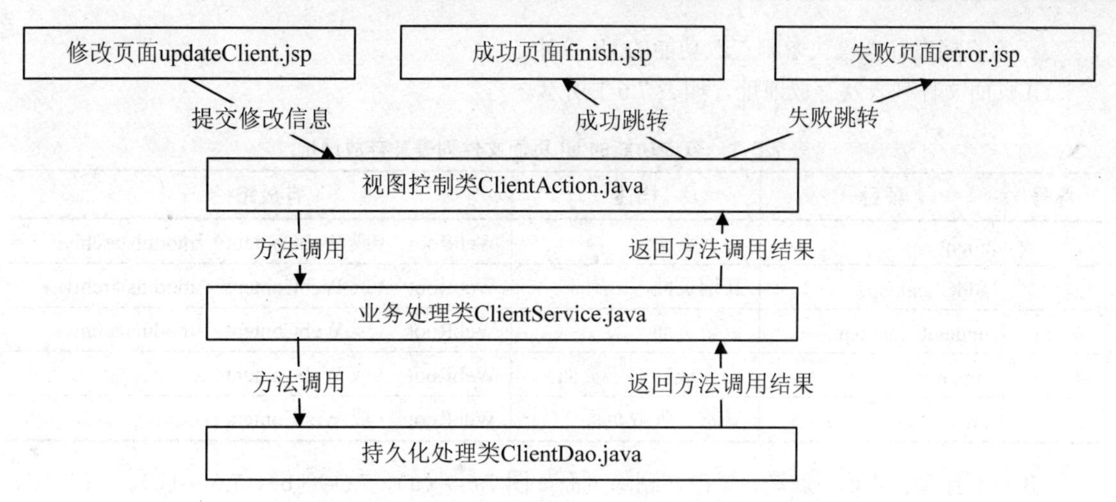

图 7.6-6 客户档案管理模块客户档案修改功能程序流程

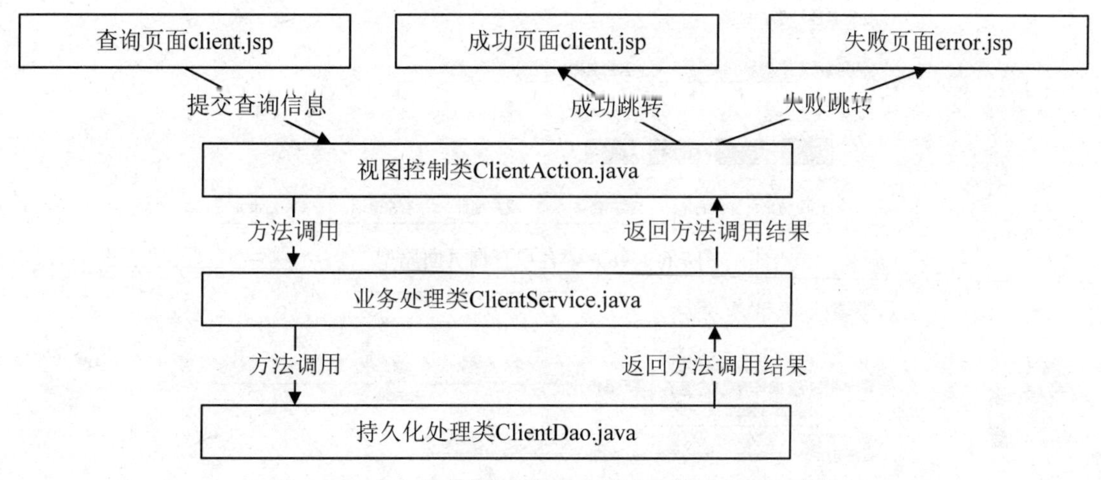

图 7.6-7 客户档案管理模块客户档案查询功能程序流程

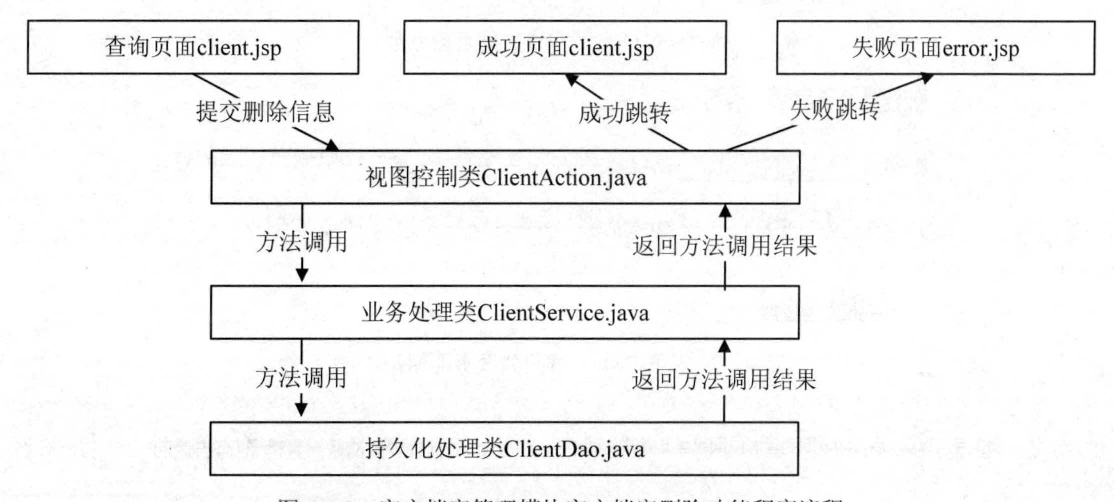

图 7.6-8 客户档案管理模块客户档案删除功能程序流程

3．客户档案管理模块增删查改功能的 UI 设计

UI 页面文件列表及存放地址，如表 7.6-1 所示。

表 7.6-1　查询功能的 UI 页面文件列表及存放地址

序号	项目	描述	存放路径
1	client.jsp	查询页面	WebRoot （或 WebContent）\moduls\archive\
2	addClient.jsp	新增页面	WebRoot （或 WebContent）\moduls\archive\
3	updateClient.jsp	更新页面	WebRoot （或 WebContent）\moduls\archive\
4	finish.jsp	操作成功完了页面	WebRoot （或 WebContent）\
5	error.jsp	异常、失败页面	WebRoot （或 WebContent）\

UI 页面原型：查询、新增、修改、删除页面如图 7.6-9（a）、7.6-9（b）、7.6-9（c）、7.6-9（d）、所示、失败页面如图 7.6-9（e）所示。

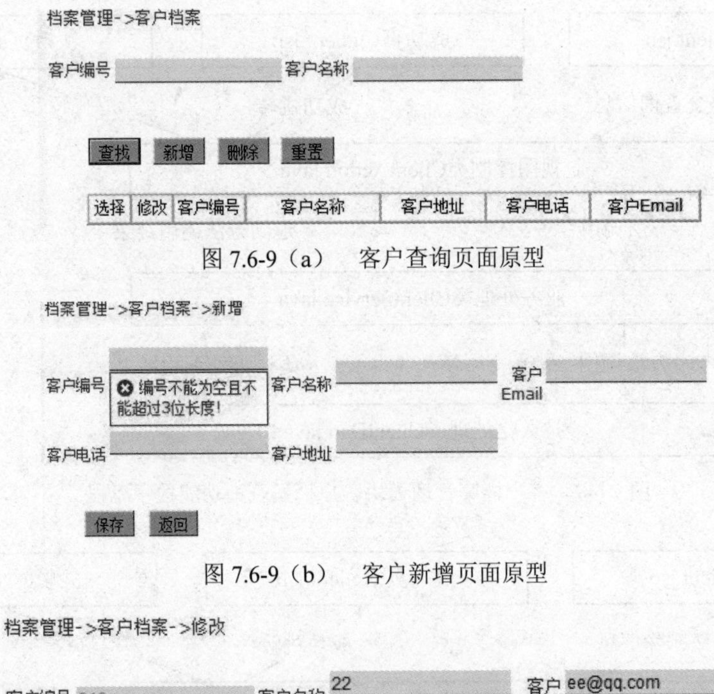

图 7.6-9（a）　客户查询页面原型

图 7.6-9（b）　客户新增页面原型

图 7.6-9（c）　客户修改页面原型

操作完成!10秒后自动返回到查询页面或点此立即返回.

图 7.6-9（d）　客户删除成功页面原型

系统异常请联系管理员!点击返回

图 7.6-9（e）　客户查询出错页面原型

UI 页面校验：查询、新增、修改页面如表 7.6-2（a）、7.6-2（b）、7.6-2（c）所示；删除、出错页面无。

表 7.6-2（a） 客户查询页面校验

No.	项目	必输	元素类型	初始值	页面校验	说明	数据对象
1	客户编号	否	字符串	空	无	为空表示查询所有	Client.code
2	客户名称	否	字符串	空	无	为空表示查询所有	Client.name

表 7.6-2（b） 客户新增页面校验

No.	项目	必输	元素类型	初始值	页面校验	说明	数据对象
1	客户编号	是	字符串	空	长度小于 3		Client.code
2	客户名称	是	字符串	空	长度小于 10		Client.name
3	客户地址	是	字符串	空	长度小于 50		Client.address
4	客户电话	是	字符串	空	11 位或 12 位数字		Client.telephone
5	客户 Email	是	字符串	空	有效的 Email 格式		Client. email

表 7.6-2（c） 客户修改页面校验

No.	项目	必输	元素类型	初始值	页面校验	说明	数据对象
1	客户编号	是	字符串	修改前的值	长度小于 3	该值不能修改	Client.code
2	客户名称	是	字符串	修改前的值	长度小于 10		Client.name
3	客户地址	是	字符串	修改前的值	长度小于 50		Client.address
4	客户电话	是	字符串	修改前的值	11 位或 12 位数字		Client.telephone
5	客户 Email	是	字符串	修改前的值	有效的 Email 格式		Client. email

4．客户档案管理模块增删查改功能的控制层设计

客户档案管理模块增删查改功能的控制层设计内容如表 7.6-3 所示。

表 7.6-3 客户档案管理模块增删查改功能的控制层设计

类名	存放地址	方法名	描述
ClientAction.java	com.zds.slms.action	findClient	客户档案查询
		saveClient	客户档案保存
		deleteClient	客户档案删除
		updateClient	客户档案更新
		preUpdateClient	客户档案更新前查询
		findClientByCode	客户档案查询（通过编码查询）

5．客户档案管理模块增删查改功能的模型层设计

客户档案管理模块增删查改功能的模型层设计内容如表 7.6-4 所示。

6．客户档案管理模块增删查改功能的相关配置

客户档案管理模块增删查改功能的相关配置内容如表 7.6-5 所示。

表 7.6-4　客户档案管理模块增删查改功能的模型层设计

类名	存放地址	方法名	描述
ClientService.java	com.zds.slms.service	findClient	客户信息查询
		saveClient	客户档案保存
		deleteClient	客户档案删除
		updateClient	客户档案更新
ClientDao.java	com.zds.slms.dao	findClient	客户信息查询
		saveClient	客户档案保存
		deleteClient	客户档案删除
		updateClient	客户档案更新

表 7.6-5　客户档案管理模块增删查改功能的相关配置

项目	描述
路径	工程下 src/applicationContext_beans.xml
内容	<!--客户档案配置--> <bean name="clientDao" class="com.zds.slms.dao.ClientDao"> <property name="sessionFactory" ref="sessionFactory"></property> </bean> <bean name="clientService" class="com.zds.slms.service.ClientService"> <property name="clientDao" ref="clientDao"></property> </bean> <bean name="clientAction" class="com.zds.slms.action.ClientAction" scope="prototype"> <property name="clientService" ref="clientService"></property> </bean>
路径	工程下 src/struts.xml
内容	<!--全局转向--> <global-results> <result name="error">/error.jsp</result> <result name="finish">/finish.jsp</result> </global-results> <!--全局导常转向--> <global-exception-mappings> <exception-mapping result="error" exception="java.lang.Exception"></exception-mapping> </global-exception-mappings> <!--客户管理 Action 配置--> <action name="clientAction" class="clientAction"> <result name="findClient">/moduls/archive/client.jsp</result> <result name="updateClient">/moduls/archive/updateClient.jsp</result> </action>
路径	工程下 webContent/WEB-INF/dwr.xml
内容	<!--客户编码重复验证--> <create creator="spring" javascript="clientAction"> <param name="beanName" value="clientAction" /> <include method="findClientByCode" /> </create>

工作实施

实施方案

1．客户档案表映射文件 Client.hbm.xml 编写

2．客户档案实体映射类 Client 编写

3．前台客户档案增删改查页面编写

4．后台业务控制器（action 类）ClientAction 编写

5．客户档案 Struts 文件的配置

6．用 DWR 框架实现客户编号重复性验证的 dwr.xml 编写

7．后台业务处理层接口 IClientService 编写

8．后台业务处理层实现类 ClientService 编写

9．后台持久化层接口 IClientDao 编写

10．后台持久化层实现类 ClientDao 编写

11．Spring 配置文件 applicationContext_beans.xml 的配置

详细步骤

1．客户档案表映射文件 Client.hbm.xml 编写

删除客户时应删除与此客户相关的所有的订货单和进货单信息，与订货单和进货单相关级联关系中 cascade 属性的配置应该是 all-delete-orphan。关键代码如下：

```
<hibernate-mapping>
    <class name="com.zds.slms.domain.Client" table="client">
        <id name="id" type="java.lang.Integer">
            <column name="id" />
            <generator class="identity" />
        </id>
        <property name="code" type="string">
            <column name="code" length="3" not-null="true">
                <comment>客户编号</comment>
            </column>
        </property>
        <property name="name" type="string">
            <column name="name" length="50" not-null="true">
                <comment>客户名称</comment>
            </column>
        </property>
        <property name="address" type="string">
            <column name="address" length="50" not-null="true">
                <comment>地址</comment>
            </column>
        </property>
        <property name="telephone" type="string">
            <column name="telephone" length="30" not-null="true">
                <comment>电话</comment>
            </column>
        </property>
        <property name="email" type="string">
            <column name="email" length="30">
                <comment>电子邮件</comment>
```

```
                </column>
            </property>
            <set name="stockins" table="stockin" inverse="true" lazy="true" fetch="select" cascade="all-delete-orphan">
                <key>
                    <column name="clientid" not-null="true">
                        <comment>进货单</comment>
                    </column>
                </key>
                <one-to-many class="com.zds.slms.domain.Stockin" />
            </set>
            <set name="stockorders" table="stockorder" inverse="true" lazy="true" fetch="select" cascade=
"all-delete-orphan">
                <key>
                    <column name="clientid" not-null="true">
                        <comment>订货单</comment>
                    </column>
                </key>
                <one-to-many class="com.zds.slms.domain.Stockorder" />
            </set>
        </class>
    </hibernate-mapping>
```

2．客户档案实体映射类 Client 编写

```
public class Client implements java.io.Serializable {
    private Integer id;
    private String code;
    private String name;
    private String address;
    private String telephone;
    private String email;
    private Set stockins = new HashSet(0);
    private Set stockorders = new HashSet(0);
    public Client() {
    }
    public Client(String code, String name, String address, String telephone) {
        this.code = code;
        this.name = name;
        this.address = address;
        this.telephone = telephone;
    }
    public Client(String code, String name, String address, String telephone,
            String email, Set stockins, Set stockorders) {
        this.code = code;
        this.name = name;
        this.address = address;
        this.telephone = telephone;
        this.email = email;
        this.stockins = stockins;
        this.stockorders = stockorders;
    }
    //省略成员变量的 get/set 方法
}
```

3．前台客户档案增删改查页面编写

客户档案新增页面 addClient.jsp 页面的关键代码如下：

```
<html>
<head>
<base href="<%=basePath%>" />
<title>客户管理</title>
<link rel="stylesheet" href="css/main.css" type="text/css" />
<script language="javascript" src="script/main.js"></script>
<script type='text/javascript' src='dwr/interface/clientAction.js'></script>
<script type='text/javascript' src='dwr/engine.js'></script>
<script type='text/javascript' src='dwr/util.js'></script>
<script type="text/javascript">
        var textCode;
        var codeChk = false;
        function init() {
                textCode = document.getElementById("code");
                textCode.focus();
        }
        function out_code() {
                codeChk = false;
                if (trimString(textCode.value).length>0          && trimString(textCode.value).length<4){
                        clientAction.findClientByCode(textCode.value, function(ret){
                                if (ret > 0) {
                                        show_message("msg_code","0",'输入的编号['+textCode.value+']重复请重新输入!');
                                        codeChk = false;
                                } else {
                                        show_message("msg_code", "1", '输入正确!');
                                        codeChk = true;
                                }
                        });
                } else {
                        show_message('msg_code', '0', '编号不能为空且不能超过 3 位长度!');
                        codeChk = false;
                }
        }
        function formSubmit() {
                var chk=false;
                var chkRetName=out_chkMaxLength('name','msg_name','名称小于 10 位且不能为空!','10');
                var chkRetAddress=out_chkMaxLength('address','msg_address','地址小于 50 位且不能为空!','50');
                var chkRetPhone=out_chkPhone('phone', 'msg_phone', '电话只能输入 11 位或 12 位数字!');
                var chkRetEmail=out_chkEmail('email','msg_email','EMAIL 小于 30 位且不能为空!',30);
                if (codeChk && chkRetAddress && chkRetName && chkRetPhone && chkRetEmail){
                        chk = true;
                }
                return chk;
        }
        window.onload = init;
</script>
</head>
<body>
<p></p>
<p><font style="font-size: 10pt;">档案管理->客户档案->新增</font></p>
<p></p><s:form action="clientAction" method="post" theme="simple"         onsubmit="return formSubmit();">
        <table border="0" cellpadding="1" cellspacing="1" width="95%">
                <tr>
                        <td align="right" width="10%" nowrap="true">客户编号</td>
                        <td    width="20%"><s:textfield    name="client.code"    cssClass="TextInput"    id="code"    onFocus=
```

```
"show_message('msg_code','2','请输入编号');" onBlur="out_code()"></s:textfield> <DIV style="DISPLAY: show" id="msg_code" class="box_div_right"> </DIV> </td>
                    <td align="right" width="10%" nowrap="true">客户名称</td>
                    <td width="20%"><s:textfield name="client.name" cssClass="TextInput" id="name" onFocus="show_message('msg_name','2','请输入名称');" onBlur="out_chkMaxLength('name', 'msg_name', '名称小于 10 位且不能为空!', 10)"></s:textfield> <DIV style="DISPLAY: show" id="msg_name" class="box_div_right"> </DIV> </td>
                    <td align="right" width="10%">客户 Email</td>
                    <td width="20%"><s:textfield name="client.email" cssClass="TextInput" id="email" onFocus="show_message('msg_email','2','请输入 EMAIL');" onBlur="out_chkEmail('email', 'msg_email', 'EMAIL 小于 30 位且不能为空!', 30)"></s:textfield> <DIV style="DISPLAY: show" id="msg_email" class="box_div_right"> </DIV> </td>
                    <td width="10%"> </td>
                </tr>
                <tr>
                    <td align="right" width="10%" nowrap="true">客户电话</td>
                    <td width="20%"><s:textfield name="client.telephone" cssClass="TextInput" id="phone" onFocus="show_message('msg_phone','2','请输入电话 11 位或 12 位数字.');" onBlur="out_chkPhone('phone', 'msg_phone', '电话只能输入 11 位或 12 位数字!')"></s:textfield> <DIV style="DISPLAY: show" id="msg_phone" class="box_div_right"> </DIV> </td>
                    <td align="right" width="10%" nowrap="true">客户地址</td>
                    <td colspan="5"><s:textfield name="client.address"     cssClass="TextInput" id="address" onFocus="show_message('msg_address','2','请输入地址');" onBlur="out_chkMaxLength('address','msg_address','地址小于 50 位且不能为空!','50')"></s:textfield> <DIV style="DISPLAY: show" id="msg_address" class="box_div_right"> </DIV> </td>
                </tr>
            </table>
            <p></p>
            <div style="margin-left: 30px; margin-right: 0px">
            <table border="0" cellpadding="0" cellspacing="0" width="95%">
                <tr>
                    <td width="10%"><s:submit value="保存" cssClass="BtnAction" method="saveClient"></s:submit></td>
                    <td width="10%"><input type="button" class="BtnAction" value="返回" onClick="history.go(-1);"></td>
                    <td width="80%"> </td>
                </tr>
            </table>
            </div>
    </s:form>
    </body>
    </html>
```

客户档案修改页面 updateClient.jsp 页面的关键代码如下：

```
<html>
<head>
<base href="<%=basePath%>" />
<title>客户档案</title>
<link rel="stylesheet" href="css/main.css" type="text/css" />
<script language="javascript" src="script/main.js"></script>
<script type='text/javascript' src='dwr/interface/clientAction.js'></script>
<script type='text/javascript' src='dwr/engine.js'></script>
<script type='text/javascript' src='dwr/util.js'></script>
<script type="text/javascript">
    var codeChk = false;
    function formSubmit() {
        var chk = false;
        var chkRetName=out_chkMaxLength('name','msg_name','名称小于 10 位且不能为空!','10');
        var chkRetAddress=out_chkMaxLength('address','msg_address','地址小于 50 位且不能为空!','50');
        var chkRetPhone=out_chkPhone('phone','msg_phone','电话只能输入 11 位或 12 位数字!');
        var chkRetEmail=out_chkEmail('email','msg_email','EMAIL 小于 30 位且不能为空!',30);
        if (chkRetAddress && chkRetName && chkRetPhone && chkRetEmail){
```

```
                chk = true;
            }
            return chk;
        }
</script>
</head>
<body>
<s:form action="clientAction" method="post" theme="simple" onsubmit="return formSubmit();">
    <s:hidden name="client.id"></s:hidden>
    <s:hidden name="client.code"></s:hidden>
    <p></p>
    <p><font style="font-size: 10pt;">档案管理->客户档案->修改</font></p>
    <p></p>
    <table border="0" cellpadding="1" cellspacing="1" width="95%">
        <tr>
            <td align="right" width="10%" nowrap="true">客户编号</td>
            <td width="20%"><s:textfield name="client.code" disabled="true" cssClass="TextInput"></s:textfield></td>
            <td align="right" width="10%" nowrap="true">客户名称</td>
            <td width="20%"><s:textfield name="client.name" cssClass="TextInput" id="name" onFocus="show_message('msg_name','2','请输入名称');" onBlur="out_chkMaxLength('name','msg_name','名称小于 10 位且不能为空!',10)"></s:textfield><DIV style="DISPLAY: show" id="msg_name" class="box_div_right"> </DIV></td>
            <td align="right" width="10%">客户 Email</td>
            <td width="20%"><s:textfield name="client.email" cssClass="TextInput" id="email" onFocus="show_message('msg_email','2','请输入 EMAIL');" onBlur="out_chkEmail('email','msg_email','EMAIL 小于 30 位且不能为空!',30)"></s:textfield> <DIV style="DISPLAY: show" id="msg_email" class="box_div_right"> </DIV></td>
            <td width="10%"> </td>
        </tr>
        <tr>
            <td align="right" width="10%" nowrap="true">客户电话</td>
            <td width="20%"><s:textfield name="client.telephone" cssClass="TextInput" id="phone" onFocus="show_message('msg_phone','2','请输入电话 11 位或 12 位数字.');" onBlur="out_chkPhone('phone','msg_phone','电话只能输入 11 位或 12 位数字!')"></s:textfield> <DIV style="DISPLAY: show" id="msg_phone" class="box_div_right"> </DIV></td>
            <td align="right" width="10%" nowrap="true">客户地址</td>
            <td colspan="5"><s:textfield name="client.address"      cssClass="TextInput" id="address" onFocus="show_message('msg_address','2','请输入地址');" onBlur="out_chkMaxLength('address','msg_address','地址小于 50 位且不能为空!','50')"></s:textfield> <DIV style="DISPLAY: show" id="msg_address" class="box_div_right"> </DIV></td>
        </tr>
    </table>
    <p></p>
    <div style="margin-left: 30px; margin-right: 0px">
    <table border="0" cellpadding="0" cellspacing="0" width="95%">
        <tr>
            <td width="10%"><s:submit value="保存" method="updateClient" cssClass="BtnAction"></s:submit></td>
            <td width="10%"><input type="button" class="BtnAction" value="返回" onClick="history.go(-1);"></td>
            <td width="80%"> </td>
        </tr>
    </table>
    </div>
</s:form>
</body>
</html>
```

客户档案查询页面 client.jsp 页面的关键代码如下：

```
<s:form action="clientAction" method="post" theme="simple">
    <p><font style="font-size: 10pt;">档案管理->客户档案</font></p>
    <table border="0" cellpadding="1" cellspacing="1" width="95%">
```

```
            <tr>
                <td align="right" width="10%" nowrap="true">客户编号</td>
                <td width="20%"><s:textfield name="client.code" cssClass="TextInput"></s:textfield></td>
                <td align="right" width="10%" nowrap="true">客户名称</td>
                <td width="20%"><s:textfield name="client.name" cssClass="TextInput"></s:textfield></td>
                <td width="40%"> </td>
            </tr>
            <tr>
                <td align="right" width="10%" nowrap="true"> </td>
                <td width="20%"> </td>
                <td width="70%" colspan="5"> </td>
            </tr>
        </table>
        <p></p>
        <div style="margin-left: 30px; margin-right: 0px">
        <table border="0" cellpadding="0" cellspacing="0" width="95%">
            <tr>
                <td width="10%"><s:submit value="查找" cssClass="BtnAction" method="findClient"></s:submit></td>
                <td width="10%"><input type="button" class="BtnAction" value="新增" onClick="replaceModulUrl
('<%=basePath%>moduls/archive/addClient.jsp');"></td>
                <td width="10%"><input type="button" onClick="deleteRecords('clientAction!deleteClient.action')"
value="删除" class="BtnAction" /></td>
                <td width="10%"><input type="reset" value="重置" class="BtnAction" /></td>
                <td width="60%"> </td>
            </tr>
        </table>
        </div>
        <p></p>
        <div style="margin-left: 30px; margin-right: 0px">
        <table width="90%" border="1" cellpadding="0" cellspacing="0">
            <tr>
                <td width="7%" class="td_title">选择</td>
                <td width="7%" class="td_title">修改</td>
                <td width="12%" class="td_title">客户编号</td>
                <td width="22%" class="td_title">客户名称</td>
                <td width="17%" class="td_title">客户地址</td>
                <td width="17%" class="td_title">客户电话</td>
                <td width="18%" class="td_title">客户 Email</td>
            </tr>
            <s:iterator var="client" value="clients">
                <tr>
                    <td align="center" class="td_border"><input name="clientId" type="checkbox" title="选中后可进
行删除操作" value='<s:property value="#client.id" />'></td>
                    <td align="center" class="td_border"><a href='clientAction!preUpdateClient.action?client.id=
<s:property value="#client.id" />'><img src="image/edit.gif" border="0"></a></td>
                    <td class="td_border"><s:property value="#client.code" /></td>
                    <td class="td_border"><s:property value="#client.name" /></td>
                    <td class="td_border"><s:property value="#client.address" /></td>
                    <td class="td_border"><s:property value="#client.telephone" /></td>
                    <td class="td_border"><s:property value="#client.email" /></td>
                </tr>
            </s:iterator>
        </table>
        </div>
    </s:form>
```

4．后台业务控制器（action 类）ClientAction 编写

```
public class ClientAction extends ActionSupport {
	// 客户档案业务处理接口
	private IClientService clientService;
	private Client client = new Client();
	// 查询结果集
	private List<Client> clients = new ArrayList<Client>();;
	// 操作结束后跳转的地址
	private String finish_Url;
	// 要删除的客户 ID
	private String[] clientId;
	//客户档案查询
	public String findClient() {
		clients = clientService.findClient(client);
		return "findClient";
	}
	//客户档案保存
	public String saveClient() {
		clientService.saveClient(client);
		finish_Url = "clientAction!findClient.action";
		return "finish";
	}
	//客户档案删除
	public String deleteClient() {
		clientService.deleteClient(clientId);
		finish_Url = "clientAction!findClient.action";
		return "finish";
	}
	//客户档案更新
	public String updateClient() {
		clientService.updateClient(client);
		finish_Url = "clientAction!findClient.action";
		return "finish";
	}
	//客户档案更新前查询
	public String preUpdateClient() {
		client = clientService.findClient(client).get(0);
		return "updateClient";
	}
	//客户档案查询
	public int findClientByCode(String code) {
		client = new Client();
		client.setCode(code);
		clients = clientService.findClient(client);
		return clients.size();
	}
	//此处省略成员变量的 get/set 方法
}
```

5．客户档案 Struts 文件的配置

在 struts.xml 配置文件中添加客户档案的相关配置，具体代码请参考任务解析相关内容。

6．用 DWR 框架实现客户编号重复性验证的 dwr.xml 编写

在 AJAX 验证配置文件 dwr.xml 中加入客户编号重复验证，具体代码请参考任务解析相关内容。

7．后台业务处理层接口 IClientService 编写

```
public interface IClientService {
        public List<Client> findClient(Client client);
        public void saveClient(Client client);
        public void deleteClient(String[] clientId);
        public void updateClient(Client client);
}
```

8．后台业务处理层实现类 ClientService 编写

```
public class ClientService implements IClientService {
        // 客户档案持久化处理接口
        private IClientDao clientDao;
        /*
         * 客户档案查询
         */
        public List<Client> findClient(Client client) {
                return clientDao.findClient(client);
        }
        /*
         * 客户档案保存
         */
        public void saveClient(Client client) {
                clientDao.saveClient(client);
        }
        /*
         * 客户档案删除
         */
        public void deleteClient(String[] clientId) {
                clientDao.deleteClient(clientId);
        }
        /*
         * 客户档案更新
         */
        public void updateClient(Client client) {
                clientDao.updateClient(client);
        }
        public IClientDao getClientDao() {
                return clientDao;
        }
        public void setClientDao(IClientDao clientDao) {
                this.clientDao = clientDao;
        }
}
```

9．后台持久化层接口 IClientDao 编写

```
public interface IClientDao {
        public List<Client> findClient(Client client);
        public void saveClient(Client client);
        public void deleteClient(String[] clientId);
        public void updateClient(Client client);
}
```

10．后台持久化层实现类 ClientDao 编写

```
public class ClientDao extends HibernateDaoSupport implements IClientDao {
        //客户档案查询
        public List<Client> findClient(Client client) {
```

```
        // 对象查询条件
        DetachedCriteria criteria = DetachedCriteria.forClass(Client.class);
        if (null != client) {
            if (null!=client.getId() && String.valueOf(client.getId()).trim().length()>0){
                criteria.add(Restrictions.eq("id", client.getId()));
            }
            if (null!=client.getCode() && String.valueOf(client.getCode()).trim().length()>0){
                criteria.add(Restrictions.eq("code", client.getCode()));
            }
            if (null!=client.getName() && String.valueOf(client.getName()).trim().length()>0){
                criteria.add(Restrictions.like("name",client.getName(),MatchMode.ANYWHERE));
            }
        }
        return this.getHibernateTemplate().findByCriteria(criteria);
    }
    //客户档案保存
    public void saveClient(Client client) {
        this.getHibernateTemplate().save(client);
    }
    //客户档案删除
    public void deleteClient(String[] clientId) {
        List<Client> entities = new ArrayList<Client>();
        HibernateTemplate hibernateTemplate=this.getHibernateTemplate();
        for (String cid : clientId) {
            entities.add((Client)hibernateTemplate.load(Client.class,Integer.valueOf(cid)));
        }
        // 批量删除
        hibernateTemplate.deleteAll(entities);
    }
    //客户档案更新
    public void updateClient(Client client) {
        Integer cid = client.getId();
        HibernateTemplate hibernateTemplate=this.getHibernateTemplate();
        // 载入已经被持久化了的对象然后再进行修改
        Client perstClient = (Client) hibernateTemplate.load(Client.class,Integer.valueOf(cid));
        perstClient.setAddress(client.getAddress());
        perstClient.setCode(client.getCode());
        perstClient.setEmail(client.getEmail());
        perstClient.setName(client.getName());
        perstClient.setTelephone(client.getTelephone());
        hibernateTemplate.update(perstClient);
    }
}
```

11．在 Spring 配置文件 applicationContext_beans.xml 中进行配置

在 Spring 配置文件中加入客户档案管理的配置，具体代码请参考任务解析相关内容。

7.7　进货管理模块进货单查询功能实现

工作目标

知识目标

- 理解进货管理模块查询功能的业务流程
- 理解进货管理模块查询功能的程序流程

- 理解 SSH 的框架组件及运行流程

技能目标

- 根据需求分析和设计实现 SSH 框架实现进货管理模块查询功能

素养目标

- 培养学生的动手能力

工作任务

根据需求分析和设计并利用 SSH 框架实现进货管理模块查询功能。用户输入员工编号和员工名称并提交查询信息（如图 7.7-1 所示），经过后台程序处理，查询成功则显示查询的员工档案信息（如图 7.7-2（a）所示），查询失败则返回系统异常界面（如图 7.7-2（b）所示）。（注：员工名称能进行模糊查询）。

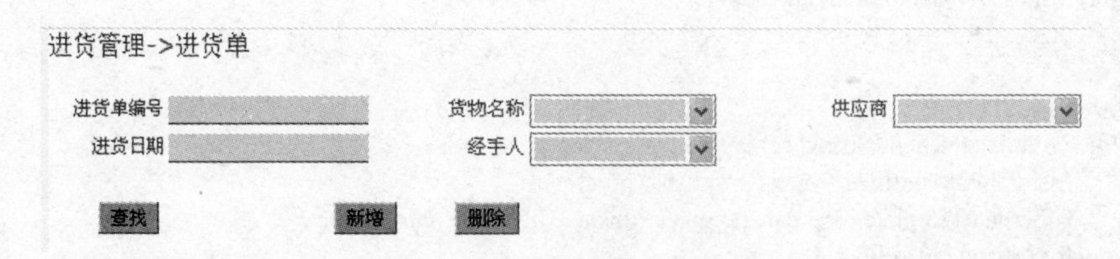

图 7.7-1　进货单查询页面

进货管理->进货单

进货单编号　　货物名称　　供应商

进货日期　　经手人

查找　　新增　　删除

选择	修改	进货单编号	供应商	货物名称	货物数量	货物单价（元）	货物金额（元）	进货日期	经手人
☐	✎	112456	供应商重庆外比特公司	烟草	1000	100.03	10000	2007-04-31	张三
☐	✎	112365	供应商上海宝山集团	汽车	1000	56.23	457.25	2007-04-31	李四
☐	✎	112125	供应商重庆华日公司	计算机	25000	569.36	4121.23	2007-04-31	王五
☐	✎	182458	供应商南山集团	洗衣机	2000	2563.62	4434.23	2007-04-31	王二

图 7.7-2（a）　进货单查询结果页面

系统异常请联系管理员!点击返回

图 7.7-2（b）　进货单查询异常页面

工作计划

任务分析之问题清单

1．进货单管理查询功能的业务流程
2．进货单管理查询功能的程序流程
3．进货单管理查询功能的 UI 设计
4．进货单管理查询功能的控制层设计
5．进货单管理查询功能的模型层设计

6．进货单管理查询功能的相关配置

任务解析

1．进货单管理查询功能的业务流程

进货单管理查询功能的业务流程如图 7.7-3 所示。

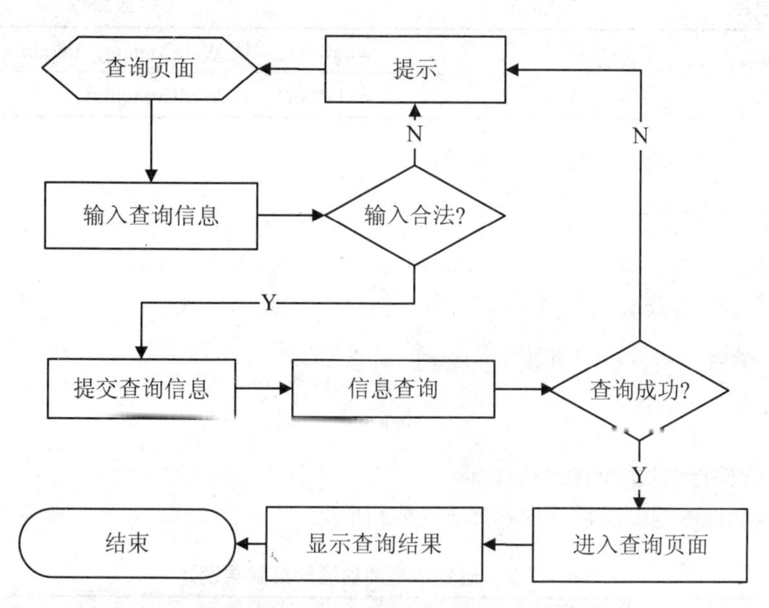

图 7.7-3 进货单查询功能业务流程

2．进货单管理查询功能的程序流程

进货单管理查询功能的程序流程如图 7.7-4 所示。

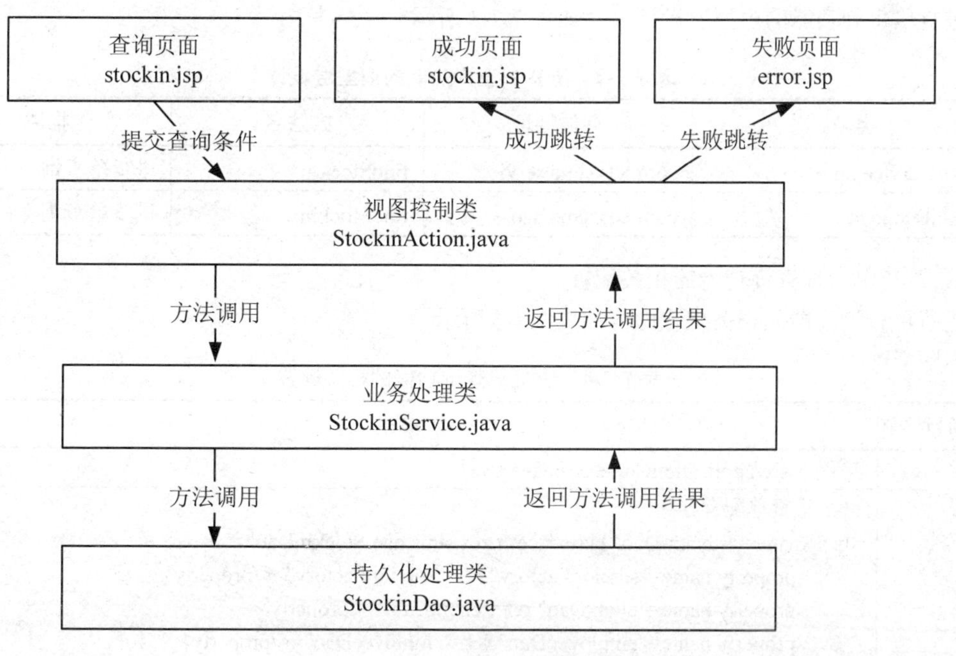

图 7.7-4 进货单查询功能的程序流程

3．进货单管理查询功能的 UI 设计

UI 页面文件列表及存放地址，如表 7.7-1 所示。

表 7.7-1　查询功能的 UI 页面文件列表及存放地址

序号	项目	描述	存放路径
1	stockin.jsp	查询页面	WebRoot （或 WebContent）\moduls\archive\
2	error.jsp	异常、失败页面	WebRoot （或 WebContent）\

UI 页面原型：查询页面如图 7.7-5 所示。

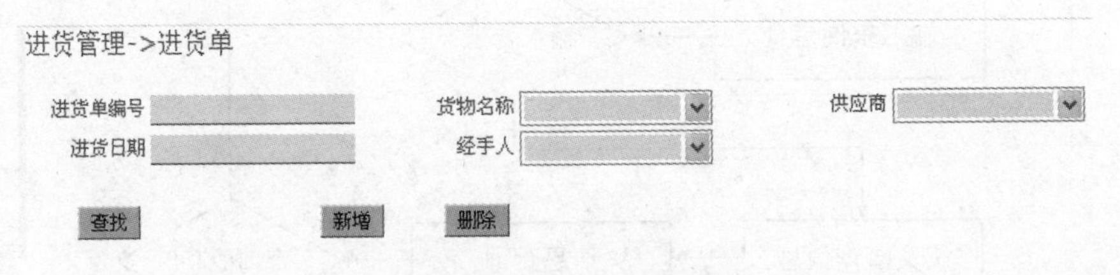

图 7.7-5　员工查询页面原型

4．进货单管理查询功能的控制层设计

进货单查询功能的控制层设计内容如表 7.7-2 所示。

表 7.7-2　进货单查询功能的控制层设计

类名	存放地址	方法名	描述
StockinAction.java	com.zds.slms.action	findStockin	进货单查询

5．进货单管理查询功能的模型层设计

进货单查询功能的模型层设计内容如表 7.7-3 所示。

表 7.7-3　进货单查询功能的模型层设计

类名	存放地址	方法名	描述
StockinService.java	com.zds.slms.service	findStockin	进货单查询
StockinDao.java	com.zds.slms.dao	findStockin	进货单查询

6．进货单管理查询功能的相关配置

进货单查询功能的相关配置内容如表 7.7-4 所示。

表 7.7-4　进货单查询功能的相关配置

项目	描述
路径	工程下 src/applicationContext_beans.xml
内容	<!-- 进货单配置 --> <bean name="stockinDao" class="com.zds.slms.dao.StockinDao"> <property name="sessionFactory" ref="sessionFactory"></property> <property name="clientDao" ref="clientDao"></property> <property name="employeeDao" ref="employeeDao"></property> <property name="merchandiseDao" ref="merchandiseDao"></property>

续表

项目	描述
内容	</bean> <bean name="stockinService" class="com.zds.slms.service.StockinService"> <property name="stockinDao" ref="stockinDao"></property> </bean> <bean name="stockinAction" class="com.zds.slms.action.StockinAction" scope="prototype"> <property name="stockinService" ref="stockinService"></property> <property name="clientService" ref="clientService"></property> <property name="employeeService" ref="employeeService"></property> <property name="merchandiseService" ref="merchandiseService"></property> </bean>
路径	工程下 src/struts.xml
内容	<!-- 进货单管理 Action 配置 --> <action name="stockinAction" class="stockinAction"> <result name="preFindStockin">/moduls/stock/stockin.jsp</result> <result name="preSaveStockin">/moduls/stock/addStockin.jsp</result> <result name="findStockin">/moduls/stock/stockin.jsp</result> <result name="updateStockin">/moduls/stock/updateStockin.jsp</result> </action>

工作实施

实施方案

1．进货单表映射文件 Stockin.hbm.xml 编写
2．进货单实体映射类 Stockin 编写
3．前台进货单查询页面 stockin.jsp 编写
4．前台系统异常界面 error.jsp 编写
5．后台业务控制器 StockinAction 类中进货单查询编写
6．进货单查询 Struts 文件的配置
7．后台业务处理层接口 IStockinService 进货单查询编写
8．后台业务处理层实现类 StockinService 进货单查询编写
9．后台持久化层接口 IStockinDao 进货单查询编写
10．后台持久化层实现类 StockinDao 进货单查询编写
11．在 Spring 配置文件 applicationContext_beans.xml 中的配置

详细步骤

1．进货单表映射文件 Stockin.hbm.xml 编写

根据简化进销存数据库设计编写进货单表映射文件 Stockin.hbm.xml。进货单与员工、客户和商品的关系都为多对一的关系，在 Hibernate 表映射文件中使用 many-to-one 来表示。Stockin.hbm.xml 的关键代码如下：

```
<hibernate-mapping>
    <class name="com.zds.slms.domain.Stockin" table="stockin">
```

```
            <id name="id" type="java.lang.Integer">
                <column name="id" />
                <generator class="identity" />
            </id>
            <many-to-one name="merchandise" class="com.zds.slms.domain.Merchandise" fetch="select">
                <column name="merchandiseid" not-null="true">
                    <comment>商品编号</comment>
                </column>
            </many-to-one>
            <many-to-one name="client" class="com.zds.slms.domain.Client" fetch="select">
                <column name="clientid" not-null="true">
                    <comment>客户编号</comment>
                </column>
            </many-to-one>
            <many-to-one name="employee" class="com.zds.slms.domain.Employee" fetch="select">
                <column name="employeeid" not-null="true" />
            </many-to-one>
            <property name="code" type="string">
                <column name="code" length="11" not-null="true">
                    <comment>进货单编号</comment>
                </column>
            </property>
            <property name="amount" type="int">
                <column name="amount" not-null="true">
                    <comment>进货数量</comment>
                </column>
            </property>
            <property name="price" type="float">
                <column name="price" precision="5" scale="2" not-null="true">
                    <comment>进货单价</comment>
                </column>
            </property>
            <property name="money" type="float">
                <column name="money" precision="10" scale="2" not-null="true">
                    <comment>进货总额</comment>
                </column>
            </property>
            <property name="stockindate" type="string">
                <column name="stockindate" length="10" not-null="true">
                    <comment>进货日期</comment>
                </column>
            </property>
        </class>
</hibernate-mapping>
```

2．员工实体映射类 Stockin 编写，与表 Stockin 对应的实体类编写。关键代码如下：

```
public class Stockin implements java.io.Serializable {
        private Integer id;
        private Merchandise merchandise;
        private Client client;
        private Employee employee;
        private String code;
        private int amount;
        private float price;
        private float money;
```

```
        private String stockindate;
        public Stockin() {
        }
        public Stockin(Merchandise merchandise, Client client, Employee employee,String code, int amount, float price, float money,String stockindate) {
                this.merchandise = merchandise;
                this.client = client;
                this.employee = employee;
                this.code = code;
                this.amount = amount;
                this.price = price;
                this.money = money;
                this.stockindate = stockindate;
        }
        //以下省略多个成员变量的 get/set 方法
        //进货日期的 set 方法
        public void setStockindate(String stockindate) {
                if (null != stockindate && stockindate.length() >= 10) {
                        stockindate = stockindate.substring(0, 10);
                }
                this.stockindate = stockindate;
        }
    }
```

3．前台进货单查询页面 stockin.jsp 编写

注意查询条件中 Struts 标签的名称的处理，在相应的 action 中定义类型为 Stockin 的对象 stockin，并添加该对象相应的 get 和 set 方法，在工档案查询页面 stockin.jsp 查询条件的标签上使用对象名称加属性的方式将查询条件的值传递到后台，这种方式可以减少在 action 当中变量的定义。其关键代码如下：

```
    <s:form action="stockinAction" method="post" theme="simple">
    <s:action name="stockinAction!preFindStockin" var="preFindStockin" />
    <p></p>
        <table border="0" cellpadding="1" cellspacing="1" width="95%">
            <tr>
                <td align="right" width="10%" nowrap="true">进货单编号</td>
                <td width="20%"><s:textfield name="stockin.code" cssClass="TextInput"></s:textfield></td>
                <td align="right" width="10%" nowrap="true">货物名称</td>
                <td width="20%"><s:select list="#preFindStockin.merchandises"
    name="stockin.merchandise.id" listKey="id" listValue="name" emptyOption="true" theme="simple"></s:select></td>
                <td align="right" width="10%">供应商</td>
                <td width="20%"><s:select list="#preFindStockin.clients" name="stockin.client.id" listKey="id" listValue="name" emptyOption="true" theme="simple"></s:select></td>
                <td width="10%"> </td>
            </tr>
            <tr>
                <td align="right" width="10%" nowrap="true">进货日期</td>
                <td width="20%"><sx:datetimepicker label="" name="stockin.stockindate" displayFormat="yyyy-MM-dd" language="en-us" type="date"/> </td>
                <td align="right" nowrap="true">经手人</td>
                <td><s:select list="#preFindStockin.employees" name="stockin.employee.id" listKey="id" listValue="name" emptyOption="true" theme="simple"></s:select> </td>
                <td align="right"> </td>
                <td> </td>
                <td> </td>
```

```
            </tr>
        </table>
        <p></p>
        <div style="margin-left: 30px; margin-right: 0px">
        <table border="0" cellpadding="0" cellspacing="0" width="95%">
            <tr>
                <td width="10%"><s:submit value="查找" cssClass="BtnAction" method="findStockin"></s:submit></td>
                <td width="10%"><input type="button" class="BtnAction" value="新增" onClick= "replaceModulUrl
('<%=basePath%>stockinAction!preSaveStockin.action');"></td>
                <td width="10%">
                    <input type="button" onClick="deleteRecords('stockinAction!deleteStockin.action')" value="删除"
class="BtnAction" /></td>
                    <td width="10%"><input type="reset" value="重置" class="BtnAction"/></td>
                <td width="60%"> </td>
            </tr>
        </table>
        </div>
        <p></p>
        <div style="margin-left: 30px; margin-right: 0px">
        <table width="90%" border="1" cellpadding="0" cellspacing="0">
            <tr>
                <td width="3%" class="td_title">选择</td>
                <td width="3%" class="td_title">修改</td>
                <td width="10%" class="td_title">进货单编号</td>
                <td width="19%" class="td_title">供应商</td>
                <td width="9%" class="td_title">货物名称</td>
                <td width="8%" class="td_title">货物数量</td>
                <td width="13%" class="td_title">货物单价（元）</td>
                <td width="13%" class="td_title">货物金额（元）</td>
                <td width="12%" class="td_title">进货日期</td>
                <td width="10%" class="td_title">经手人</td>
            </tr>
            <s:iterator var="stockin" value="stockins">
                <tr>
        <td align="center" class="td_border"><input name="stockinId" type="checkbox" title="选中后可进行删除操作"
value='<s:property value="#stockin.id" />' id="stockinId"></td>
                    <td align="center" class="td_border"><a href='stockinAction!preUpdateStockin.action?stockin.id=
<s:propert value="#stockin.id" />'><img src="image/edit.gif" border="0"></a></td>
        <td class="td_border"><s:property value="#stockin.code" /></td>
        <td class="td_border"><s:property value="#stockin.client.name" /></td>
                    <td class="td_border"><s:property value="#stockin.merchandise.name" /></td>
        <td class="td_border"><s:property value="#stockin.amount" /></td>
        <td class="td_border"><s:property value="#stockin.price" /></td>
        <td class="td_border"><s:property value="#stockin.money" /></td>
        <td class="td_border"><s:property value="#stockin.stockindate" /></td>
                    <td class="td_border"><s:property value="#stockin.employee.name" /></td>
                </tr>
            </s:iterator>
        </table>
        </div>
    </s:form>
```

4．前台系统异常界面 error.jsp 编写

系统异常界面 error.jsp 是发生异常以后转向的界面，所以只需要在 Struts 配置文件当中配置全局转向，以后不管是哪个模块发生错误之后，都转向系统异常界面 error.jsp。error.jsp 页面的关键

代码如下：

```
<div align="center"><font color="red"> 系统异常请联系管理员!<span
    onClick="history.back();" style="cursor: hand; COLOR: #0000a0;">点击返回</span>
<s:fielderror /> <s:actionerror /> <s:actionmessage /> </font></div>
```

5．Struts 配置文件中错误页面的全局转向配置

Struts 配置文件中错误页面的全局转向配置请参见任务解析的相关内容。

6．后台业务控制器（action 类）StockinAction 中员工档案查询 findStockin 和 preFindStockin 编写

首先创建 ActionSupport 的子类 StockinAction。在 StockinAction 中定义类型为 IStockinService 的进货单业务处理接口 stockinService，添加其 get 和 set 方法，其中 stockinService 的 set 方法用于 Spring 的依赖注入。并定义 Stockin 对象用于接收前台页面提交的查询信息（也可以用于接收接收新增进货单信息和修改进货单信息），定义类型为 List<Stockin>的结果集 Stockins 用于将查询结果返回进货单查询渲染页面。EmployeeAction 中员工查询的关键代码如下：

```
public String findStockin() {
    // 查询全部客户档案
    //clients = clientService.findClient(null);
    // 查询全部员工档案
    //employees = employeeService.findEmployee(null);
    // 查询全部商品档案
    //merchandises = merchandiseService.findMerchandise(null);
    stockins = stockinService.findStockin(stockin);
    return "findStockin";}
```

然后在 StockinAction 类中添加成员变量 clients、employees 和 merchandises 列表对象，相应添加 getter 和 setter 方法分别保存从数据库获取的客户、员工和商品档案信息，用于初始化前台进货单查询页面的客户、员工和商品档案信息下拉列表。添加客户档案业务处理接口 IClientService、IEmployeeService 和 IMerchandiseService 对象，添加相应 getter 和 setter 方法。添加 preFindStockin 方法，初始化 clients、employees 和 merchandises 对象。关键代码如下：

```
public String preFindStockin() {
    // 查询全部客户档案
    clients = clientService.findClient(null);
    // 查询全部员工档案
    employees = employeeService.findEmployee(null);
    // 查询全部商品档案
    merchandises = merchandiseService.findMerchandise(null);
    return "preFindStockin";
}
```

7．员工档案查询 struts 文件的配置

员工档案查询 struts 文件的配置请参见任务解析的相关内容。

8．后台业务处理层接口 IStockinService 进货单查询编写

首先创建 IStockinService 接口。在接口中添加进货单查询方法，关键代码如下：

```
// 进货单查询
public List<Stockin> findStockin(Stockin stockin);
```

9．后台业务处理层实现类 StockinService 进货单查询编写

首先创建 StockinService 类并实现 IStockinService 接口，在 StockinService 中定义类型为 IStockinDao 的进货单持久层接口 stockinDao，并添加其 get 和 set 方法，其中 stockinDao 的 set 方法用于 Spring 的依赖注入。关键代码如下：

```
public List<Stockin> findStockin (Stockin stockin) {
        return stockinDao.findstockin(stockin);
}
```

10．后台持久化层接口 IStockinDao 进货单查询编写

创建 IStockinDao 接口，在接口中添加进货单查询方法：

```
//进货单查询
public List<Stockin> findStockin(Stockin stockin);
```

11．后台持久化层实现类 StockinDao 进货单查询编写

创建 StockinDao 类并继承 HibernateDaoSupport 并实现 IStockinDao 接口，在其中添加进货单查询代码：

```
//进货单查询
public List<Stockin> findStockin(Stockin stockin) {
        // 对象查询条件
        DetachedCriteria criteria = DetachedCriteria.forClass(Stockin.class);
        if (null != stockin) {
                if (null!=stockin.getId() && String.valueOf(stockin.getId()).trim().length() >0) {
                        criteria.add(Restrictions.eq("id", stockin.getId()));
                }
                if (null!=stockin.getCode() && String.valueOf(stockin.getCode()).trim().length() >0) {
                        criteria.add(Restrictions.eq("code", stockin.getCode()));
                }
                if ((null!=stockin.getMerchandise() && String.valueOf(stockin.getMerchandise()).trim().length() >0) &&
(null!=stockin.getMerchandise().getId() && String.valueOf(stockin.getMerchandise().getId()).trim().length() >0)){
                        criteria.add(Restrictions.eq("merchandise.id", stockin.getMerchandise().getId()));
                }
                if ((null!=stockin.getEmployee() && String.valueOf(stockin.getEmployee()).trim().length() >0) &&
(null!=stockin.getMerchandise().getId() && String.valueOf(stockin.getMerchandise().getId()).trim().length() >0)){
                        criteria.add(Restrictions.eq("employee.id", stockin.getEmployee().getId()));
                }
                if (null!=stockin.getStockindate() && String.valueOf(stockin.getStockindate()).trim().length() >0) {
                        criteria.add(Restrictions.eq("stockindate",stockin.getStockindate()));
                }
                if ((null!=stockin.getClient() && String.valueOf(stockin.getClient()).trim().length() >0) && (null!=
stockin.getMerchandise().getId() && String.valueOf(stockin.getMerchandise().getId()).trim().length() >0)){
                        criteria.add(Restrictions.eq("client.id", stockin.getClient().getId()));
                }
        }
        return this.getHibernateTemplate().findByCriteria(criteria);
}
```

12．在 Spring 配置文件 applicationContext_beans.xml 中进行员工档案查询的配置

配置内容参见任务解析部分相关内容。

7.8 进货单增加功能实现

工作目标

知识目标

- 理解进货管理模块进货单增加功能的业务流程
- 理解进货管理模块进货单增加功能的程序流程

- 通过练习理解 SSH 的框架组件及运行流程

技能目标

- 根据需求分析和设计实现 SSH 框架进货管理模块进货单增加功能

素养目标

- 培养学生的动手能力

工作任务

根据需求分析和设计利用 SSH 框架实现进货管理模块进货单增加功能。在新增页面（如图 7.8-1（a）所示）里用户输入进货单编号、货物名称（商品）、进货数量、进货日期、经手人、供应商（客户），货物单价和货物金额用户无需输入，用户在选择货物名称从后台查询出货物的单价自动填充货物单价，用户输入进货数量的同时，根据货物单价和进货数量自动计算出货物金额。在提交前先验证输入信息的合法性，成功则提交进货单信息，经过后台程序处理，新增成功则显示操作成功页面（如图 7.8-1（b）所示），修改失败则返回系统异常界面（如图 7.8-1（c）所示）。

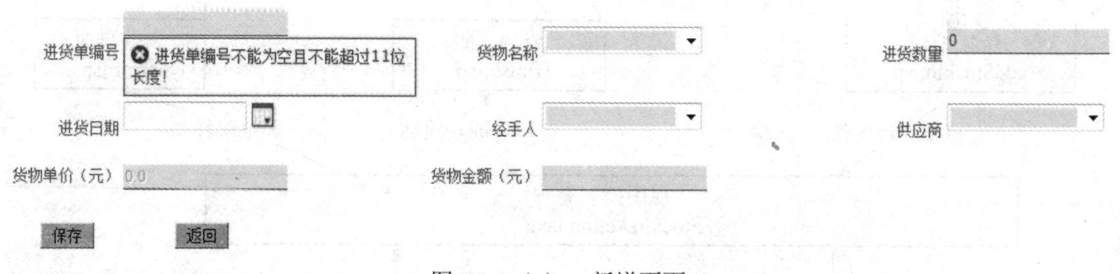

图 7.8-1（a）　新增页面

操作完成!10秒后自动返回到查询页面或点此立即返回.

图 7.8-1（b）　操作成功页面

系统异常请联系管理员!点击返回

图 7.8-1（c）　系统异常页面

工作计划

任务分析之问题清单

1. 进货单管理进货单增加功能的业务流程
2. 进货单管理进货单新增功能的程序流程
3. 进货单管理进货单新增功能的 UI 设计
4. 进货单管理进货单新增功能的控制层设计
5. 进货单管理进货单新增功能的模型层设计
6. 进货单管理进货单新增功能的相关配置

任务解析

1. 进货单管理进货单增加功能的业务流程

进货单管理进货单增加功能的业务流程（如图 7.8-2 所示）。

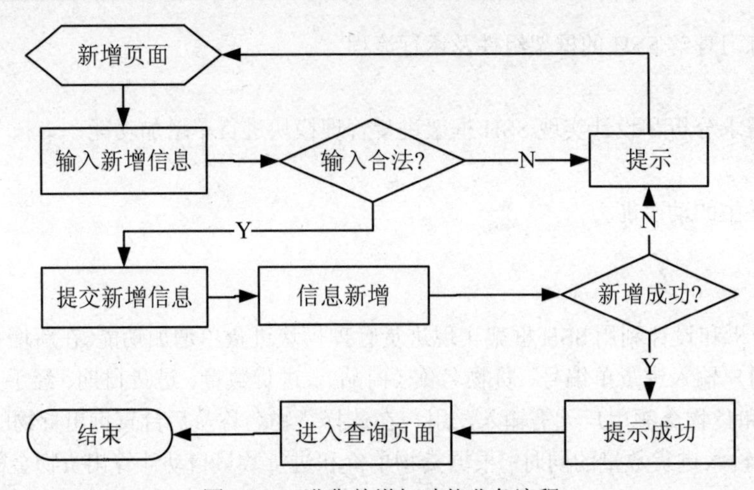

图 7.8-2　进货单增加功能业务流程

2．进货单管理进货单新增功能的程序流程

进货单管理进货单新增功能的程序流程（如图 7.8-3 所示）。

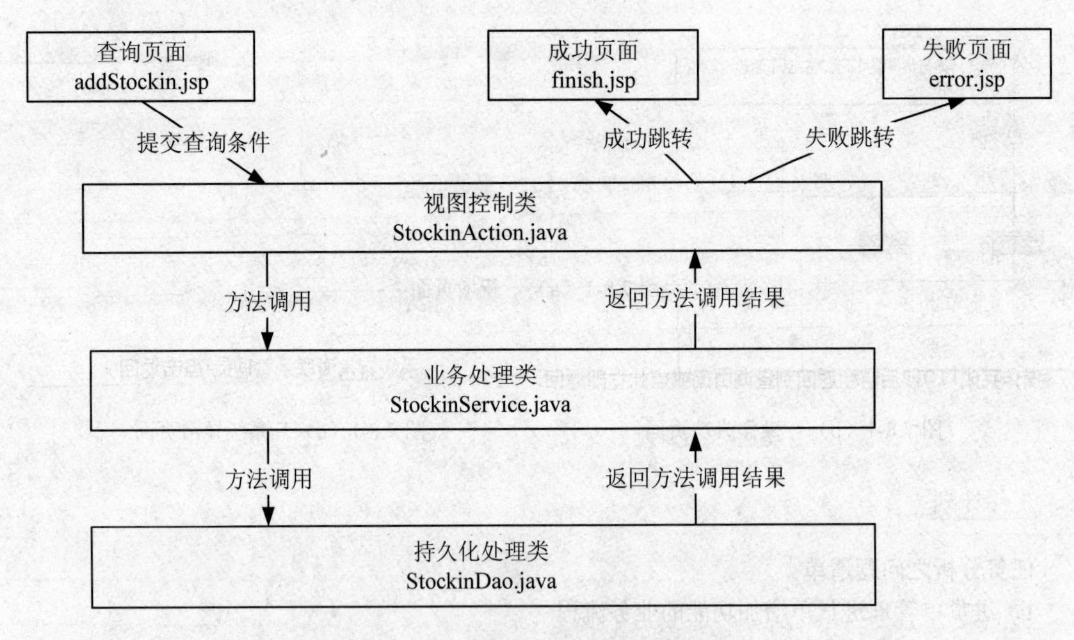

图 7.8-3　进货单增加功能程序流程

3．进货单管理进货单新增功能的 UI 设计

UI 页面文件列表及存放地址，如表 7.8-1 所示。

表 7.8-1　进货单管理进货单新增功能的 UI 页面文件列表及存放地址

序号	项目	描述	存放路径
1	addStockin.jsp	新增页面	WebRoot （或 WebContent）\moduls\stock

UI 页面原型：进货单管理进货单新增页面如图 7.8-4 所示。

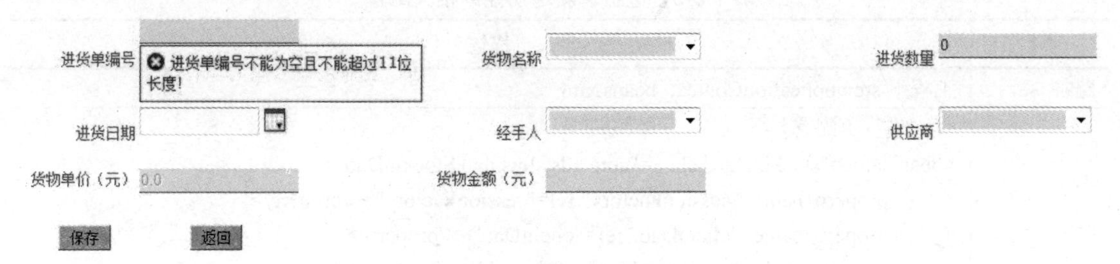

图 7.8-4　进货单新增页面原型

UI 页面校验：新增页面如表 7.8-2 所示，新增出错页面无。

表 7.8-2　新增进货单页面校验

No.	项目	必输	元素类型	初始值	页面校验	说明	数据对象
1	进货单编号	是	字符串	空	有	进货单编号不能为空且不能超过 11 位长度	Stockin.code
2	货物名称	是	字符串	空	有	选择已有货物	Stockin.merchandise
3	进货数量	是	整型数字	0	有		Stockin.amount
4	进货日期	是	日期	空	有		Stockin.stockindate
5	经手人	是	字符串	空	有		Stockin.employee
6	供应商	是	字符串	空	有		Stockin. client
7	货物单价	否	数字	空	有		Stockin.price
8	货物金额	否	数字	空	有		Stockin.money

4．进货单管理进货单新增功能的控制层设计

进货单管理进货单新增功能的控制层设计内容如表 7.8-3 所示。

表 7.8-3　进货单管理进货单新增的控制层设计

类名	存放地址	方法名	描述
StockinAction.java	com.zds.slms.action	saveStockin	进货单新增

5．进货单管理进货单新增功能的模型层设计

进货单管理进货单新增功能的模型层设计内容如表 7.8-4 所示。

表 7.8-4　进货单管理进货单新增功能的模型层设计

类名	存放地址	方法名	描述
StockinService.java	com.zds.slms.service	saveStockin	进货单新增
StockinDao.java	com.zds.slms.dao	saveStockin	进货单新增

6．进货单管理进货单新增功能的相关配置

进货单新增功能的相关配置内容如表 7.8-5 所示。

表 7.8-5　进货单新增功能的相关配置

项目	描述
路径	工程下 src/applicationContext_beans.xml
内容	<!-- 进货单配置 --> <bean name="stockinDao" class="com.zds.slms.dao.StockinDao"> <property name="sessionFactory" ref="sessionFactory"></property> <property name="clientDao" ref="clientDao"></property> <property name="employeeDao" ref="employeeDao"></property> <property name="merchandiseDao" ref="merchandiseDao"></property> </bean> <bean name="stockinService" class="com.zds.slms.service.StockinService"> <property name="stockinDao" ref="stockinDao"></property> </bean> <bean name="stockinAction" class="com.zds.slms.action.StockinAction" scope="prototype"> <property name="stockinService" ref="stockinService"></property> <property name="clientService" ref="clientService"></property> <property name="employeeService" ref="employeeService"></property> <property name="merchandiseService" ref="merchandiseService"></property> </bean>
路径	工程下 src/struts.xml
内容	<!-- 全局转向 --> <global-results> <result name="error">/error.jsp</result> <result name="finish">/finish.jsp</result> </global-results> <!-- 全局导常转向 --> <global-exception-mappings> <exception-mapping result="error" exception="java.lang.Exception"></exception-mapping> </global-exception-mappings> <!-- 进货单管理 Action 配置 --> <action name="stockinAction" class="stockinAction"> <result name="preFindStockin">/moduls/stock/stockin.jsp</result> <result name="preSaveStockin">/moduls/stock/addStockin.jsp</result> <result name="findStockin">/moduls/stock/stockin.jsp</result> <result name="updateStockin">/moduls/stock/updateStockin.jsp</result> </action>

工作实施

实施方案

1．前台进货单新增页面 addStockin.jsp 编写

2．后台业务控制器（action 类）StockinAction 中进货单新增编写

3．员工档案查询 Struts 文件的配置

4．后台业务处理层接口 IStockinService 进货单新增编写

5．后台业务处理层实现类 StockinService 进货单新增编写

6．后台持久化层接口 IStockinDao 进货单新增编写

7．后台持久化层实现类 StockinDao 进货单新增编写

8．在 Spring 配置文件 applicationContext_beans.xml 中进行配置

详细步骤

1．前台进货单新增页面 addStockin.jsp 编写，其核心代码如下：

```
<head>
<base href="<%=basePath%>" />
<sx:head extraLocales="en-us" />
<title>进货单</title>
<link rel="stylesheet" href="css/main.css" type="text/css" />
<script language="javascript" src="script/main.js"></script>
<script type='text/javascript' src='dwr/interface/stockinAction.js'></script>
<script type='text/javascript' src='dwr/engine.js'></script>
<script type='text/javascript' src='dwr/util.js'></script>
</head>
<body>
<script type="text/javascript">
	var textPrice;
	var textMoney;
	var textAmount;
	var hiddenPrice;
	var hiddenMoney;
	var textCode;
	var textMerchandise;
	var codeChk=false;
	function init() {
		textPrice = document.getElementById("price");
		textCode = document.getElementById("code");
		textMoney = document.getElementById("money");
		textAmount = document.getElementById("amount");
		textMerchandise = document.getElementById("merchandise");
		hiddenPrice = document.getElementById("hiddenPrice");
		hiddenMoney = document.getElementById("hiddenMoney");
		textCode.focus();
	}
	function out_merchandise() {
		var chk = false;
		if (trimString(textMerchandise.value) != '') {
			stockinAction.findMerchandisePriceById(textMerchandise.value,showMerchandisePrice);
			show_message("msg_merchandise","1",'输入正确!');
			chk = true;
		} else {
			show_message("msg_merchandise", "0", '货物名称不能为空!');
		}
		return chk;
	}
	function showMerchandisePrice(price) {
		textPrice.value = price;
		hiddenPrice.value = price;
		var exp = /[^\d]/;
		if ((!isNaN(price)) && (!exp.test(textAmount.value))){
```

```
                textMoney.value = textAmount.value * price;
                hiddenMoney.value = textAmount.value * price;
            }
        }
        function out_amount() {
            var chk = false;
            var exp = /[^\d]/;
            if (!exp.test(textAmount.value) && textAmount.value>0 && textAmount.value<999){
                textMoney.value = textAmount.value * textPrice.value;
                hiddenMoney.value = textAmount.value * textPrice.value;
                show_message("msg_amount","1",'输入正确!');
                chk = true;
            } else {
                show_message('msg_amount','0','进货数量必须输入大于零小于 999 的整型数字形式');
            }
            return chk;
        }
        function out_code() {
            codeChk = false;
            if (trimString(textCode.value).length>0          && trimString(textCode.value).length<12){
                stockinAction.findStockinByCode(textCode.value,function(ret){
                    if (ret > 0) {
                        show_message("msg_code","0",'输入的进货单编号['+textCode.value+']重复请重新输入!');
                        codeChk = false;
                    } else {
                        show_message("msg_code","1",'输入正确!');
                        codeChk = true;
                    }
                });
            } else {
                show_message('msg_code','0','进货单编号不能为空且不能超过 11 位长度!');
                codeChk = false;
            }
        }
        function formSubmit() {
            var chk = false;
            var chkRetMerchandise = out_merchandise();

            var chkRetAmount = out_amount();
            var chkRetStockdate = out_pickerDate('stockdate', 'msg_stockdate','进货日期不能为空!');
            var chkRetEmployee = out_chkEmpty('employee','msg_employee','经手人不能为空!');
            var chkRetClient = out_chkEmpty('client','msg_client','供应商不能为空!');
            if (codeChk&&chkRetMerchandise && chkRetAmount && chkRetEmployee && chkRetClient &&
chkRetStockdate){
                chk = true;
            }
            return chk;
        }
        dojo.event.topic.subscribe("/value",function(textEntered, date, widget){
            out_pickerDate('stockdate', 'msg_stockdate', '进货日期不能为空!');
        });
        window.onload = init;
    </script>
    <p></p>
    <p><font style="font-size: 10pt;">进货管理->进货单->新增</font></p>
```

```
<s:form action="stockinAction" method="post" theme="simple" onsubmit="return formSubmit();">
    <s:hidden name="stockin.price" id="hiddenPrice"></s:hidden>
    <s:hidden name="stockin.money" id="hiddenMoney"></s:hidden>
    <p></p>
    <table border="0" cellpadding="1" cellspacing="1" width="95%">
        <tr>
            <td align="right" width="7%" nowrap="true">进货单编号</td>
            <td width="16%"><s:textfield name="stockin.code" cssClass="TextInput" id="code" onFocus=
"show_message('msg_code','2','请输入进货单编号');" onBlur="out_code()"></s:textfield> <DIV style="DISPLAY: show" id=
"msg_code" class="box_div_right"> </DIV> </td>
            <td align="right" width="7%" nowrap="true">货物名称</td>
            <td width="16%"><s:select list="merchandises" name="stockin.merchandise.id" listKey="id" listValue=
"name" emptyOption="true" theme="simple" onFocus="show_message('msg_merchandise','2','请选择货物名称')" onBlur=
"out_merchandise()" id="merchandise"></s:select><DIV style="DISPLAY: show" id="msg_merchandise" class="box_div_right">
 </DIV></td>
            <td align="right" width="6%">进货数量</td>
            <td width="16%"><s:textfield name="stockin.amount" cssClass="TextInput" id="amount" onFocus=
"show_message('msg_amount','2','请输入进货数量')" onBlur="out_amount()"></s:textfield><DIV style="DISPLAY: show"
id="msg_amount" class="box_div_right"> </DIV></td>
            <td width="6%"> </td>
        </tr>
        <tr>
            <td align="right" width="7%" nowrap="true">进货日期</td>
            <td width="16%"><sx:datetimepicker label=""       name="stockin.stockindate"
displayFormat="yyyy-MM-dd" language="en-us" type="date" id="stockdate" required="true" valueNotifyTopics="/value" /> <DIV
style="DISPLAY: show" id="msg_stockdate" class="box_div_right"> </DIV></td>
            <td align="right" width="7%" nowrap="true">经手人</td>
            <td width="16%"><s:select list="employees" name="stockin.employee.id" listKey="id" listValue="name"
emptyOption="true" theme="simple" id="employee" onFocus="show_message('msg_employee','2','请选择经手人名称!')"
onBlur="out_chkEmpty('employee','msg_employee','经手人不能为空!')"></s:select><DIV style="DISPLAY: show"
id="msg_employee" class="box_div_right"> </DIV>      </td>
            <td align="right">供应商</td>
            <td><s:select list="clients" name="stockin.client.id" listKey="id" listValue="name" emptyOption= "true"
theme="simple" id="client" onFocus="show_message('msg_client','2','请选择供应商名称!')" onBlur="out_chkEmpty
('client','msg_client','供应商不能为空!')"></s:select><DIV style="DISPLAY: show" id="msg_client" class="box_div_right">
 </DIV></td>
            <td> </td>
        </tr>
        <tr>
            <td align="right" width="7%" nowrap="true">货物单价（元）</td>
            <td width="16%"><s:textfield id="price" name="stockin.price" cssClass="TextInput" disabled="true">
</s:textfield></td>
            <td align="right" width="7%" nowrap="true">货物金额（元）</td>
            <td width="16%"><s:textfield name="money" cssClass="TextInput" disabled="true" id="stockin.money">
</s:textfield></td>
            <td align="right"> </td>
            <td> </td>
            <td> </td>
        </tr>
    </table>
    <p></p>
    <div style="margin-left: 30px; margin-right: 0px">
    <table border="0" cellpadding="0" cellspacing="0" width="95%">
        <tr>
            <td width="10%"><s:submit value="保存" cssClass="BtnAction" method="saveStockin"> </s:submit></td>
```

```
            <td width="10%"><input type="button" class="BtnAction" value="返回" onClick="history.go(-1);"></td>
            <td width="80%"> </td>
        </tr>
    </table>
    </div>
</s:form>
```

2．后台业务控制器（action 类）StockinAction 中进货单新增编写

```
/**
     * 进货单保存
     *
     * @return
     */
    public String saveStockin() {
        stockinService.saveStockin(stockin);
        finish_Url = "stockinAction!findStockin.action";
        return "finish";
    }
```

3．员工档案查询 Struts 文件的配置

```
<!-- 进货单管理 Action 配置 -->
<action name="stockinAction" class="stockinAction">
    <result name="preSaveStockin">/moduls/stock/addStockin.jsp</result>
</action>
```

4．后台业务处理层 IStockinService 进货单新增编写

在 IStockinService 接口中添加进货单新增方法，关键代码如下：

```
/**
     * 进货单保存
     *
     * @param stockin
     */
    public void saveStockin(Stockin stockin);
```

5．后台业务处理层 StockinService 进货单新增编写

在 StockinService 中实现 IStockinService 中的进货单保存方法，关键代码如下：

```
public void saveStockin(Stockin stockin) {
    stockinDao.saveStockin(stockin);
}
```

6．后台持久化层 IStockinDao 进货单新增编写

在 IStockinDao 接口中添加进货单新增方法，关键代码如下：

```
//进货单保存
    public void saveStockin(Stockin stockin);
```

7．后台持久化层 StockinDao 进货单新增编写

在 StockinDao 中实现 IStockinDao 中的进货单查询方法，关键代码代码如下：

```
//进货单保存
public void saveStockin(Stockin stockin) {
    // 构造客户档案查询条件
    Client client = new Client();
    client.setId(stockin.getClient().getId());
    // 构造员工档案查询条件
    Employee employee = new Employee();
    employee.setId(stockin.getEmployee().getId());
    // 构造商品档案查询条件
    Merchandise merchandise = new Merchandise();
```

```
        merchandise.setId(stockin.getMerchandise().getId());
        stockin.setClient(clientDao.findClient(client).get(0));
        stockin.setEmployee(employeeDao.findEmployee(employee).get(0));
        stockin.setMerchandise(merchandiseDao.findMerchandise(merchandise).get(0));
        this.getHibernateTemplate().save(stockin);
}
```

8．Spring 配置文件 applicationContext_beans.xml 中员工档案查询的配置

配置文件的关键代码请参见任务解析相关内容。

7.9 进货单修改功能实现

工作目标

知识目标

- 理解进货管理模块进货单修改功能的业务流程
- 理解进货管理模块进货单修改功能的程序流程
- 通过练习理解 SSH 的框架组件及运行流程

技能目标

- 根据需求分析和设计实现 SSH 框架进货管理模块进货单修改功能

素养目标

- 培养学生的动手能力

工作任务

根据需求分析和设计利用 SSH 框架实现进货管理模块进货单修改功能。在进货单查询界面选择一个进货单查询页面进行修改，跳转到进货单修改页面（如图 7.9-1（a）所示）。用户货物名称、进货数量、进货日期、经手人、供应商，在提交先验证输入信息的合法性（注：员工编号不能修改）。成功则提交进货单信息，经过后台程序处理，修改成功则显示操作成功页面（如图 7.9-1（b）所示），修改失败则返回系统异常页面（如图 7.9-1（c）所示）。

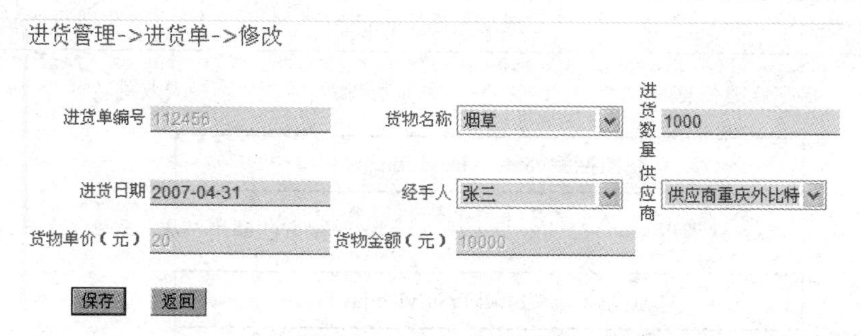

图 7.9-1（a）　修改页面

操作完成!10秒后自动返回到查询页面或点此立即返回.

图 7.9-1（b）　操作成功页面

系统异常请联系管理员!点击返回

图 7.9-1（c）　系统异常页面

工作计划

任务分析之问题清单

1．进货单管理进货单修改功能的业务流程
2．进货单管理进货单修改功能的程序流程
3．进货单管理进货单修改功能的 UI 设计
4．进货单管理进货单修改功能的控制层设计
5．进货单管理进货单修改功能的模型层设计
6．进货单管理进货单修改功能的相关配置

任务解析

1．进货单管理进货单修改功能的业务流程

进货单管理进货单修改功能的业务流程如图 7.9-2 所示。

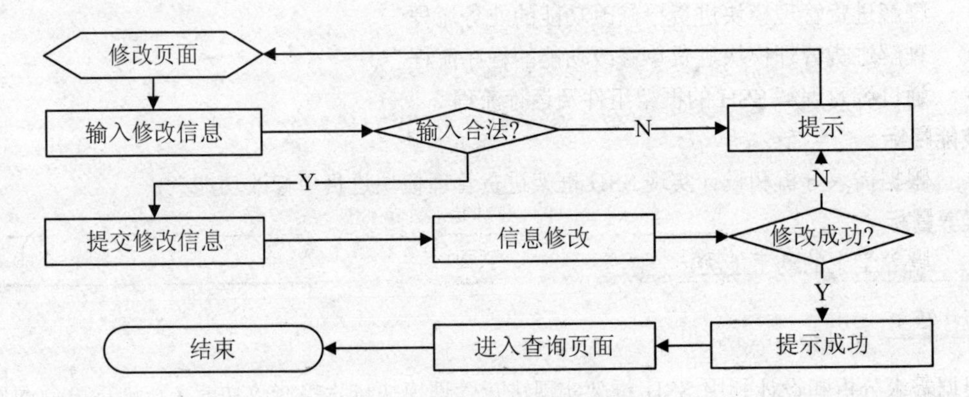

图 7.9-2 进货单修改功能业务流程

2．进货单管理进货单修改功能的程序流程？

进货单管理进货单修改功能的程序流程（如图 7.9-3 所示）。

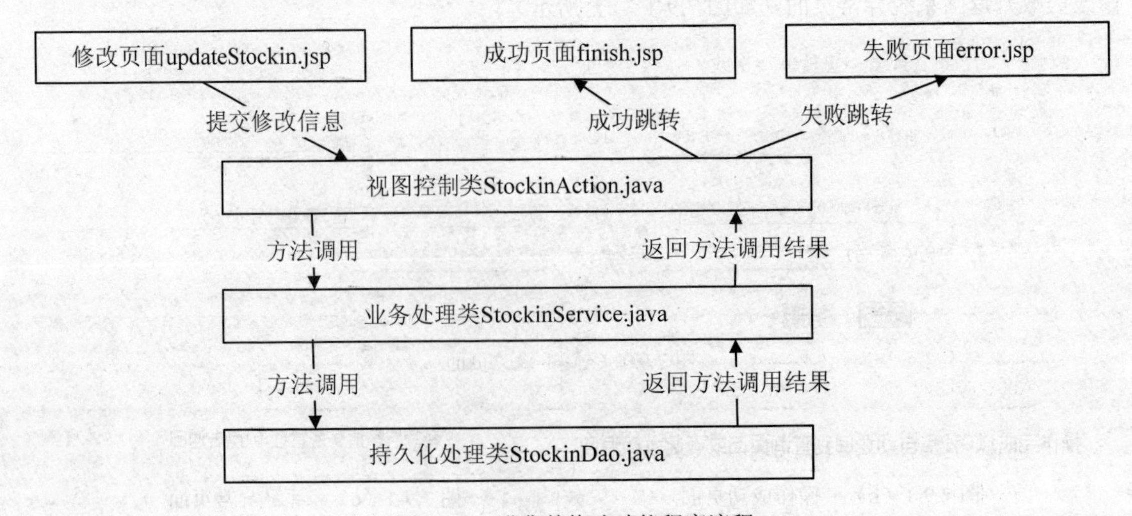

图 7.9-3 进货单修改功能程序流程

3．进货单管理进货单修改功能的 UI 设计

UI 页面文件列表及存放地址，如表 7.9-1 所示。

表 7.9-1　进货单管理进货单修改功能的 UI 页面文件列表及存放地址

序号	项目	描述	存放路径
1	updateStockin.jsp	修改页面	WebRoot （或 WebContent）\moduls\stock

UI 页面原型：进货单管理进货单修改页面如图 7.9-4 所示。

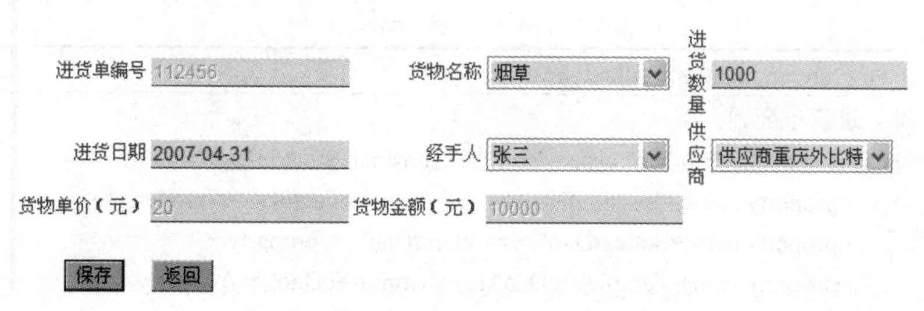

图 7.9-4　进货单修改页面原型

UI 页面校验：修改页面如表 7.9-2 所示，修改出错页面无。

表 7.9-2　修改进货单页面校验

No.	项目	必输	元素类型	初始值	页面校验	说明	数据对象
1	进货单编号	是	字符串	待修改值	有	进货单编号不能为空且不能超过 11 位长度	Stockin.code
2	货物名称	是	字符串	待修改值	有	选择已有货物	Stockin.merchandise
3	进货数量	是	整型数字	待修改值	有		Stockin.amount
4	进货日期	是	日期	待修改值	有		Stockin.stockindate
5	经手人	是	字符串	待修改值	有		Stockin.employee
6	供应商	是	字符串	待修改值	有		Stockin. client
7	货物单价	否	数字	待修改值	有		Stockin.price
8	货物金额	否	数字	待修改值	有		Stockin.money

4．进货单管理进货单修改功能的控制层设计

设计内容如表 7.9-3 所示。

表 7.9-3　进货单管理进货单修改的控制层设计

类名	存放地址	方法名	描述
StockinAction.java	com.zds.slms.action	updateStockin	进货单修改

5．进货单管理进货单修改功能的模型层设计

设计内容如表 7.9-4 所示。

表 7.9-4　进货单管理进货单修改功能的模型层设计

类名	存放地址	方法名	描述
StockinService.java	com.zds.slms.service	updateStockin	进货单修改
StockinDao.java	com.zds.slms.dao	updateStockin	进货单修改

6．进货单修改功能的相关配置

设计内容如表 7.9-5 所示。

表 7.9-5　进货单修改功能的相关配置

<table>
<tr><th>项目</th><th>描述</th></tr>
<tr><td>路径</td><td>工程下 src/applicationContext_beans.xml</td></tr>
<tr><td>内容</td><td><!-- 进货单配置 -->
<bean name="stockinDao" class="com.zds.slms.dao.StockinDao">
    <property name="sessionFactory" ref="sessionFactory"></property>
    <property name="clientDao" ref="clientDao"></property>
    <property name="employeeDao" ref="employeeDao"></property>
    <property name="merchandiseDao" ref="merchandiseDao"></property>
</bean>
<bean name="stockinService" class="com.zds.slms.service.StockinService">
    <property name="stockinDao" ref="stockinDao"></property>
</bean>
<bean name="stockinAction" class="com.zds.slms.action.StockinAction" scope="prototype">
    <property name="stockinService" ref="stockinService"></property>
    <property name="clientService" ref="clientService"></property>
    <property name="employeeService" ref="employeeService"></property>
    <property name="merchandiseService" ref="merchandiseService"></property>
</bean></td></tr>
<tr><td>路径</td><td>工程下 src/struts.xml</td></tr>
<tr><td>内容</td><td><!-- 全局转向 -->
<global-results>
    <result name="error">/error.jsp</result>
    <result name="finish">/finish.jsp</result>
</global-results>
<!-- 全局导常转向 -->
<global-exception-mappings>
    <exception-mapping result="error" exception="java.lang.Exception"></exception-mapping>
</global-exception-mappings>
<!-- 进货单管理 Action 配置 -->
<action name="stockinAction" class="stockinAction">
    <result name="preFindStockin">/moduls/stock/stockin.jsp</result>
    <result name="preSaveStockin">/moduls/stock/addStockin.jsp</result>
    <result name="findStockin">/moduls/stock/stockin.jsp</result>
    <result name="updateStockin">/moduls/stock/updateStockin.jsp</result>
</action></td></tr>
</table>

工作实施

实施方案

1．前台进货单修改页面 updateStockin.jsp 编写
2．后台业务控制器（action 类）StockinAction 中进货单修改编写
3．员工档案查询 struts 文件的配置
4．后台业务处理层接口 IStockinService 进货单修改编写
5．后台业务处理层实现类 StockinService 进货单修改编写
6．后台持久化层接口 IStockinDao 进货单修改编写
7．后台持久化层实现类 StockinDao 进货单修改编写
8．Spring 配置文件 applicationContext_beans.xml 的配置

详细步骤

1．前台进货单修改页面 updateStockin.jsp 编写

前台进货单修改页面 updateStockin.jsp 编写，其核心代码如下：

```
<head>
<base href="<%=basePath%>" />
<sx:head extraLocales="en-us" />
<title>进货单修改</title>
<link rel="stylesheet" href="css/main.css" type="text/css" />
<script language="javascript" src="script/main.js"></script>
<script type='text/javascript' src='dwr/interface/stockinAction.js'></script>
<script type='text/javascript' src='dwr/engine.js'></script>
<script type='text/javascript' src='dwr/util.js'></script>
</head>
<body>
<script type="text/javascript">
        var textPrice;
        var textMoney;
        var textAmount;
        var hiddenPrice;
        var hiddenMoney;
        var textCode;
        var textMerchandise;
        var codeChk=false;
        function init() {
                textPrice = document.getElementById("price");
                textCode = document.getElementById("code");
                textMoney = document.getElementById("money");
                textAmount = document.getElementById("amount");
                textMerchandise = document.getElementById("merchandise");
                hiddenPrice = document.getElementById("hiddenPrice");
                hiddenMoney = document.getElementById("hiddenMoney");
                textCode.focus();
        }
        function out_merchandise() {
                var chk = false;
                if(trimString(textMerchandise.value)!=''){
                        stockinAction.findMerchandisePriceById(textMerchandise.value,showMerchandisePrice);
                        show_message("msg_merchandise","1",'输入正确!');
```

```
                chk = true;
            } else {
                show_message("msg_merchandise","0",'货物名称不能为空!');
            }
            return chk;
        }
        function showMerchandisePrice(price) {
            textPrice.value = price;
            hiddenPrice.value = price;
            var exp = /[^\d]/;
            if((!isNaN(price))&&(!exp.test(textAmount.value))){
                textMoney.value = textAmount.value * price;
                hiddenMoney.value = textAmount.value * price;
            }
        }
        function out_amount() {
            var chk = false;
            var exp = /[^\d]/;
            if (!exp.test(textAmount.value) && textAmount.value>0 && textAmount.value<999){
                textMoney.value = textAmount.value * textPrice.value;
                hiddenMoney.value = textAmount.value * textPrice.value;
                show_message("msg_amount","1",'输入正确!');
                chk = true;
            } else {
                show_message('msg_amount', '0', '进货数量必须输入大于零小于 999 的整型数字形式');
            }
            return chk;
        }
        function formSubmit() {
            var chk = false;
            var chkRetMerchandise = out_merchandise();
            var chkRetAmount = out_amount();
            var chkRetStockdate=out_pickerDate('stockdate','msg_stockdate','进货日期不能为空!');
            var chkRetEmployee = out_chkEmpty('employee','msg_employee','经手人不能为空!');
            var chkRetClient = out_chkEmpty('client', 'msg_client', '供应商不能为空!');
            if (chkRetMerchandise && chkRetAmount && chkRetEmployee && chkRetClient && chkRetStockdate) {
                chk = true;
            }
            return chk;
        }
        dojo.event.topic.subscribe("/value",function(textEntered,date,widget){
            out_pickerDate('stockdate','msg_stockdate','进货日期不能为空!');
        });
        window.onload = init;
</script>
<s:form action="stockinAction" method="post" theme="simple" onsubmit="return formSubmit();">
    <s:hidden name="stockin.price" id="hiddenPrice"></s:hidden>
    <s:hidden name="stockin.money" id="hiddenMoney"></s:hidden>
    <s:hidden name="stockin.id"></s:hidden>
    <s:hidden name="stockin.code"></s:hidden>
    <p></p>
    <p><font style="font-size: 10pt;">进货管理->进货单->修改</font></p>
    <p></p>
    <table border="0" cellpadding="1" cellspacing="1" width="95%">
        <tr>
```

```
                    <td align="right" width="7%" nowrap="true">进货单编号</td>
                    <td width="16%">
                  <s:textfield name="stockin.code"   cssClass="TextInput" disabled="true"></s:textfield> </td>
                    <td align="right" width="7%" nowrap="true">货物名称</td>
                 <td  width="16%"><s:select  list="merchandises"  name="stockin.merchandise.id"  listKey="id"  listValue=
"name"  emptyOption="true"  theme="simple"  onFocus="show_message('msg_merchandise','2','请选择货物名称')"   onBlur=
"out_merchandise()" id="merchandise"></s:select> <DIV style="DISPLAY: show" id="msg_merchandise" class= "box_div_right">
 </DIV></td>
                    <td align="right" width="6%">进货数量</td>
                    <td  width="16%"><s:textfield  name="stockin.amount"  cssClass="TextInput"  id="amount"  onFocus=
"show_message('msg_amount','2','请输入进货数量')"  onBlur="out_amount()"></s:textfield>  <DIV  style="DISPLAY:  show"
id="msg_amount" class="box_div_right"> </DIV></td>
          <td width="6%"> </td>
              </tr>
              <tr>
                    <td  align="right"  width="7%"  nowrap="true">进货日期</td>
                    <td  width="16%">
                    <sx:datetimepicker  label=""  name="stockin.stockindate"  displayFormat="yyyy-MM-dd"  language="en
-us"  type="date"  id="stockdate"  required="true"  valueNotifyTopics="/value"  />  <DIV  style="DISPLAY:  show"  id="msg_stoc
kdate"  class="box_div_right"> </DIV>  </td>
                    <td  align="right"  width="7%"  nowrap="true">经手人</td>
                    <td  width="16%">
                         <s:select  list="employees"  name="stockin.employee.id"  listKey="id"  listValue="name"  emptyO
ption="true"  theme="simple"  id="employee"  onFocus="show_message('msg_employee','2','请选择经手人名称!')"  onBlur="out_
chkEmpty('employee','msg_employee','经手人不能为空!')"></s:select>  <DIV  style="DISPLAY:  show"  id="msg_employee"  cla
ss="box_div_right"> </DIV></td>
             <td  align="right">供应商</td>
             <td><s:select  list="clients"  name="stockin.client.id"  listKey="id"  listValue="name"  emptyOption="true"  theme=
"simple"  id="client"  onFocus="show_message('msg_client','2','请选择供应商名称!')"  onBlur="out_chkEmpty('client','msg_client','供
应商不能为空!')"></s:select>  <DIV  style="DISPLAY:  show"  id="msg_client"  class="box_div_right"> </DIV></td>
             <td> </td>
              </tr>
              <tr>
                    <td  align="right"  width="7%"  nowrap="true">货物单价（元）</td>
                 <td  width="16%">
                    <s:textfield  name="stockin.price"  cssClass="TextInput"  disabled="true"  id="price"></s:textfield>  </td>
                    <td  align="right"  width="7%"  nowrap="true">货物金额（元）</td>
                    <td  width="16%"><s:textfield  name="stockin.money"  cssClass="TextInput"  id="money"  disabled="tr
ue"></s:textfield></td>
             <td  align="right"> </td>
             <td> </td>
             <td> </td>
              </tr>
        </table>
        <p></p>
        <div  style="margin-left:  30px;  margin-right:  0px">
             <table  border="0"  cellpadding="0"  cellspacing="0"   width="95%">
                    <tr>
             <td  width="10%">
                    <s:submit  value="保存"  cssClass="BtnAction"    method="updateStockin"  ></s:submit>  </td>
             <td  width="10%">
                    <input  type="button"  class="BtnAction"  value="返回"  onClick="history.go(-1);">
             </td>
             <td  width="80%"> </td>
             </tr>
```

```
            </table>
        </div>
        </s:form>
</body>
```

2．后台业务控制器（action 类）StockinAction 中进货单修改编写

```
//进货单更新
        public String updateStockin() {
                stockinService.updateStockin(stockin);
                finish_Url = "stockinAction!findStockin.action";
                return "finish";
        }
```

3．员工档案查询 Struts 文件的配置

员工档案查询 Struts 文件的配置请参见任务解析的相关内容。

4．后台业务处理层接口 IStockinService 进货单修改编写

在 IStockinService 接口中添加进货单修改方法，关键代码如下：

```
//进货单保存
        public void updateStockin(Stockin stockin);
```

5．后台业务处理层实现类 StockinService 进货单修改编写

在 StockinService 中实现 IStockinService 中的进货单保存方法，关键代码如下：

```
        public void updateStockin(Stockin stockin) {
                stockinDao.updateStockin(stockin);
        }
```

6．后台持久化层接口 IStockinDao 进货单修改编写

在 IStockinDao 接口中添加进货单修改方法，关键代码如下：

```
//进货单更新
        public void updateStockin(Stockin stockin);
```

7．后台持久化层实现类 StockinDao 进货单修改编写

在 StockinDao 中加入进货单修改方法，关键代码代码如下：

```
//进货单更新
public void updateStockin(Stockin stockin) {
        // 构造客户档案查询条件
        Client client = new Client();
        client.setId(stockin.getClient().getId());
        // 构造员工档案查询条件
        Employee employee = new Employee();
        employee.setId(stockin.getEmployee().getId());
        // 构造商品档案查询条件
        Merchandise merchandise = new Merchandise();
        merchandise.setId(stockin.getMerchandise().getId());
        Integer cid = stockin.getId();
        HibernateTemplate hibernateTemplate=this.getHibernateTemplate();
        // 载入已经被持久化了的对象然后再进行修改
        Stockin perstStockin = (Stockin) hibernateTemplate.load(Stockin.class,Integer.valueOf(cid));
        perstStockin.setCode(stockin.getCode());
        perstStockin.setAmount(stockin.getAmount());
        perstStockin.setMoney(stockin.getMoney());
        perstStockin.setClient(clientDao.findClient(client).get(0));
        perstStockin.setEmployee(employeeDao.findEmployee(employee).get(0));
        perstStockin.setMerchandise(merchandiseDao.findMerchandise(merchandise).get(0));
        hibernateTemplate.update(perstStockin);
}
```

8．Spring 配置文件 applicationContext_beans.xml 中员工档案查询的配置

配置文件的关键代码请参见任务解析相关内容。

7.10 进货单删除功能实现

工作目标

知识目标

- 理解进货管理模块进货单删除功能的业务流程
- 理解进货管理模块进货单删除功能的程序流程
- 通过练习理解 SSH 的框架组件及运行流程

技能目标

- 根据需求分析和设计实现 SSH 框架进货管理模块进货单删除功能

素养目标

- 培养学生的动手能力

工作任务

根据需求分析和设计利用 SSH 框架实现进货单管理进货单删除功能。用户在进货单查询页面（如图 7.10-1（a）所示）选择要删除的进货单信息。成功则提交要删除的进货单信息，经过后台程序处理，删除成功则显示操作成功页面（如图 7.10-1（b）所示），删除失败则返回系统异常页面（如图 7.10-1（c）所示）。

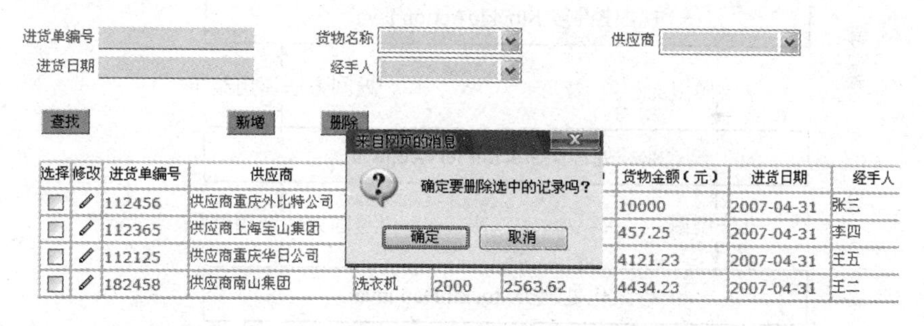

图 7.10-1（a） 删除页面

操作完成!10秒后自动返回到查询页面或点此立即返回.

图 7.10-1（b） 操作成功页面

系统异常请联系管理员!点击返回

图 7.10-1（c） 系统异常页面

工作计划

任务分析之问题清单

1．进货单管理进货单删除功能的业务流程

2．进货单管理进货单删除功能的程序流程

3．进货单管理进货单删除功能的 UI 设计

4．进货单管理进货单删除功能的控制层设计

5．进货单管理进货单删除功能的模型层设计

6．进货单管理进货单删除功能的相关配置

任务解析

1．进货单管理进货单删除功能的业务流程

进货单管理进货单删除功能的业务流程（如图 7.10-2 所示）。

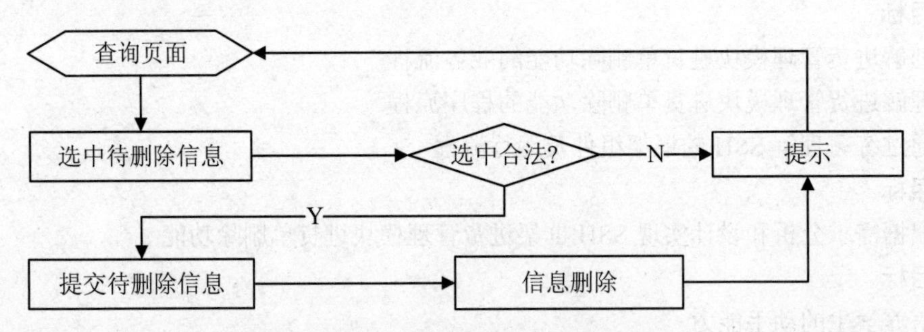

图 7.10-2　进货单删除功能业务流程

2．进货单管理进货单删除功能的程序流程

进货单管理进货单删除功能的程序流程（如图 7.10-3 所示）。

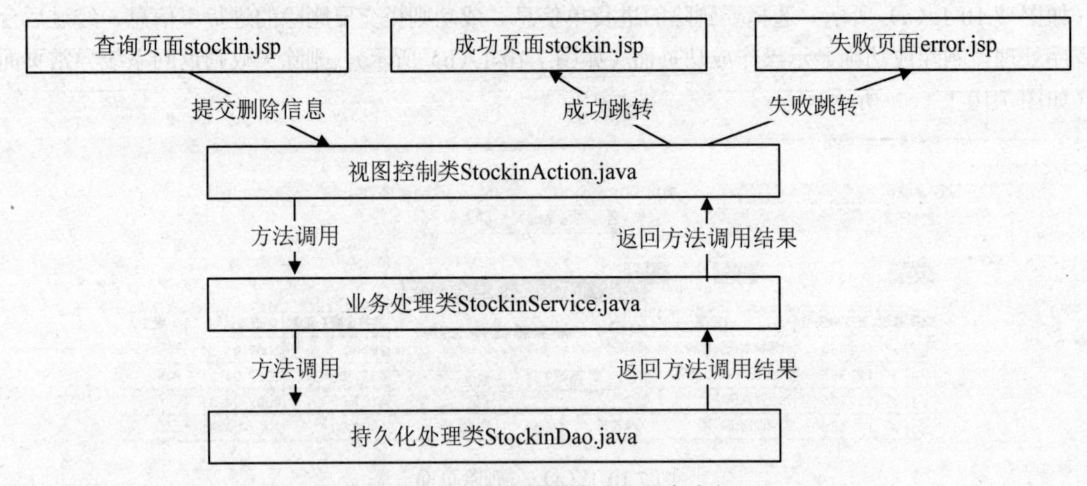

图 7.10-3　进货单删除功能程序流程

3．进货单管理进货单删除功能的 UI 设计

UI 页面文件列表及存放地址，如表 7.10-1 所示。

表 7.10-1　进货单管理进货单删除功能的 UI 页面文件列表及存放地址

序号	项目	描述	存放路径
1	stockin.jsp	删除页面	WebRoot （或 WebContent）\moduls\stock
2	finish.jsp	删除成功页面	WebRoot （或 WebContent）\
3	error.jsp	异常、失败页面	WebRoot （或 WebContent）\

UI 页面原型：进货单管理查询页面（删除功能）如图 7.10-4（a）所示、删除成功页面如图 7.10-4（b）所示、失败页面如图 7.10-4（c）所示。

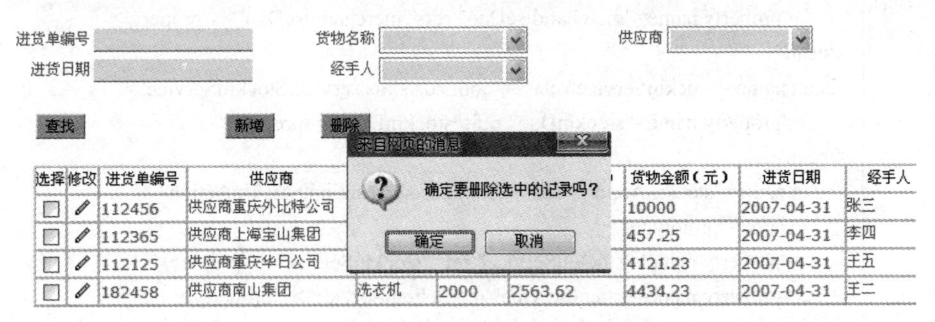

图 7.10-4（a）　进货单删除页面原型

操作完成!10秒后自动返回到查询页面或点此立即返回.

图 7.10-4（b）　进货单删除成功页面原型

系统异常请联系管理员!点击返回

- Invalid field value for field "merchandise.price".

图 7.10-4（c）　进货单删除出错页面原型

4．进货单管理进货单删除功能的控制层设计

设计内容如表 7.10-2 所示。

表 7.10-2　进货单管理进货单删除的控制层设计

类名	存放地址	方法名	描述
StockinAction.java	com.zds.slms.action	deleteStockin	进货单删除

5．进货单管理进货单删除功能的模型层设计

进货单管理进货单删除功能的模型层设计内容如表 7.10-3 所示。

表 7.10-3　进货单管理进货单删除功能的模型层设计

类名	存放地址	方法名	描述
StockinService.java	com.zds.slms.service	deleteStockin	进货单删除
StockinDao.java	com.zds.slms.dao	deleteStockin	进货单删除

6．进货单管理进货单删除功能的相关配置

进货单删除功能的相关配置内容如表 7.10-4 所示。

表 7.10-4　进货单删除功能的相关配置

项目	描述
路径	工程下 src/applicationContext_beans.xml
内容	<!-- 进货单配置 --> <bean name="stockinDao" class="com.zds.slms.dao.StockinDao"> <property name="sessionFactory" ref="sessionFactory"></property> <property name="clientDao" ref="clientDao"></property>

续表

项目	描述
内容	<property name="employeeDao" ref="employeeDao"></property> <property name="merchandiseDao" ref="merchandiseDao"></property> </bean> <bean name="stockinService" class="com.zds.slms.service.StockinService"> <property name="stockinDao" ref="stockinDao"></property> </bean> <bean name="stockinAction" class="com.zds.slms.action.StockinAction" scope="prototype"> <property name="stockinService" ref="stockinService"></property> <property name="clientService" ref="clientService"></property> <property name="employeeService" ref="employeeService"></property> <property name="merchandiseService" ref="merchandiseService"></property> </bean>
路径	工程下 src/struts.xml
内容	<!-- 全局转向 --> <global-results> <result name="error">/error.jsp</result> <result name="finish">/finish.jsp</result> </global-results> <!-- 全局导常转向 --> <global-exception-mappings> <exception-mapping result="error" exception="java.lang.Exception"></exception-mapping> </global-exception-mappings> <!-- 进货单管理 Action 配置 --> <action name="stockinAction" class="stockinAction"> <result name="preFindStockin">/moduls/stock/stockin.jsp</result> <result name="preSaveStockin">/moduls/stock/addStockin.jsp</result> <result name="findStockin">/moduls/stock/stockin.jsp</result> <result name="updateStockin">/moduls/stock/updateStockin.jsp</result> </action>

工作实施

实施方案

1. 前台进货单删除页面 stockin.jsp 代码添加
2. 后台业务控制器（action 类）StockinAction 中进货单删除编写
3. 员工档案查询 Struts 文件的配置
4. 后台业务处理层接口 IStockinService 进货单删除编写
5. 后台业务处理层实现类 StockinService 进货单删除编写
6. 后台持久化层接口 IStockinDao 进货单删除编写
7. 后台持久化层实现类 StockinDao 进货单删除编写
8. 在 Spring 配置文件 applicationContext_beans.xml 中进行配置

详细步骤

1．前台进货单删除 stockin.jsp 页面代码添加

分别为“删除”按钮添加 onclick 事件和响应 onclick 事件的 deleteRecords 函数，其添加的代码如下：

```
<input type="button" onClick="deleteRecords('stockinAction!deleteStockin.action')" value="删除" class="BtnAction" />
function deleteRecords(url) {
    // 取得第一个 form 表单
    var actionForm = document.forms[0];
    var cbs = actionForm.elements;
    var i;
    for (i = 0; i < cbs.length; i++) {
        if (cbs[i].type == "checkbox" && cbs[i].checked) {
            if (!window.confirm("确定要删除选中的记录吗？")) {
                return;
            } else {
                break;
            }
        }
    }
    if (i == cbs.length) {
        alert('请选中要删除的记录!');
        return;
    }
    actionForm.action = url;
    actionForm.submit();
}
```

2．后台业务控制器（action 类）StockinAction 中进货单删除编写

在 StockinAction 中字符串数组 stockinId 并添加其 get 和 set 方法，用来接收前台提交过来的要删除的进货单 id，在 StockinAction 中添加进货单删除代码：

```
//进货单删除
    public String deleteStockin() {
        stockinService.deleteStockin(stockinId);
        finish_Url = "stockinAction!findStockin.action";
        return "finish";
    }
```

3．员工档案查询 Struts 文件的配置

员工档案查询 Struts 文件的配置请参见任务解析相关内容。

4．后台业务处理层接口 IStockinService 进货单删除编写

在 IStockinService 接口中添加进货单删除方法，关键代码如下：

```
//进货单删除
    public void deleteStockin(String[] stockinId);
```

5．后台业务处理层实现类 StockinService 进货单删除编写

在 StockinService 中实现 IStockinService 中的进货单删除方法，关键代码如下：

```
public void deleteStockin(String[] stockinId) {
    stockinDao.deleteStockin(stockinId);
}
```

6．后台持久化层接口 IStockinDao 进货单删除编写

在 IStockinDao 接口中添加进货单删除方法，关键代码如下：

```
//进货单更新
    public void deleteStockin(String[] stockinId);
```

7．后台持久化层实现类 StockinDao 进货单删除编写

在 StockinDao 中加入进货单删除方法，关键代码代码如下：

```
//进货单删除
public void deleteStockin(String[] stockinId) {
        List<Stockin> entities = new ArrayList<Stockin>();
        HibernateTemplate hibernateTemplate=this.getHibernateTemplate();
        for (String cid : stockinId) {
        entities.add((Stockin)hibernateTemplate.load(Stockin.class,Integer.valueOf(cid)));
        }
        // 批量删除
        hibernateTemplate.deleteAll(entities);
}
```

8．Spring 配置文件 applicationContext_beans.xml 中员工档案查询的配置

配置文件的关键代码请参见任务解析相关内容。

7.11 销售管理模块

工作目标

知识目标

- 理解销售管理模块订货单增删改查功能的业务流程
- 理解销售管理模块订货单增删改查功能的程序流程
- 通过练习理解 SSH 的框架组件及运行流程

技能目标

- 根据需求分析和设计实现 SSH 框架实现销售管理模块订货单增删改查功能

素养目标

- 培养学生的动手能力

工作任务

根据需求分析和设计使用 SSH 框架实现销售管理模块订货单增加、修改、查询、删除功能。

工作计划

任务分析之问题清单

1．销售管理模块订货单增删查改功能的业务流程

2．销售管理模块订货单增删查改功能的程序流程

3．销售管理模块订货单增删查改功能的 UI 设计

4．销售管理模块订货单增删查改功能的控制层设计

5．销售管理模块订货单增删查改功能的模型层设计

6．销售管理模块订货单增删查改功能的相关配置

任务解析

1．销售管理模块订货单增删查改功能的业务流程

销售管理模块订货单增加、修改、查询、删除功能的业务流程如图 7.11-1 至图 7.11-4 所示。

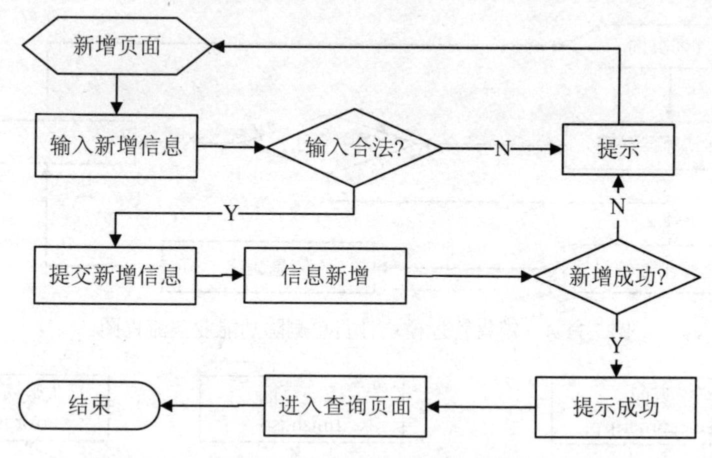

图 7.11-1　销售管理模块订货单新增功能业务流程图

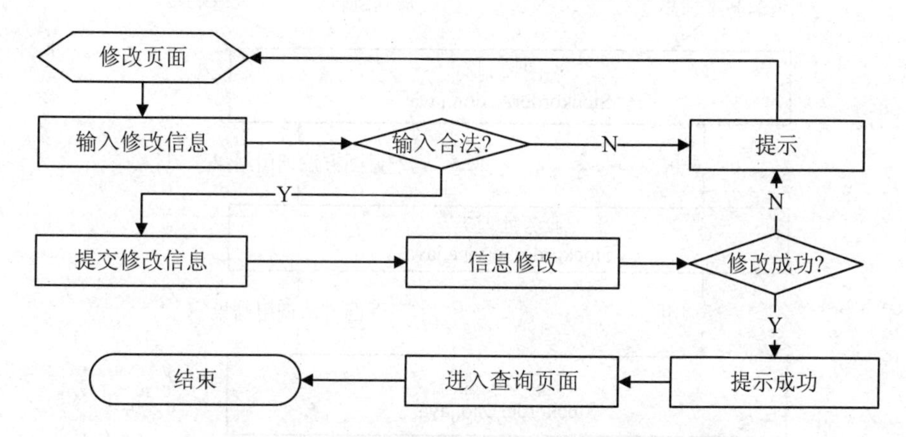

图 7.11-2　销售管理模块订货单修改功能业务流程图

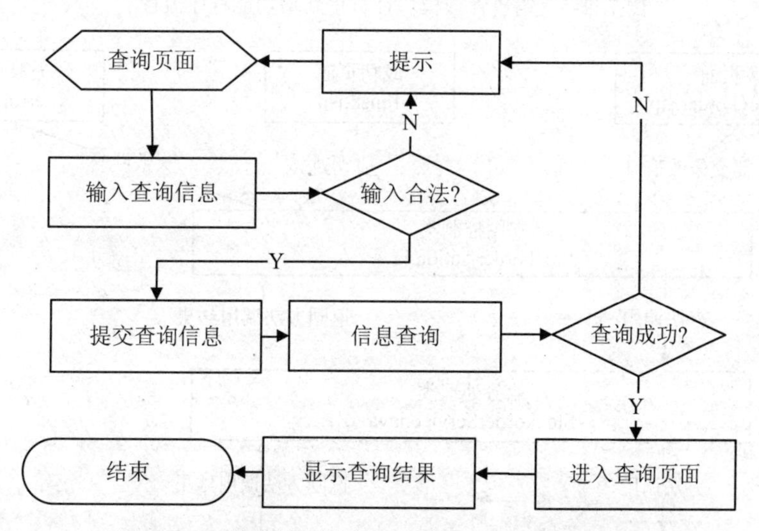

图 7.11-3　销售管理模块订货单查询功能业务流程图

2．销售管理模块订货单增删查改功能的程序流程

销售管理模块订货单增加、修改、查询、删除功能的程序流程如图 7.11-5 至图 7.11-8 所示。

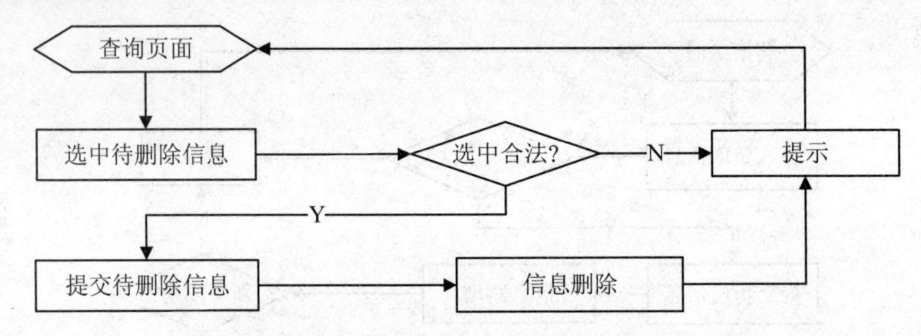

图 7.11-4　销售管理模块订货单删除功能业务流程图

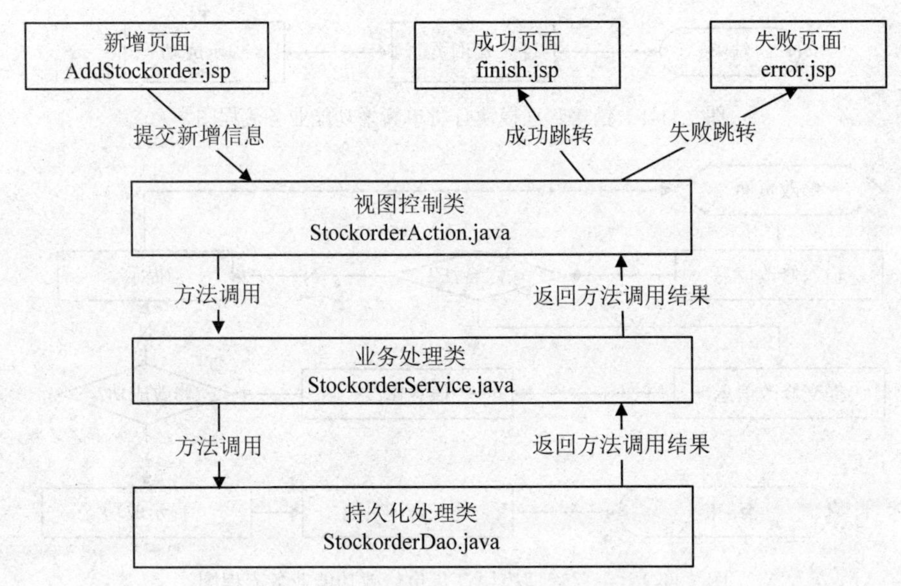

图 7.11-5　销售管理模块订货单新增功能程序流程

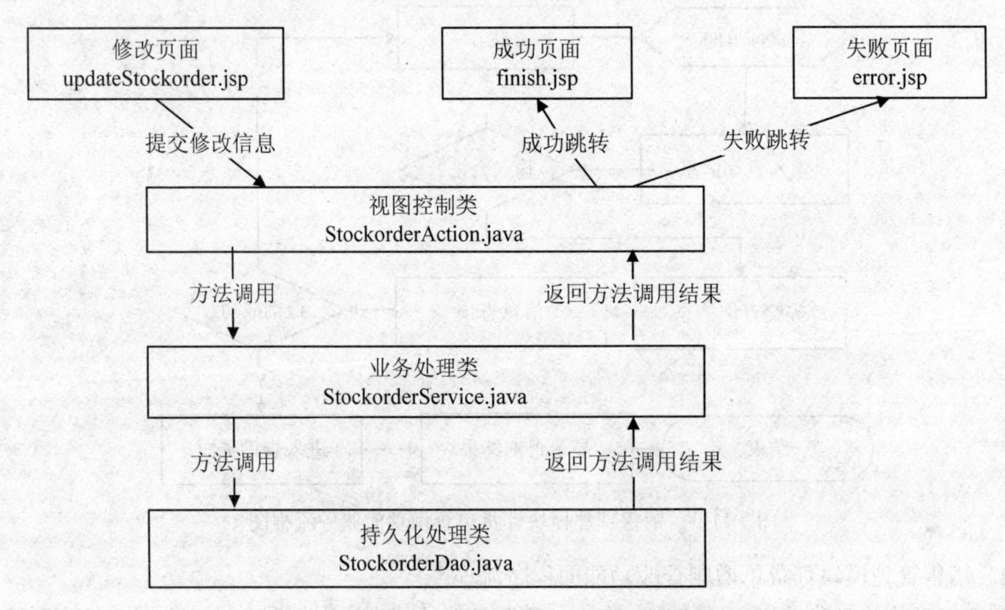

图 7.11-6　销售管理模块订货单修改功能程序流程

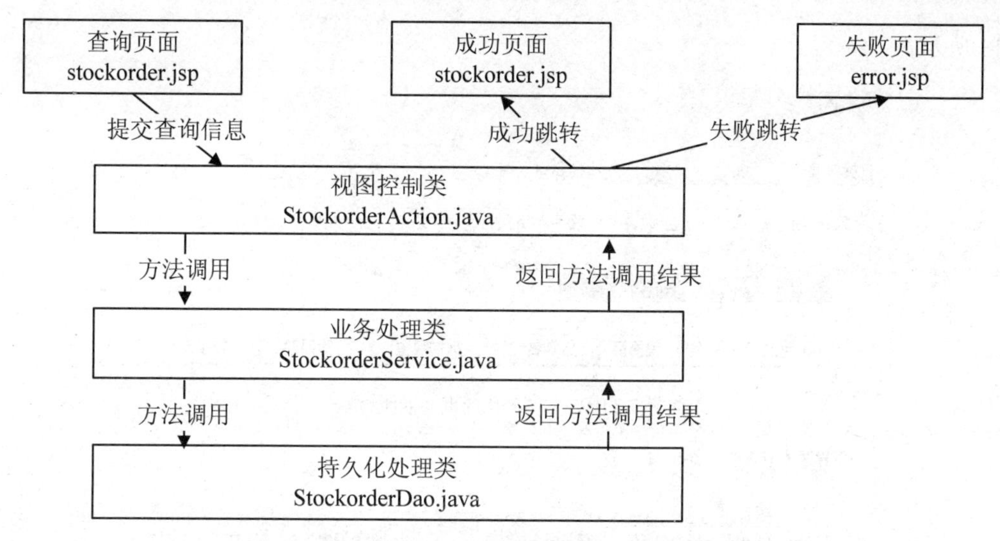

图 7.11-7 销售管理模块订货单查询功能程序流程

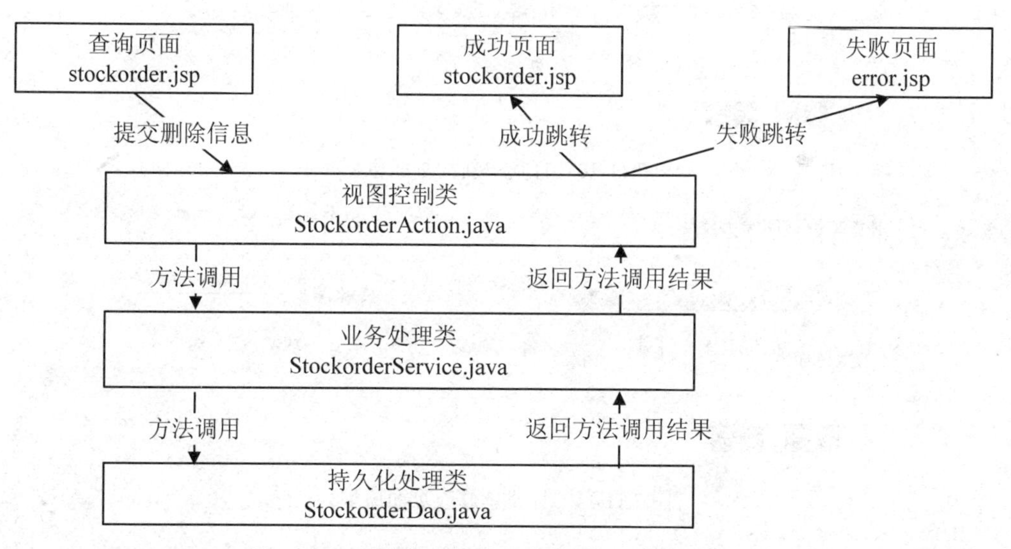

图 7.11-8 销售管理模块订货单删除功能程序流程

3．销售管理模块订货单增删查改功能的 UI 设计

UI 页面文件列表及存放地址，如表 7.11-1 所示。

表 7.11-1 查询功能的 UI 页面文件列表及存放地址

序号	项目	描述	存放路径
1	stockorder.jsp	查询页面	WebRoot （或 WebContent）\moduls\stock\
2	addStockorder.jsp	新增页面	WebRoot （或 WebContent）\moduls\stock\
3	updateStockorder.jsp	更新页面	WebRoot （或 WebContent）\moduls\stock\
4	finish.jsp	操作成功完了页面	WebRoot （或 WebContent）\
5	error.jsp	异常、失败页面	WebRoot （或 WebContent）\

UI 页面原型：查询、新增、修改、删除页面如图 7.11-9 至图 7.11-12 所示、失败页面如图

7.11-13 所示。

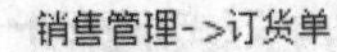

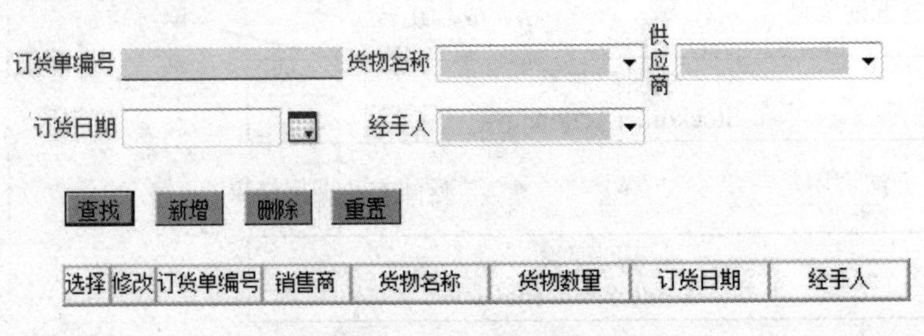

图 7.11-9　订货单查询页面原型

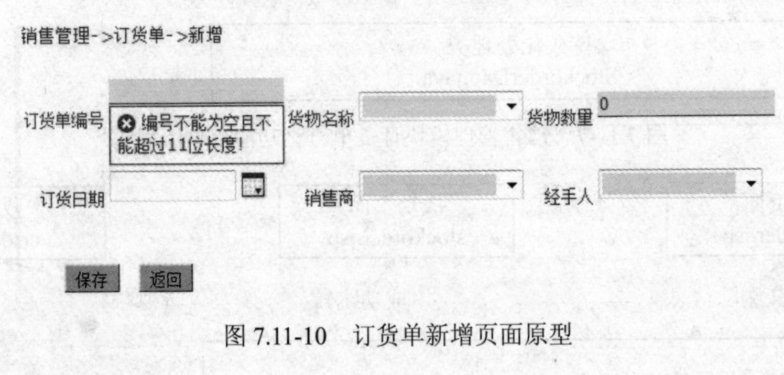

图 7.11-10　订货单新增页面原型

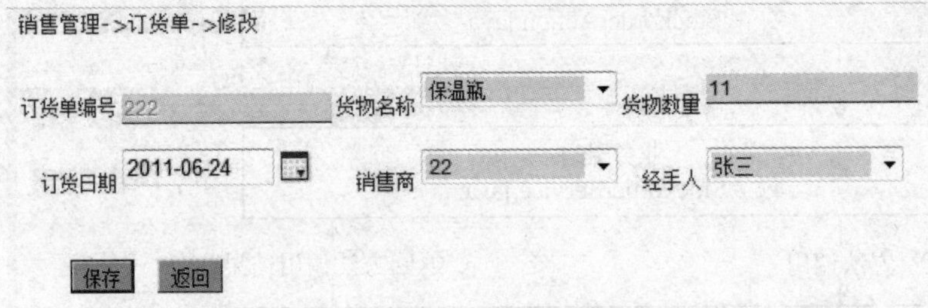

图 7.11-11　订货单修改页面原型

操作完成!10秒后自动返回到查询页面或点此立即返回.

图 7.11-12　订货单删除成功页面原型

系统异常请联系管理员!点击返回

图 7.11-13　订货单查询出错页面原型

UI 页面校验：查询、新增、修改页面如表 7.11-2 至表 7.11-4 所示；删除、出错页面无。

表 7.11-2　客户查询页面校验

No.	项目	必输	元素类型	初始值	页面校验	说明	数据对象
1	订货单编号	否	字符串	空	无	为空表示查询所有	Stockorder.code
2	货物名称	否	字符串	空	无	为空表示查询所有	Stockorder.name
3	供应商	否	字符串	空	无	为空表示查询所有	Stockorder.client.id
4	订货日期	否	字符串	空	无	为空表示查询所有	Stockorder.orderdate
5	经手人	否	字符串	空	无	为空表示查询所有	Stockorder.employee.id

表 7.11-3　客户新增页面校验

No.	项目	必输	元素类型	初始值	页面校验	说明	数据对象
1	订货单编号	是	字符串	空	大于1位小于12位字符		Stockorder.code
2	货物名称	是	字符串	空			Stockorder.name
3	货物数量	是	字符串	空	大于0小于999的整数		Stockorder.amount
4	供应商	是	字符串	空			Stockorder.client.id
5	订货日期	是	字符串	空			Stockorder.orderdate
6	经手人	是	字符串	空			Stockorder.employee.id

表 7.11-4　客户修改页面校验

No.	项目	必输	元素类型	初始值	页面校验	说明	数据对象
1	订货单编号	是	字符串	空	大于 1 位小于12位字符	该值不能修改	Stockorder.code
2	货物名称	是	字符串	空			Stockorder.name
3	货物数量	是	字符串	空	大于0小于999的整数		Stockorder.amount
4	供应商	是	字符串	空			Stockorder.client.id
5	订货日期	是	字符串	空			Stockorder.orderdate
6	经手人	是	字符串	空			Stockorder.employee.id

4．销售管理模块订货单增删查改功能的控制层设计

销售管理模块订货单增删查改功能的控制层设计内容如表 7.11-5 所示。

表 7.11-5　销售管理模块订货单增删查改功能的控制层设计

类名	存放地址	方法名	描述
StockorderAction.java	com.zds.slms.action	findStockorder	订货单查询
		saveStockorder	订货单保存
		deleteStockorder	订货单删除
		updateStockorder	订货单更新
		preUpdateStockorder	订货单更新前查询
		findStockorderByCode	订货单查询（通过编码查询）

5．销售管理模块订货单增删查改功能的模型层设计

销售管理模块订货单增删查改功能的模型层设计内容如表 7.11-6 所示。

表 7.11-6　销售管理模块订货单增删查改功能的模型层设计

类名	存放地址	方法名	描述
StockorderService.java	com.zds.slms.service	findStockorder	订货单查询
		saveStockorder	订货单保存
		deleteStockorder	订货单删除
		updateStockorder	订货单更新

续表

类名	存放地址	方法名	描述
StockorderDao.java	com.zds.slms.dao	findStockorder	订货单查询
		saveStockorder	订货单保存
		deleteStockorder	订货单删除
		updateStockorder	订货单更新

6．销售管理模块订货单增删查改功能的相关配置

销售管理模块订货单增删查改功能的相关配置内容如表 7.11-7 所示。

表 7.11-7　销售管理模块增删查改功能的相关配置

项目	描述
路径	工程下 src/applicationContext_beans.xml
内容	<!-- 订货单配置 --> <bean name="stockorderDao" class="com.zds.slms.dao.StockorderDao"> <property name="sessionFactory" ref="sessionFactory"></property> <property name="clientDao" ref="clientDao"></property> <property name="employeeDao" ref="employeeDao"></property> <property name="merchandiseDao" ref="merchandiseDao"></property> </bean> <bean name="stockorderService" class="com.zds.slms.service.StockorderService"> <property name="stockorderDao" ref="stockorderDao"></property> </bean> <bean name="stockorderAction" class="com.zds.slms.action.StockorderAction" scope="prototype"> <property name="stockorderService" ref="stockorderService"></property> <property name="clientService" ref="clientService"></property> <property name="employeeService" ref="employeeService"></property> <property name="merchandiseService" ref="merchandiseService"></property> </bean>
路径	工程下 src/struts.xml
内容	<!-- 全局转向 --> <global-results> <result name="error">/error.jsp</result> <result name="finish">/finish.jsp</result> </global-results> <!-- 全局导常转向 --> <global-exception-mappings> <exception-mapping result="error" exception="java.lang.Exception"></exception-mapping> </global-exception-mappings><!-- 订货单管理 Action 配置 --> <action name="stockorderAction" class="stockorderAction"> <result name="preFindStockorder">/moduls/stock/stockorder.jsp</result> <result name="preSaveStockorder">/moduls/stock/addStockorder.jsp</result> <result name="findStockorder">/moduls/stock/stockorder.jsp</result> <result name="updateStockorder">/moduls/stock/updateStockorder.jsp</result> </action>

续表

项目	描述
路径	工程下 webContent/WEB-INF/dwr.xml
内容	<!-- 订货单编码重复验证 --> <create creator="spring" javascript="stockorderAction"> <param name="beanName" value="stockorderAction" /> <include method="findStockorderByCode" /> </create>

工作实施

实施方案

1．订货单表映射文件 Stockorder.hbm.xml 编写
2．订货单实体映射类 Stockorder 编写
3．前台订货单增删改查页面编写
4．后台业务控制器（action 类）StockorderAction 编写
5．订货单 Struts 文件的配置
6．用 DWR 框架实现订货单编号重复性验证的 dwr.xml 编写
7．后台业务处理层接口 IStockorderService 编写
8．后台业务处理层实现类 StockorderService 编写
9．后台持久化层接口 StockorderDao 编写
10．后台持久化层实现类 StockorderDao 编写
11．Spring 配置文件 applicationContext_beans.xml 的配置

详细步骤

1．订货单表映射文件 Stockorder.hbm.xml 编写

```
<hibernate-mapping>
    <class name="com.zds.slms.domain.Stockorder" table="stockorder">
        <id name="id" type="java.lang.Integer">
            <column name="id" />
            <generator class="identity" />
        </id>
        <many-to-one name="employee" class="com.zds.slms.domain.Employee" fetch="select">
            <column name="handleoperatorid" not-null="true">
                <comment>员工编号</comment>
            </column>
        </many-to-one>
        <many-to-one name="merchandise" class="com.zds.slms.domain.Merchandise" fetch="select">
            <column name="merchandiseid" not-null="true">
                <comment>商品编号</comment>
            </column>
        </many-to-one>
        <many-to-one name="client" class="com.zds.slms.domain.Client" fetch="select">
            <column name="clientid" not-null="true">
                <comment>客户编号</comment>
            </column>
        </many-to-one>
        <property name="code" type="string">
```

```
                <column name="code" length="11" not-null="true">
                    <comment>订单编号</comment>
                </column>
            </property>
            <property name="merchandisenumber" type="int">
                <column name="merchandisenumber" not-null="true">
                    <comment>订货数量</comment>
                </column>
            </property>
            <property name="orderdate" type="string">
                <column name="orderdate" length="10" not-null="true">
                    <comment>订货日期</comment>
                </column>
            </property>
        </class>
</hibernate-mapping>
```

2．订货单实体映射类 Stockorder 编写

```
public class Stockorder implements java.io.Serializable {
        private Integer id;
        private Employee employee;
        private Merchandise merchandise;
        private Client client;
        private String code;
        private int merchandisenumber;
        private String orderdate;
        public Stockorder() {
        }
        public Stockorder(Employee employee,Merchandise merchandise,Client client,String code,int merchandisenumber,
String orderdate){
                this.employee = employee;
                this.merchandise = merchandise;
                this.client = client;
                this.code = code;
                this.merchandisenumber = merchandisenumber;
                this.orderdate = orderdate;
        }
        //省略成员变量的 get/set 方法
}
```

3．前台订货单增删改查页面编写

订货单新增页面 addStockorder.jsp 页面的关键代码如下：

```
<title>订货单</title>
<link rel="stylesheet" href="css/main.css" type="text/css" />
<script language="javascript" src="script/main.js"></script>
<script type='text/javascript' src='dwr/interface/stockorderAction.js'></script>
<script type='text/javascript' src='dwr/engine.js'></script>
<script type='text/javascript' src='dwr/util.js'></script>
<script type="text/javascript">
        var textAmount;
        var textCode;
        var codeChk = false;
        function init() {
                textCode = document.getElementById("code");
                textAmount = document.getElementById("amount");
                textCode.focus();
```

```
        }
        function out_code() {
                codeChk = false;
                if (trimString(textCode.value).length>0         && trimString(textCode.value).length<12){
                        stockorderAction.findStockorderByCode(textCode.value,function(ret){
                                                if (ret > 0) {
                                                        show_message("msg_code","0",'输入的编号['+textCode.value+']重复请重新
输入!');
                                                        codeChk = false;
                                                } else {
                                                        show_message("msg_code","1",'输入正确!');
                                                        codeChk = true;
                                                }
                                        });
                } else {
                        show_message('msg_code','0','编号不能为空且不能超过 11 位长度!');
                        codeChk = false;
                }
        }
        function out_amount() {
                var chk = false;
                var exp = /[^\d]/;
                if (!exp.test(textAmount.value) && textAmount.value>0 && textAmount.value<999){
                        show_message("msg_amount","1",'输入正确!');
                        chk = true;
                } else {
                        show_message('msg_amount','0','进货数量必须输入大于零小于 999 的整型数字形式');
                }
                return chk;
        }
        function formSubmit() {
                var chk = false;
                var chkRetAmount = out_amount();
                var chkRetDate = out_pickerDate('p_date','msg_date','日期不能为空!');
                var chkRetMerchandise=out_chkEmpty('merchandise','msg_merchandise','商品不能为空!');
                var chkRetEmployee=out_chkEmpty('employee','msg_employee','经手人不能为空!');
                var chkRetClient = out_chkEmpty('client', 'msg_client', '供应商不能为空!');
                if (codeChk && chkRetAmount && chkRetEmployee && chkRetClient && chkRetDate &&
chkRetMerchandise){
                        chk = true;
                }
                return chk;
        }
        dojo.event.topic.subscribe("/value", function(textEntered, date, widget) {
                out_pickerDate('p_date', 'msg_date', '日期不能为空!');
        });
        window.onload = init;
    </script>
    </head>
    <body>
    <p></p><p><font style="font-size: 10pt;">销售管理->订货单->新增</font></p>
    <s:form action="stockorderAction" method="post" theme="simple" onsubmit="return formSubmit();">
        <p></p>
        <table border="0" cellpadding="1" cellspacing="1" width="95%">
                <tr>
```

```
                        <td align="right" width="10%" nowrap="true">订货单编号</td>
                        <td width="20%"><s:textfield name="stockorder.code" cssClass="TextInput" id="code" onFocus=
"show_message('msg_code','2','请输入编号');" onBlur="out_code()"></s:textfield> <DIV style="DISPLAY: show" id="msg_code"
class="box_div_right"> </DIV> </td>
                        <td align="right" width="10%" nowrap="true">货物名称</td>
                        <td width="20%"><s:select list="merchandises" name="stockorder.merchandise.id" listKey="id"
listValue="name" theme="simple" emptyOption="true" onFocus="show_message('msg_merchandise','2','请选择货物名称!')"
onBlur="out_chkEmpty('merchandise','msg_merchandise','货物名称不能为空!')" id="merchandise"></s:select> <DIV
style="DISPLAY: show" id="msg_merchandise" class="box_div_right"> </DIV> </td>
                        <td align="right" width="10%" nowrap="true">货物数量</td>
                        <td width="20%"><s:textfield name="stockorder.merchandisenumber" cssClass="TextInput" id=
"amount" onFocus="show_message('msg_amount','2','请输入进货数量')" onBlur="out_amount()"></s:textfield> <DIV style=
"DISPLAY: show" id="msg_amount" class="box_div_right"> </DIV> </td>
                        <td width="10%"> </td>
                </tr>
                <tr>
                        <td align="right" width="10%" nowrap="true">订货日期</td>
                        <td width="20%"><sx:datetimepicker label="" name="stockorder.orderdate"
displayFormat="yyyy-MM-dd" language="en-us" type="date" id="p_date" required="true" valueNotifyTopics="/value" /> <DIV
style="DISPLAY: show" id="msg_date" class="box_div_right"> </DIV> </td>
                        <td align="right" width="10%">销售商</td>
                        <td width="20%"><s:select list="clients" name="stockorder.client.id" listKey="id" listValue="name"
theme="simple" emptyOption="true" id="client" onFocus="show_message('msg_client','2','请选择供应商名称!')"
onBlur="out_chkEmpty('client','msg_client','供应商不能为空!')"></s:select> <DIV style="DISPLAY: show" id="msg_client"
class="box_div_right"> </DIV> </td>
                        <td align="right" width="10%" nowrap="true">经手人</td>
                        <td width="20%"><s:select list="employees" name="stockorder.employee.id" listKey="id" listValue=
"name" theme="simple" emptyOption="true" id="employee" onFocus="show_message('msg_employee','2','请选择经手人名称!')"
onBlur="out_chkEmpty('employee','msg_employee','经手人不能为空!')"></s:select> <DiV style="DISPLAY: show" id=
"msg_employee" class="box_div_right"> </DIV> </td>
                        <td width="40%" colspan="5"> </td>
                </tr>
        </table>
        <p></p>
        <div style="margin-left: 30px; margin-right: 0px">
        <table border="0" cellpadding="0" cellspacing="0" width="95%">
                <tr>
                        <td width="10%"><s:submit value=" 保 存 " cssClass="BtnAction" method= "saveStockorder">
</s:submit></td>
                        <td width="10%"><input type="button" class="BtnAction" value="返回" onClick="history.go(-1);">
</td>
                        <td width="80%"> </td>
                </tr>
        </table>
        </div>
    </s:form>
```

订货单修改页面 updateStockorder.jsp 页面的关键代码如下：

```
    <title>订货单修改</title>
    <link rel="stylesheet" href="css/main.css" type="text/css" />
    <script language="javascript" src="script/main.js"></script>
    <script type='text/javascript' src='dwr/interface/stockorderAction.js'></script>
    <script type='text/javascript' src='dwr/engine.js'></script>
    <script type='text/javascript' src='dwr/util.js'></script>
    <script type="text/javascript">
```

```
            var textAmount;
            function init() {
                    textAmount = document.getElementById("amount");
            }
            function out_amount() {
                    var chk = false;
                    var exp = /[^\d]/;
                    if (!exp.test(textAmount.value) && textAmount.value>0 && textAmount.value<999){
                            show_message("msg_amount", "1", '输入正确!');
                            chk = true;
                    } else {
                            show_message('msg_amount', '0', '进货数量必须输入大于零小于999的整型数字形式');
                    }
                    return chk;
            }
            function formSubmit() {
                    var chk = false;
                    var chkRetAmount = out_amount();
                    var chkRetDate=out_pickerDate('p_date','msg_date','日期不能为空!');
                    var chkRetMerchandise=out_chkEmpty('merchandise','msg_merchandise','商品不能为空!');
                    var chkRetEmployee=out_chkEmpty('employee','msg_employee','经手人不能为空!');
                    var chkRetClient=out_chkEmpty('client','msg_client','供应商不能为空!');
                    if (chkRetAmount && chkRetEmployee && chkRetClient && chkRetDate && chkRetMerchandise){
                            chk = true;
                    }
                    return chk;
            }
            dojo.event.topic.subscribe("/value",function(textEntered,date,widget){
                    out_pickerDate('p_date','msg_date','日期不能为空!');
            });
            window.onload = init;
    </script>
    <body>
    <s:form action="stockorderAction" method="post" theme="simple" onsubmit="return formSubmit();">
    <s:hidden name="stockorder.id" ></s:hidden>
    <s:hidden name="stockorder.code"></s:hidden>
    <p><font style="font-size: 10pt;">销售管理->订货单->修改</font></p>
    <table border="0" cellpadding="1" cellspacing="1" width="95%">
            <tr>
                    <td align="right" width="10%" nowrap="true">订货单编号</td>
                    <td width="20%"><s:textfield name="stockorder.code"    cssClass="TextInput"
disabled="true"></s:textfield></td>
                    <td align="right" width="10%" nowrap="true">货物名称</td>
                    <td width="20%"><s:select list="merchandises" name="stockorder.merchandise.id" listKey="id" listValue=
"name" theme="simple" emptyOption="true" onFocus="show_message('msg_merchandise','2','请选择货物名称!')" onBlur=
"out_chkEmpty('merchandise','msg_merchandise','货物名称不能为空!')" id="merchandise"></s:select> <DIV style= "DISPLAY:
show" id="msg_merchandise" class="box_div_right"> </DIV> </td>
                    <td align="right" width="10%" nowrap="true">货物数量</td>
                    <td width="20%"><s:textfield name="stockorder.merchandisenumber" cssClass="TextInput" id="amount"
onFocus="show_message('msg_amount','2','请输入进货数量')" onBlur="out_amount()"></s:textfield> <DIV style="DISPLAY:
show" id="msg_amount" class="box_div_right"> </DIV> </td>
            <td width="10%"> </td>
            </tr>
            <tr>
                    <td align="right" width="10%" nowrap="true">订货日期</td>
```

```
                <td width="20%"><sx:datetimepicker label="" name="stockorder.orderdate" displayFormat="yyyy-MM-dd" language="en-us" type="date"  id="p_date" required="true" valueNotifyTopics="/value" /> <DIV style="DISPLAY: show" id="msg_date" class="box_div_right"> </DIV> </td>
                <td align="right" width="10%">销售商</td>
                <td width="20%"><s:select list="clients" name="stockorder.client.id" listKey="id" listValue="name" theme="simple" emptyOption="true" id="client" onFocus="show_message('msg_client','2','请选择供应商名称!')" onBlur="out_chkEmpty('client','msg_client','供应商不能为空!')"></s:select> <DIV style="DISPLAY: show" id="msg_client" class="box_div_right"> </DIV> </td>
                <td align="right" width="10%" nowrap="true">经手人</td>
                <td width="20%"><s:select list="employees" name="stockorder.employee.id" listKey="id" listValue="name" theme="simple" emptyOption="true"  id="employee" onFocus="show_message('msg_employee','2','请选择经手人名称!')" onBlur="out_chkEmpty('employee','msg_employee','经手人不能为空!')"></s:select> <DIV style="DISPLAY: show" id="msg_employee" class="box_div_right"> </DIV> </td>
            <td width="40%" colspan="5"> </td>
            </tr>
    </table>
    <div style="margin-left: 30px; margin-right: 0px">
            <table border="0" cellpadding="0" cellspacing="0"  width="95%">
                <tr>
            <td width="10%"><s:submit value="保存" cssClass="BtnAction" method="updateStockorder" ></s:submit> </td>
            <td width="10%"><input type="button" class="BtnAction" value="返回" onClick="history.go(-1);"> </td>
            <td width="80%"> </td>
            </tr>
            </table>
    </div>
    </s:form>
```

订货单查询页面 stockorder.jsp 页面的关键代码如下：

```
    <s:form action="stockorderAction" method="post" theme="simple">
            <p><font style="font-size: 10pt;">销售管理->订货单</font></p>
            <table border="0" cellpadding="1" cellspacing="1" width="95%">
                <tr>
                        <td align="right" width="10%" nowrap="true">订货单编号</td>
                        <td width="20%"><s:textfield name="stockorder.code" cssClass="TextInput"></s:textfield></td> <td align="right" width="10%" nowrap="true">货物名称</td> <td width="20%"><s:select list="merchandises" name="stockorder.merchandise.id" listKey="id" listValue="name" emptyOption="true" theme="simple"></s:select></td>
                        <td align="right" width="10%">供应商</td>
                        <td width="20%"><s:select list="clients" name="stockorder.client.id" listKey="id" listValue="name" emptyOption="true" theme="simple"></s:select></td> <td width="10%"> </td>
                </tr>
                <tr>
                        <td align="right" width="10%" nowrap="true">订货日期</td>
                        <td width="20%"><sx:datetimepicker label="" name="stockorder.orderdate" displayFormat="yyyy-MM-dd" language="en-us" type="date" /></td>
                        <td align="right" nowrap="true">经手人</td>
                        <td><s:select list="employees" name="stockorder.employee.id" listKey="id" listValue="name" emptyOption="true" theme="simple"></s:select></td>
                        <td align="right"> </td>
                        <td> </td>
                        <td> </td>
                </tr>
            </table>
            <div style="margin-left: 30px; margin-right: 0px">
            <table border="0" cellpadding="0" cellspacing="0" width="95%">
                <tr>
```

```
					<td width="10%"><s:submit value="查找" cssClass="BtnAction"
						method="findStockorder"></s:submit></td>
					<td width="10%"><input type="button" class="BtnAction" value="新增" onClick="replaceModulUrl
('<%=basePath%>stockorderAction!preSaveStockorder.action');"></td>
					<td width="10%"><input type="button" onClick="deleteRecords('stockorderAction!deleteStockorder.ac
tion')" value="删除" class="BtnAction" /></td>
						<td width="10%"><input type="reset" value="重置" class="BtnAction" /></td>
					<td width="60%"> </td>
				</tr>
			</table>
			</div>
			<div style="margin-left: 30px; margin-right: 0px">
			<table width="90%" border="1" cellpadding="0" cellspacing="0">
				<tr>
					<td width="5%" class="td_title">选择</td>
					<td width="5%" class="td_title">修改</td>
					<td width="10%" class="td_title">订货单编号</td>
					<td width="10%" class="td_title">销售商</td>
					<td width="15%" class="td_title">货物名称</td>
					<td width="15%" class="td_title">货物数量</td>
					<td width="15%" class="td_title">订货日期</td>
					<td width="15%" class="td_title">经手人</td>
				</tr>
				<s:iterator var="stockorder" value="stockorders">
					<tr>
						<td align="center" class="td_border"><input name="stockorderId" type="checkbox" title="选
中后可进行删除操作" value='<s:property value="#stockorder.id" />'></td>
						<td align="center" class="td_border"><a href='stockorderAction!preUpdateStockorder.action?sto
ckorder.id=<s:property value="#stockorder.id" />'><img src="image/edit.gif" border="0"></a></td>
						<td class="td_border"><s:property value="#stockorder.code" /></td>
						<td class="td_border"><s:property value="#stockorder.client.name" /></td>
						<td class="td_border"><s:property value="#stockorder.merchandise.name" /></td>
						<td class="td_border"><s:property value="#stockorder.merchandisenumber" /></td>
						<td class="td_border"><s:property value="#stockorder.orderdate" /></td>
						<td class="td_border"><s:property value="#stockorder.employee.name" /></td>
					</tr>
				</s:iterator>
			</table>
			</div>
		</s:form>
```

4．后台业务控制器（action 类）StockorderAction 编写

```
public class StockorderAction extends ActionSupport {
	// 订货单业务处理接口
	private IStockorderService stockorderService;
	private Stockorder stockorder = new Stockorder();
	// 查询结果集
	private List<Stockorder> stockorders = new ArrayList<Stockorder>();
	// 操作结束后跳转的地址
	private String finish_Url;
	// 要删除的订货单 ID
	private String[] stockorderId;
	// 客户档案业务处理接口
	private IClientService clientService;
	// 员工档案业务处理接口
```

```
private IEmployeeService employeeService;
// 商品档案业务处理接口
private IMerchandiseService merchandiseService;
// 客户档案下拉框数据
private List<Client> clients = new ArrayList<Client>();
// 员工档案下拉框数据
private List<Employee> employees = new ArrayList<Employee>();
// 商品档案下拉框数据
private List<Merchandise> merchandises = new ArrayList<Merchandise>();
/**
 * 订货单查询
 */
public String findStockorder() {
        // 查询全部客户档案
        clients = clientService.findClient(null);
        // 查询全部员工档案
        employees = employeeService.findEmployee(null);
        // 查询全部商品档案
        merchandises = merchandiseService.findMerchandise(null);
        stockorders = stockorderService.findStockorder(stockorder);
        return "findStockorder";
}
/**
 * 订货单保存
 */
public String saveStockorder() {
        stockorderService.saveStockorder(stockorder);
        finish_Url = "stockorderAction!findStockorder.action";
        return "finish";
}
/**
 * 订货单删除
 */
public String deleteStockorder() {
        stockorderService.deleteStockorder(stockorderId);
        finish_Url = "stockorderAction!findStockorder.action";
        return "finish";
}
/**
 * 订货单更新
 */
public String updateStockorder() {
        stockorderService.updateStockorder(stockorder);
        finish_Url = "stockorderAction!findStockorder.action";
        return "finish";
}
/**
 * 订货单更新前查询
 */
public String preUpdateStockorder() {
        // 查询全部客户档案
        clients = clientService.findClient(null);
        // 查询全部员工档案
        employees = employeeService.findEmployee(null);
        // 查询全部商品档案
```

```
            merchandises = merchandiseService.findMerchandise(null);
            stockorder = stockorderService.findStockorder(stockorder).get(0);
            return "updateStockorder";
    }
    /**
     * 订货单查询前下拉框数据初始化
     */
    public String preFindStockorder() {
            // 查询全部客户档案
            clients = clientService.findClient(null);
            // 查询全部员工档案
            employees = employeeService.findEmployee(null);
            // 查询全部商品档案
            merchandises = merchandiseService.findMerchandise(null);
            return "preFindStockorder";
    }
    /**
     * 订货单新增前下拉框数据初始化
     */
    public String preSaveStockorder() {
            // 查询全部客户档案
            clients = clientService.findClient(null);
            // 查询全部员工档案
            employees = employeeService.findEmployee(null);
            // 查询全部商品档案
            merchandises = merchandiseService.findMerchandise(null);
            return "preSaveStockorder";
    }
    /**
     * 进货单查询
     */
    public int findStockorderByCode(String code) {
            stockorder = new Stockorder();
            stockorder.setCode(code);
            stockorders = stockorderService.findStockorder(stockorder);
            return stockorders.size();
    }
    //此处省略成员变量的 get/set 方法
}
```

5．订货单 Struts 文件的配置

struts.xml 配置文件中订货单的相关配置请参见任务解析相关内容。

6．用 DWR 框架实现订货单编号重复性验证的 dwr.xml 编写

在 Ajax 验证配置文件 dwr.xml 中加入客户编号重复验证，代码如下：

```
<!-- 订货单编码重复验证 -->
<create creator="spring" javascript="stockorderAction">
        <param name="beanName" value="stockorderAction" />
        <include method="findStockorderByCode" />
</create>
```

7．后台业务处理层接口 IStockorService 编写

```
public interface IStockorderService {
        public List<Stockorder> findStockorder(Stockorder stockorder);
        public void saveStockorder(Stockorder stockorder);
        public void deleteStockorder(String[] stockorderId);
```

```
        public void updateStockorder(Stockorder stockorder);
}
```

8. 后台业务处理层实现类 StockorService 编写

```
public class StockorderService implements IStockorderService {
        // 订货单持久化处理接口
        private IStockorderDao stockorderDao;
        /*
         * 订货单查询
         */
        public List<Stockorder> findStockorder(Stockorder stockorder) {
                return stockorderDao.findStockorder(stockorder);
        }
        /*
         * 订货单保存
         */
        public void saveStockorder(Stockorder stockorder) {
                stockorderDao.saveStockorder(stockorder);
        }
        /*
         * 订货单删除
         */
        public void deleteStockorder(String[] stockorderId) {
                stockorderDao.deleteStockorder(stockorderId);
        }
        /*
         * 订货单更新
         */
        public void updateStockorder(Stockorder stockorder) {
                stockorderDao.updateStockorder(stockorder);
        }
        public IStockorderDao getStockorderDao() {
                return stockorderDao;
        }
        public void setStockorderDao(IStockorderDao stockorderDao) {
                this.stockorderDao = stockorderDao;
        }
}
```

9. 后台持久化层接口 IStockorderDao 编写

```
public interface IStockorderDao{
        public List<Stockorder> findStockorder(Stockorder stockorder);
        public void saveStockorder(Stockorder stockorder);
        public void deleteStockorder(String[] stockorderId);
        public void updateStockorder(Stockorder stockorder);
}
```

10. 后台持久化层实现类 StockorderDao 编写

```
public class StockorderDao extends HibernateDaoSupport implements IStockorderDao {
        // 客户档案处理接口
        IClientDao clientDao;
        // 员工档案处理接口
        IEmployeeDao employeeDao;
        // 商品档案处理接口
        IMerchandiseDao merchandiseDao;
        //订货单查询
        public List<Stockorder> findStockorder(Stockorder stockorder) {
```

```
        // 对象查询条件
        DetachedCriteria criteria = DetachedCriteria.forClass(Stockorder.class);
        if (null != stockorder) {
            if (null!=stockorder.getId() && String.valueOf(stockorder.getId()).trim().length() >0) {
                criteria.add(Restrictions.eq("id", stockorder.getId()));
            }
            if (null!=stockorder.getCode() && String.valueOf(stockorder.getCode()).trim().length() >0) {
                criteria.add(Restrictions.eq("code", stockorder.getCode()));
            }
            if ((null!=stockorder.getMerchandise() && String.valueOf(stockorder.getMerchandise()).trim().length()
 >0) && (null!=stockorder.getMerchandise().getId() && String.valueOf(stockorder.getMerchandise().getId()).trim().length() >0))
{
                criteria.add(Restrictions.eq("merchandise.id", stockorder.getMerchandise().getId()));
            }
            if ((null!=stockorder.getEmployee() && String.valueOf(stockorder.getEmployee()).trim().length() >0)
&& (null!=stockorder.getEmployee().getId() && String.valueOf(stockorder.getEmployee().getId()).trim().length() >0)){
                criteria.add(Restrictions.eq("employee.id", stockorder.getEmployee().getId()));
            }
            if (null!=stockorder.getOrderdate() && String.valueOf(stockorder.getOrderdate()).trim().length() >0) {
                criteria.add(Restrictions.eq("orderdate",stockorder.getOrderdate()));
            }
            if ((null!=stockorder.getClient() && String.valueOf(stockorder.getClient()).trim().length() >0) && (nu
ll!=stockorder.getClient().getId() && String.valueOf(stockorder.getClient().getId()).trim().length() >0)){
                criteria.add(Restrictions.eq("client.id", stockorder.getClient().getId()));
            }
        }
        return this.getHibernateTemplate().findByCriteria(criteria);
    }
    //订货单保存
    public void saveStockorder(Stockorder stockorder) {
        // 构造客户档案查询条件
        Client client = new Client();
        client.setId(stockorder.getClient().getId());
        // 构造员工档案查询条件
        Employee employee = new Employee();
        employee.setId(stockorder.getEmployee().getId());
        // 构造商品档案查询条件
        Merchandise merchandise = new Merchandise();
        merchandise.setId(stockorder.getMerchandise().getId());
        stockorder.setClient(clientDao.findClient(client).get(0));
        stockorder.setEmployee(employeeDao.findEmployee(employee).get(0));
        stockorder.setMerchandise(merchandiseDao.findMerchandise(merchandise).get(0));
        this.getHibernateTemplate().save(stockorder);
    }
    // 订货单删除
    public void deleteStockorder(String[] stockorderId) {
        List<Stockorder> entities = new ArrayList<Stockorder>();
        HibernateTemplate hibernateTemplate=this.getHibernateTemplate();
        for (String cid : stockorderId) {
            entities.add((Stockorder)hibernateTemplate.load(Stockorder.class,Integer.valueOf(cid)));
        }
        // 批量删除
        hibernateTemplate.deleteAll(entities);
    }
    //订货单更新
```

```
    public void updateStockorder(Stockorder stockorder) {
        // 构造客户档案查询条件
        Client client = new Client();
        client.setId(stockorder.getClient().getId());
        // 构造员工档案查询条件
        Employee employee = new Employee();
        employee.setId(stockorder.getEmployee().getId());
        // 构造商品档案查询条件
        Merchandise merchandise = new Merchandise();
        merchandise.setId(stockorder.getMerchandise().getId());
        Integer cid = stockorder.getId();
        HibernateTemplate hibernateTemplate=this.getHibernateTemplate();
        // 载入已经被持久化了的对象然后再进行修改
        Stockorder perstStockorder = (Stockorder) hibernateTemplate.load(Stockorder.class,Integer.valueOf(cid));
        perstStockorder.setCode(stockorder.getCode());
        perstStockorder.setMerchandisenumber(stockorder.getMerchandisenumber());
        perstStockorder.setOrderdate(stockorder.getOrderdate());
        perstStockorder.setClient(clientDao.findClient(client).get(0));
        perstStockorder.setEmployee(employeeDao.findEmployee(employee).get(0));
        perstStockorder.setMerchandise(merchandiseDao.findMerchandise(merchandise).get(0));
        hibernateTemplate.update(perstStockorder);
    }
    //以下省略成员变量的 get/set 方法
}
```

11．在 Spring 配置文件 applicationContext_beans.xml 中的配置

在 spring 配置文件中加入销售管理的相关配置，请参见任务解析相关内容。

7.12 简化进销存各个模块的整合

工作目标

知识目标

- 了解整合配置文件作用

技能目标

- 写出主要的配置文件

素养目标

- 培养学生对系统整体把握能力

工作任务

编写主界面，将所有功能进行整合。

工作计划

任务分析之问题清单

1．项目整合是什么意思？

2．项目整合具体要做什么事？

3．什么是主界面？

任务解析

1．项目整合的意义

类似于工厂的零件组装成一个成品，汽车零件组装成汽车，项目整合就是将项目中的各个功能（模块）通过某种耦合方式形成一个有机的软件系统。

2．项目整合要完成的工作

为了使得项目中的各个功能（模块）能够整合成一个有机的系统，一般地，需要进行两方面的工作：前台界面的整合和后台代码的整合。

前台界面的整合主要是做一个主界面。

后台代码整合没有固定的模式，主要是根据实际项目各个功能（模块）的接口规范进行整合。

3．主界面的含义

主界面是一个系统各个功能进入的门户界面，主界面设计侧重点在结构设计上，一定要慎重考虑，它设计的好坏会严重影响用户的操作流程和操作习惯，同时影响到程序实现的难易程度。

主界面的设计草图如图 7.12-1 所示，整个界面分成三个部分（上部、左下部、右下部），上部为标题区，里边显示欢迎信息（用户登录时会显示用户登录名）；左下部为菜单功能区，里边列出用户可用的所有功能入口（链接）；右下部是具体功能界面显示区，当点击左下部菜单功能区中的功能，会在右下部显示该功能的操作界面。

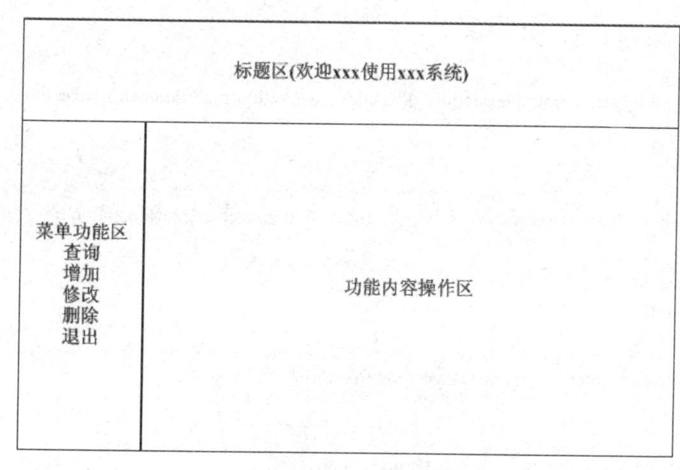

图 7.12-1　主界面设计草图

工作实施

实施方案

1．创建主界面

2．整合相关的配置文件

详细步骤

1．创建主界面

创建的 WebContent/下放 main.html 和 WebContent/common/文件夹下放 top.html、menu.html、footer.html、blank.html 基本页面。

main.html 代码如下：

```
<frameset rows="61,*" cols="*" frameborder="YES" border="0" framespacing="0">
  <frame src="common/top.html" name="topFrame" scrolling="NO" noresize >
  <frameset rows="*" cols="186,*" framespacing="0" frameborder="NO" border="0">
    <frame src="common/menu.html" name="leftFrame" scrolling="NO" noresize>
      <frameset rows="*,20" cols="*" framespacing="0" frameborder="NO" border="0">
          <frame src="common/blank.html" name="mainFrame" scrolling="YES">
          <frame src="common/foot.html" name="footFrame" scrolling="NO">
      </frameset>
  </frameset>
</frameset>
```

top.html 代码如下：

```
<div class=Section1>
<p align=center style='text-align: center'><b><span
    style='font-size: 24.0pt; color: midnightblue'>简化进销存管理系统(SLMS)</span></b></p>
</div>
```

menu.html 代码参考如下：

```
<ul>
    <li><b>档案管理</b></li>
    <ul>
        <li><a href="javascript:openModulUrl('../moduls/archive/employee.jsp');">员工档案</a></li>
        <li><a href="javascript:openModulUrl('../moduls/archive/client.jsp');">客户档案</a></li>
        <li><a href="javascript:openModulUrl('../moduls/archive/merchandise.jsp');">商品档案</a></li>
    </ul>
    <li><b>销售管理</b></li>
    <ul>
        <li><a href="javascript:openModulUrl('../stockorderAction!preFindStockorder.action');">订货单</a></li>
    </ul>
    <li><b>进货管理</b></li>
    <ul>
        <li><a href="javascript:openModulUrl('../stockinAction!preFindStockin.action');">进货单</a></li>
    </ul>
</ul>
```

foot.html 代码如下：

```
<head>
    <link rel="stylesheet" href="../css/main.css" type="text/css" />
</head>
<body>
    <p align="left">欢迎您  admin  登录本系统</p>
</body>
```

blank.html 其实是一个空页面，里边可以不写任何代码。

整合效果如图 7.12-2 所示。

2．相关的配置文件

web.xml 的关键代码如下：

```
<!-- spring 配置文件加载匹配规则 -->
<context-param>
    <param-name>contextConfigLocation</param-name>
    <param-value>classpath:applicationContext_*.xml</param-value>
</context-param>
<!-- spring 上下文配置 -->
<listener>
    <listener-class>org.springframework.web.context.ContextLoaderListener</listener-class>
</listener>
```

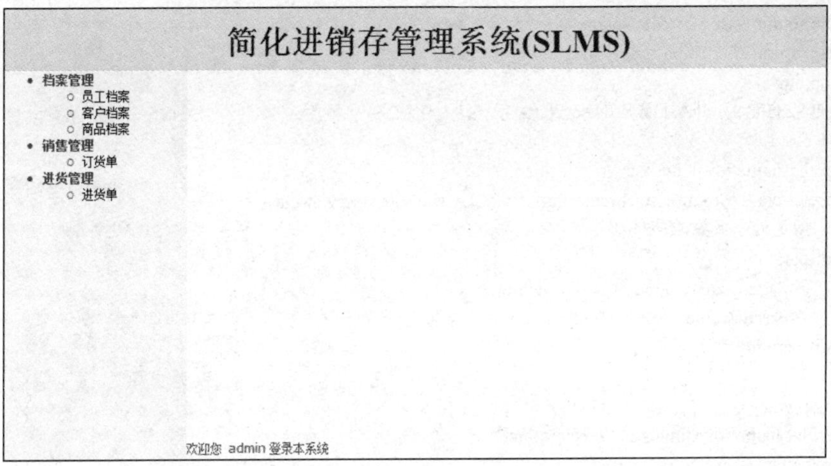

简化进销存管理系统(SLMS)

- 档案管理
  - 员工档案
  - 客户档案
  - 商品档案
- 销售管理
  - 订货单
- 进货管理
  - 进货单

欢迎您 admin 登录本系统

图 7.12-2　整合效果图

```
<!-- 缓存清除监听器防止内存泄漏 -->
<listener>
	<listener-class>org.springframework.web.util.IntrospectorCleanupListener</listener-class>
</listener>
<!-- 字符集编码过滤器 -->
<filter>
	<filter-name>encoding</filter-name>
	<filter-class>org.springframework.web.filter.CharacterEncodingFilter</filter-class>
	<init-param>
		<param-name>encoding</param-name>
		<param-value>UTF-8</param-value>
	</init-param>
	<init-param>
		<param-name>forceEncoding</param-name>
		<param-value>true</param-value>
	</init-param>
</filter>
<!-- 为了实现 Open Session in View 的模式。例如：它允许在事务提交之后延迟加载显示所需要的对象 -->
<filter>
	<filter-name>OpenSessionInViewFilter</filter-name>
	<filter-class>org.springframework.orm.hibernate3.support.OpenSessionInViewFilter</filter-class>
</filter>
<!-- Struts2 配置 -->
<filter>
	<filter-name>struts2</filter-name>
	<filter-class>org.apache.struts2.dispatcher.ng.filter.StrutsPrepareAndExecuteFilter</filter-class>
</filter>
<filter-mapping>
	<filter-name>encoding</filter-name>
	<url-pattern>/*</url-pattern>
</filter-mapping>
<!-- 注意这里的顺序，最好配在 struts2 过滤器之前 -->
<filter-mapping>
	<filter-name>OpenSessionInViewFilter</filter-name>
	<url-pattern>/*</url-pattern>
</filter-mapping>
<filter-mapping>
```

```
        <filter-name>struts2</filter-name>
        <url-pattern>/*</url-pattern>
</filter-mapping>
<!-- Ajax 框架的配置 引入 DWR 的 servlet -->
<servlet>
        <servlet-name>dwr-invoker</servlet-name>
        <servlet-class>org.directwebremoting.servlet.DwrServlet</servlet-class>
        <!-- 指定处于开发阶段的参数 -->
        <init-param>
                <param-name>debug</param-name>
                <param-value>true</param-value>
        </init-param>
</servlet>
<servlet-mapping>
        <servlet-name>dwr-invoker</servlet-name>
        <url-pattern>/dwr/*</url-pattern>
</servlet-mapping>
<!-- Ajax 框架的配置结束 引入 DWR 的 servlet -->
```

dwr.xml 配置文件的关键代码如下：

```
<!-- 进货单编码重复验证 -->
<create creator="spring" javascript="stockinAction">
        <param name="beanName" value="stockinAction" />
        <include method="findMerchandisePriceById" />
        <include method="findStockinByCode" />
</create>
<!-- 订货单编码重复验证 -->
<create creator="spring" javascript="stockorderAction">
        <param name="beanName" value="stockorderAction" />
        <include method="findStockorderByCode" />
</create>
<!-- 员工编码重复验证 -->
<create creator="spring" javascript="employeeAction">
        <param name="beanName" value="employeeAction" />
        <include method="findEmployeeByCode" />
</create>
<!-- 客户编码重复验证 -->
<create creator="spring" javascript="clientAction">
        <param name="beanName" value="clientAction" />
        <include method="findClientByCode" />
</create>
<!-- 商品编码重复验证 -->
<create creator="spring" javascript="merchandiseAction">
        <param name="beanName" value="merchandiseAction" />
        <include method="findMerchandiseByCode" />
</create>
```

struts.xml 的关键代码如下：

```
<!-- 全局转向 -->
<global-results>
        <result name="error">/error.jsp</result>
        <result name="finish">/finish.jsp</result>
</global-results>
<!-- 全局导常转向 -->
<global-exception-mappings>
        <exception-mapping result="error" exception="java.lang.Exception"></exception-mapping>
```

```
</global-exception-mappings>
<!-- 客户管理 Action 配置 -->
<action name="clientAction" class="clientAction">
        <result name="findClient">/moduls/archive/client.jsp</result>
        <result name="updateClient">/moduls/archive/updateClient.jsp</result>
</action>
<!-- 员工管理 Action 配置 -->
<action name="employeeAction" class="employeeAction">
        <result name="findEmployee">/moduls/archive/employee.jsp</result>
        <result name="updateEmployee">/moduls/archive/updateEmployee.jsp</result>
</action>
<!-- 商品管理 Action 配置 -->
<action name="merchandiseAction" class="merchandiseAction">
        <result name="findMerchandise">/moduls/archive/merchandise.jsp</result>
        <result name="updateMerchandise">/moduls/archive/updateMerchandise.jsp</result>
</action>
<!-- 订货单管理 Action 配置 -->
<action name="stockorderAction" class="stockorderAction">
        <result name="preFindStockorder">/moduls/stock/stockorder.jsp</result>
        <result name="preSaveStockorder">/moduls/stock/addStockorder.jsp</result>
        <result name="findStockorder">/moduls/stock/stockorder.jsp</result>
        <result name="updateStockorder">/moduls/stock/updateStockorder.jsp</result>
</action>
<!-- 进货单管理 Action 配置 -->
<action name="stockinAction" class="stockinAction">
        <result name="preFindStockin">/moduls/stock/stockin.jsp</result>
        <result name="preSaveStockin">/moduls/stock/addStockin.jsp</result>
        <result name="findStockin">/moduls/stock/stockin.jsp</result>
        <result name="updateStockin">/moduls/stock/updateStockin.jsp</result>
</action>
```

jdbc.properties（连接数据库的配置）的关键代码如下：

```
jdbc.driver=com.mysql.jdbc.Driver
jdbc.url=jdbc:mysql://localhost:3306/slms?useUnicode=true&amp;characterEncoding=utf8
jdbc.username=root
jdbc.password=root
jdbc.initialSize=1
jdbc.maxActive=500
jdbc.maxIdle=20
jdbc.minIdle=1
jdbc.poolPreparedStatements=false
jdbc.defaultAutoCommit=false
hibernate.dialect=org.hibernate.dialect.MySQL5InnoDBDialect
hibernate.show_sql=true
hibernate.format_sql=true
hibernate.hbm2ddl.auto=update
hibernate.query.factory_class=org.hibernate.hql.ast.ASTQueryTranslatorFactory
hibernate.cache.provider_class=org.hibernate.cache.EhCacheProvider
hibernate.cache.use_query_cache=true
cache.use_second_level_cache=false
```

applicationContext_beans.xml（Spring 框架的 bean 配置）的关键代码如下：

```
<!-- 客户档案配置 -->
<bean name="clientDao" class="com.zds.slms.dao.ClientDao">
        <property name="sessionFactory" ref="sessionFactory"></property>
</bean>
```

```
<bean name="clientService" class="com.zds.slms.service.ClientService">
        <property name="clientDao" ref="clientDao"></property>
</bean>
<bean name="clientAction" class="com.zds.slms.action.ClientAction" scope="prototype">
        <property name="clientService" ref="clientService"></property>
</bean>
<!-- 员工档案配置 -->
<bean name="employeeDao" class="com.zds.slms.dao.EmployeeDao">
        <property name="sessionFactory" ref="sessionFactory"></property>
</bean>
<bean name="employeeService" class="com.zds.slms.service.EmployeeService">
        <property name="employeeDao" ref="employeeDao"></property>
</bean>
<bean name="employeeAction" class="com.zds.slms.action.EmployeeAction"         scope="prototype">
        <property name="employeeService" ref="employeeService"></property>
</bean>
<!-- 商品档案配置 -->
<bean name="merchandiseDao" class="com.zds.slms.dao.MerchandiseDao">
        <property name="sessionFactory" ref="sessionFactory"></property>
</bean>
<bean name="merchandiseService" class="com.zds.slms.service.MerchandiseService">
        <property name="merchandiseDao" ref="merchandiseDao"></property>
</bean>
<bean name="merchandiseAction" class="com.zds.slms.action.MerchandiseAction"
        scope="prototype">
        <property name="merchandiseService" ref="merchandiseService"></property>
</bean>
<!-- 订货单配置 -->
<bean name="stockorderDao" class="com.zds.slms.dao.StockorderDao">
        <property name="sessionFactory" ref="sessionFactory"></property>
        <property name="clientDao" ref="clientDao"></property>
        <property name="employeeDao" ref="employeeDao"></property>
        <property name="merchandiseDao" ref="merchandiseDao"></property>
</bean>
<bean name="stockorderService" class="com.zds.slms.service.StockorderService">
        <property name="stockorderDao" ref="stockorderDao"></property>
</bean>
<bean name="stockorderAction" class="com.zds.slms.action.StockorderAction" scope="prototype">
        <property name="stockorderService" ref="stockorderService"></property>
        <property name="clientService" ref="clientService"></property>
        <property name="employeeService" ref="employeeService"></property>
        <property name="merchandiseService" ref="merchandiseService"></property>
</bean>
<!-- 进货单配置 -->
<bean name="stockinDao" class="com.zds.slms.dao.StockinDao">
        <property name="sessionFactory" ref="sessionFactory"></property>
        <property name="clientDao" ref="clientDao"></property>
        <property name="employeeDao" ref="employeeDao"></property>
        <property name="merchandiseDao" ref="merchandiseDao"></property>
</bean>
<bean name="stockinService" class="com.zds.slms.service.StockinService">
        <property name="stockinDao" ref="stockinDao"></property>
</bean>
<bean name="stockinAction" class="com.zds.slms.action.StockinAction" scope="prototype">
        <property name="stockinService" ref="stockinService"></property>
```

```
        <property name="clientService" ref="clientService"></property>
        <property name="employeeService" ref="employeeService"></property>
        <property name="merchandiseService" ref="merchandiseService"></property>
</bean>
```

applicationContext_common.xml（Spring 框架通用配置）的关键代码如下：

```
<!-- 定义受环境变量 -->
<bean class="org.springframework.beans.factory.config.PropertyPlaceholderConfigurer">
        <property name="systemPropertiesModeName" value="SYSTEM_PROPERTIES_MODE_OVERRIDE"/>
        <property name="ignoreResourceNotFound" value="true"/>
        <property name="locations">
                <list><!-- 标准配置 -->
                        <value>classpath:jdbc.properties</value>
                </list>
        </property>
</bean>
<!-- 配置数据源 -->
<bean id="dataSource" class="org.apache.commons.dbcp.BasicDataSource" 0destroy-method="close">
        <property name="driverClassName" value="${jdbc.driver}"/>
        <property name="url" value="${jdbc.url}"/>
        <property name="username" value="${jdbc.username}"/>
        <property name="password" value="${jdbc.password}"/>
        <property name="initialSize" value="${jdbc.initialSize}"/>
        <property name="maxActive" value="${jdbc.maxActive}"/>
        <property name="maxIdle" value="${jdbc.maxIdle}"/>
        <property name="minIdle" value="${jdbc.minIdle}"/>
        <property name="poolPreparedStatements" value="${jdbc.poolPreparedStatements}"/>
        <property name="defaultAutoCommit" value="${jdbc.defaultAutoCommit}"/>
</bean>
<!--加载 hibernate 配置方式 -->
<bean id="sessionFactory" class="org.springframework.orm.hibernate3.LocalSessionFactoryBean">
        <property name="dataSource" ref="dataSource"/>
        <property name="hibernateProperties" ref="hibernateProperties"/>
        <!-- 批量加入 hbm.xml 文件 -->
        <property name="mappingDirectoryLocations">
                <list>
                        <value>classpath:/com/zds/slms/domain</value>
                </list>
        </property>
</bean>
<bean name="hibernateProperties" class="org.springframework.beans.factory.config.PropertiesFactoryBean">
        <property name="properties">
                <props>
                        <prop key="hibernate.dialect">${hibernate.dialect}</prop>
                        <prop key="hibernate.show_sql">${hibernate.show_sql}</prop>
                        <prop key="hibernate.format_sql">${hibernate.format_sql}</prop>
                        <prop key="hibernate.hbm2ddl.auto">${hibernate.hbm2ddl.auto}</prop>
                        <prop key="hibernate.cache.provider_class">${hibernate.cache.provider_class}</prop>
                        <prop key="hibernate.cache.use_query_cache">${hibernate.cache.use_query_cache}</prop>
                        <prop key="cache.use_second_level_cache">${cache.use_second_level_cache}</prop>
                        <prop key="hibernate.query.factory_class">${hibernate.query.factory_class}</prop>
                </props>
        </property>
</bean>
<!-- 事务配置 -->
```

```
<bean id="transactionManager" class="org.springframework.orm.hibernate3.HibernateTransactionManager">
    <property name="sessionFactory" ref="sessionFactory"/>
</bean>
<!-- 配置事务的传播特性 -->
<tx:advice id="txAdvice" transaction-manager="transactionManager">
    <tx:attributes>
        <tx:method name="save*" propagation="REQUIRED"/>
        <tx:method name="update*" propagation="REQUIRED"/>
        <tx:method name="delete*" propagation="REQUIRED"/>
        <tx:method name="*" read-only="true"/>
    </tx:attributes>
</tx:advice>
<!-- 指定哪些类的哪些方法参与事务 -->
<aop:config>
    <aop:pointcut id="allServiceMethod" expression="execution(* com.zds.slms.service.*.*(..))"/>
    <aop:advisor pointcut-ref="allServiceMethod" advice-ref="txAdvice"/>
</aop:config>
```

log4j.properties（日志配置文件，可选）的关键代码如下：

```
#CONSOLE
log4j.appender.CONSOLE=org.apache.log4j.ConsoleAppender
log4j.appender.CONSOLE.layout=org.apache.log4j.PatternLayout
log4j.appender.CONSOLE.layout.ConversionPattern=%r %t [%-5p] %l \:%n\t%m%n
#action log
log4j.appender.ACTION=org.apache.log4j.DailyRollingFileAppender
log4j.appender.ACTION.Threshold=DEBUG
log4j.appender.ACTION.File=D\:/slmslog/action.log
log4j.appender.ACTION.layout=org.apache.log4j.PatternLayout
log4j.appender.ACTION.layout.ConversionPattern=%t %d{yyyy/MM/dd-HH\:mm\:ss,SSS} [%-5p] %l \:%n\t%m%n
log4j.appender.ACTION.DatePattern='-'yyyy-MM-dd'.log'
#service log
log4j.appender.SERVICE=org.apache.log4j.DailyRollingFileAppender
log4j.appender.SERVICE.Threshold=DEBUG
log4j.appender.SERVICE.File=D\:/slmslog/service.log
log4j.appender.SERVICE.layout=org.apache.log4j.PatternLayout
log4j.appender.SERVICE.layout.ConversionPattern=%t %d{yyyy/MM/dd-HH\:mm\:ss,SSS} [%-5p] %l \:%n\t%m%n
log4j.appender.SERVICE.DatePattern='-'yyyy-MM-dd'.log'
#dao log
log4j.appender.DAO=org.apache.log4j.DailyRollingFileAppender
log4j.appender.DAO.Threshold=DEBUG
log4j.appender.DAO.File=D\:/slmslog/dao.log
log4j.appender.DAO.layout=org.apache.log4j.PatternLayout
log4j.appender.DAO.layout.ConversionPattern=%t %d{yyyy/MM/dd-HH\:mm\:ss,SSS} [%-5p] %l \:%n\t%m%n
log4j.appender.DAO.DatePattern='-'yyyy-MM-dd'.log'
#Logger level
log4j.logger.com.zdsoft.cmp.action=DEBUG,ACTION
log4j.logger.com.zdsoft.cmp.service=DEBUG,SERVICE
log4j.logger.com.zdsoft.cmp.dao=DEBUG,DAO
log4j.logger.org.apache=WARN
log4j.logger.com.opensymphony.xwork2=ERROR
#root logger
log4j.rootLogger=INFO,CONSOLE
```

7.13 巩固与提高

一、选择题

1．以下关于依赖注入的选项中，说法错误的是（ ）。

A．依赖注入能够独立开发组件，然后根据组件间的关系进行组装

B．依赖注入是组件之间相互依赖，相互制约

C．依赖注入提倡使用接口编程

D．依赖注入指对象在使用时动态注入

2．关于 IOC 的理解，以下说法正确的是（ ）。

A．控制反转 B．对象被动接受依赖类

C．对象主动寻找依赖类 D．必须使用接口

3．下列选项中，属于 Spring 依赖注入方式的是（ ）。

A．set 方法 B．构造方法注入

C．get 方法注入 D．接口注入

4．以下关于在 Spring 中配置 Bean 的 id 属性的说法中，正确的是（ ）。

A．id 属性值可以重复 B．id 属性值不可以重复

C．id 属性是必须的，没有会报错 D．id 属性不是必须的

5．以下对 AOP 的说法正确的是（ ）。

A．AOP 是面向纵向的 B．AOP 是面向横向的

C．AOP 关注的面 D．AOP 关注的是点

6．以下不是 SSH 框架整合所需要的配置文件的是（ ）。

A．strutrs.xml B．web.xml

C．application.xml D．page.xml

7．Spring 监听器应该配置在（ ）配置文件中。

A．strutrs.xml B．web.xml

C．application.xml D．dwr.xml

8．为了使项目的各个功能（模块）整合成有机的系统，一般要做哪两方面工作（ ）。

A．前台界面的整合 B．前台界面的整合和后台代码的整合

C．后台代码的整合 D．以上答案均不是

9．可以利用 Spring 容器的 scope=（ ）来保证每一个请求有一个单独的 Action 来处理，避免 Struts 中 Action 的线程安全问题。

A．"prototype" B．"request"

C．"singleton" D．"session"

10．主界面的左下部一般为（ ）。

A．标题区 B．菜单功能区

C．结束区 D．具体功能界面显示区

二、填空题

1. SSH 框架一般被分为三层，分别是持久层、表示层、业务处，其中 Struts 为________，Spring 为________，Hibernate 为________。

2. Spring 通知有________、________、________和________四种通知。

3. HibernateTemplate 是 Spring 封装的 Hibernate 操作接口，类似于________接口。

4. OpenSessionInViewFilter 是 Spring 提供的一个针对 Hibernate 的一个支持类，其主要意思是在发起一个页面请求时打开 Hibernate 的________，并一直保持这个，直到这个请求结束，具体是通过一个 Filter 来实现的。

5. IOC 是指________。

6. 大多数的应用程序，事务管理被分配到业务逻辑方法上，即每个业务逻辑方法是一个________。

7. 类似与工厂的零件组装成一个成品，汽车零件组装成汽车，项目整合就是将项目中的各个________（模块）通过某种耦合方式形成一个有机的________。

8. 前台界面的整合主要是做一个________，该界面分成三个部分（________、________、________），分别为________、________、________。

三、操作题

1. 使用 AJAX 框架 DWR 改造进货单前台页面，通过 DWR 获取后台数据初始化查询页面客户、员工和商品档案下拉列表数据。

2. 改造 1.1 节的工作任务，创建登录的用户表（表名 userinfo，字段有用户名 username、密码 password），自己动手搭建一个 SSH 框架来真正实现登录功能。

附录　学习材料开发建议

开发工具参考

JDK 的下载

如果需要获得 JDK 最新版本，可以到 SUN 公司的官方网站上进行下载，下载地址为：http://java.sun.com/javase/downloads/index.jsp，下载最新版本的 JDK，选择对应的操作系统，以及使用的语言即可。

tomcat 的下载

如果需要获得 tomcat 最新版本，可以到 tomcat 的官方网站上进行下载，下载地址为：http://tomcat.apache.org/download-60.cgi，目前最新的是 tomcat6.0。

eclipse 的下载

若需要获得 eclipse 最新版本，可到 eclipse 官方网站进行下载，下载地址为：http://www.eclipse.org/downloads/download.php?file=/technology/epp/downloads/release/galileo/SR1/eclipse-jee-galileo-SR1-win32.zip，另外该网页上还有一些插件可以选择，也可以使用已经集成了插件的 myeclipse 工具，不过这个是需要付费的。

MySQL 下载

如果需要获得 MySQL 最新版本，可到 MySQL 的官方网站进行下载，下载地址为：http://dev.mysql.com/downloads/mysql/。注意，该页面提供了多种操作系统平台下的版本，请注意选择下载。

MySQL JDBC Driver 2.0 的下载

进行 MySQL 的 JDBC 编程，需要 MySQL 厂商提供 JDBC 的数据库驱动程序，其官方下载地址为：http://dev.mysql.com/downloads/connector/j/。注意该页面提供了多种操作系统平台下的版本。

MySql-Front 的下载

MySQL 的图形化管理第三方工具，其官方下载地址为：http://www.mysqlfront.de/wp/download/。

Struts2 框架所必须 JAR 包（建议版本 2.1.8）

官方网站上下载 Struts2 的 jar 包：http://struts.apache.org/download.cgi#struts2181

Struts 2.0 lib 下的五个核心 jar 文件：

struts2-core-2.x.x.jar Struts2 框架的核心类库

ognl-2.6.x.jar 对象图导航语言（Object Graph Navigation Language），Struts 框架通过其读写对象的属性

freemarker-2.3.x.jar Struts2 的 U 标签的模版使用 FreeMarker 编写

commons-fileupload-1.2.x.jar 文件上传组件，2.1.6 版本后需要加入此文件

struts2-spring-plugin-2.x.x.jar 用于 Struts 继承 Spring 的插件

Hibernate 框架所需 jar 包（建议版本 3.2 以上）

Hibernate 核心安装包下的下载路径 http://www.hibernate.org，点击 Hibernate Core 右边的 Downloads，下载以下文件：

hibernate3.jar

lib\bytecode\cglib\hibernate-cglib-repack-2.1_3.jar

lib\required*.jar

Hibernate 注解安装包下的下载路径 http://www.hibernate.org，点击 HibernateAnnotations 右边的 Downloads，下载以下文件：

hibernate-annotations.jar

lib\ejb3-persistence.jar、hibernate-commons-annotations.jar

Hibernate 针对 JPA 的实现包下载路径 http://www.hibernate.org，点击 HibernateEntitymanager 右边的 Downloads，下载以下文件：

hibernate-entitymanager.jar

lib\test\log4j.jar、slf4j-log4j12.jar

Spring 框架所必须的 jar 包（建议版本 2.5.6）

下载页面：http://www.springsource.com/download/community?project=Spring%20Framework

Spring2.5.6 下载链接：

http://s3.amazonaws.com/dist.springframework.org/release/SPR/spring-framework-2.5.6-with-dependencies.zip

必须的 jar 包：

dist\spring.jar

lib\c3p0\c3p0-0.9.1.2.jar

lib\aspectjweaver.jar aspectjrt.jar

lib\cglib\cglib-nodep-2.1_3.jar

lib\j2ee\common-annotations.jar

lib\log4\log4j-1.2.15.jar

lib\jakarta-commons\commons-logging.jar

程序语言参考

Java 参考

参考书籍：《Java 2 参考大全（第五版）》中文版，该书网上介绍 http://www.china-pub.com/9366&ref=xilie;

API 参考：

针对 J2SE：在线网址：http://java.sun.com/javase/6/docs/api/，内容是 JavaTM 2 Platform Standard Edition 6 API Specifications（J2SE 6 API 规范）；

针对 J2EE：在线网址：http://java.sun.com/javaee/5/docs/api/，内容是 JavaTM Platform Enterprise Edition, v 5.0 API Specifications（J2EE 5API 规范）；

JavaScript 参考

参考书籍：《JavaScript 权威指南（第五版）》中文版，网上介绍 http://product.dangdang.com/product.aspx?product_id=20019046；

HTML 参考

参考书籍：《HTML 参考大全（第三版）》，网上介绍 http://www.china-pub.com/5522；

在线参考文档：http://www.w3school.com.cn/tags/index.asp；

CSS 参考

在线参考文档：http://www.w3school.com.cn/css/css_reference.asp；

JSP 参考

参考书籍：《JSP 2.0 技术手册，网上介绍 http://www.china-pub.com/18972；

SQL 参考

MySQL 官方参考网址：http://dev.mysql.com/doc/refman/5.1/zh/index.html。

Struts 参考

参考书籍：李刚．Struts2 权威指南:基于 WebWork 核心的 MVC 开发．北京：电子工业出版社，2007 年 9 月 1 日；

Spring 参考

参考书籍：作者：沃尔斯，译者：李磊．Spring in Action 中文版．北京：人民邮电出版社，2006．

Hibernate 参考

Hibernate 参考网址：http://www.hibernate.org/，该网站上有详细的参考手册下载。